FRANKFURTER GEOWISSENSCHAFTLICHE ARBEITEN

Serie D · Physische Geographie

Band 22

Die Böden im Nationalpark Doi Inthanon (Nordthailand) als Indikatoren der Landschaftsgenese und Landnutzungseignung

von
Konstanze Weltner

Herausgegeben vom Fachbereich Geowissenschaften
der Johann Wolfgang Goethe-Universität Frankfurt
Frankfurt am Main 1996

Frankfurter geowiss. Arb.	Serie D	Bd. 22	259 S.	40 Abb.	13 Tab.	10 Fot.	1 Beil.	Frankfurt a. M. 1996

ISSN 0173-1807
ISBN 3-922540-56-2

Schriftleitung

Dr. Werner-F. Bär
Institut für Physische Geographie der Johann Wolfgang Goethe-Universität,
Postfach 11 19 32, D-60054 Frankfurt am Main

Die vorliegende Arbeit wurde vom Fachbereich Geowissenschaften der Johann Wolfgang Goethe-Universität als Dissertation angenommen.

Die Deutsche Bibliothek - CIP Einheitsaufnahme

Weltner, Konstanze:

Die Böden im Nationalpark Doi Inthanon (Nordthailand) als Indikatoren der Landschaftsgenese und Landnutzungseignung / von Konstanze Weltner. Hrsg. vom Fachbereich Geowissenschaften der Johann-Wolfgang-Goethe-Universität Frankfurt. - Frankfurt am Main : Inst. für Physische Geographie, 1996

(Frankfurter geowissenschaftliche Arbeiten : Ser. D, Physische Geographie ; Bd. 22)
Zugl.: Frankfurt (Main), Univ., Diss., 1994
ISBN 3-922540-56-2

NE: Frankfurter geowissenschaftliche Arbeiten / D

ISSN 0173-1807

ISBN 3-922540-56-2

Anschrift des Verfassers

Dipl. Geogr. Dr. K. Weltner, Am Römerlager 33, D-55131 Mainz

Bestellungen

Institut für Physische Geographie der Johann Wolfgang Goethe-Universität,
Postfach 11 19 32, D-60054 Frankfurt am Main
Telefax (069) 798 - 2 83 82

Druck

F. M.-Druck, D-61184 Karben

Kurzfassung

Ziel der vorliegenden Arbeit ist die Erfassung des Bodenmosaiks im Nationalpark Doi Inthanon (Nordthailand) sowie der Interdependenzen mit den Faktoren Ausgangsmaterial, Relief, Reliefgenese, Klima, Vegetation und Nutzung mit konventionellen Methoden der physischen Geographie, Geländebeobachtung und Bodenkartierung nach dem Catena-Prinzip. Im Vordergrund steht die Frage der Böden als Indikatoren der Morphogenese und Landnutzungseignung.

Das Untersuchungsgebiet im Bergland Nordthailands stellt einen Ausschnitt aus einem sehr jungen Gneis- und Granitmassiv in den Höhenlagen zwischen ca. 350 und 2565 m ü. M. mit einer Abfolge von laubabwerfenden zu immergrünen Wäldern dar. Das Gebiet unterliegt schon sehr lange anthropogenen Einflüssen, die unteren Höhenlagen vermutlich seit Jahrhunderten und die mittleren Höhenlagen vor allem in diesem Jahrhundert. Im letzten Jahrzehnt kam es infolge der raschen Modernisierung und Intensivierung der Landwirtschaft zur enormen Verstärkung der Umweltbelastung und Bodenerosion sowie zu erheblichen Konflikten zwischen den Bergbauern und der Nationalparkverwaltung.

Das Spektrum der Böden ist ausgesprochen hoch und umfaßt Leptosols, lithic bzw. rudic Arenosols und Regosols, Cambisols, Acrisols, Nitisols und Ferralsols bzw. deren Zwischen- und Übergangsformen sowie anmoorige und anthropogene Böden. Die Variabilität beruht vor allem auf der Vielfalt an Reliefformen und deren unterschiedliche Genese. Auch die höhenzonale Klima- und Vegetationsdifferenzierung und die Nutzungsformen beeinflussen die Ausprägung und Verbreitung der Böden.

Die Morphogenese des Gebietes ist charakterisiert durch starke tektonische Beanspruchung, Hebungen von Teilbereichen und anschließende lineare Zerschneidung seit dem Ende des Mesozoikums bis heute. Die Hebungen in den östlichen Randbereichen sowie zahlreiche lokale Massenbewegungen im gesamten Gebiet fanden vermutlich überwiegend im Quartär statt.

Die Bereiche mit dominierend roten, lehmig-tonigen Acrisols, Nitisols und Ferralsols (Bodengesellschaften B1 und B2) sind gebunden an relativ stabile Reliefeinheiten. Die Verebnungen auf den "Riedeln" und an den "Stufenhängen" stellen Reste von zerschnittenen Flächen dar, auf denen sich z. T. reliktische Böden (Ferralsols) erhalten haben. Die Acrisols und Nitisols an den Hängen sind durch die Prozesse bei der Einschneidung stärker überprägt und "verjüngt".

Die Areale der lokalen Massenbewegungen sind vergesellschaftet mit gröber texturierten Substraten und Böden, Arenosols und Regosols sowie kleinräumigen Bodenwechseln (C1- und C2-Bodengesellschaften). Sie finden sich überwiegend an den "Komplexhängen unter Steilhängen" und spiegeln die geologisch-tektonischen Schwächezonen an Verwerfungen und Bruchstufen wider. In den jung gehobenen Gebieten am Ostrand unterhalb von ca. 700 m ü. M. sind oft schuttdeckenähnliche Substrate verbreitet (D-Bodengesellschaften). Die Standorte unterlagen Phasen mit dominierend physikalischer Verwitterung, starken Erosionsimpulsen infolge der Hebungen im Quartär, eher langsamen Massenbewegungen sowie anschließender Zerrunsung. Die Bodenprofile der C- und D-Bodengesellschaften sind häufig mehrschichtig. Aufgrund der schwachen Pedogenese in den oberen Substraten wird geschlossen, daß viele Massenbewegungen erst im späten Pleistozän bzw. im Holozän stattfanden. Ein quartäres Decksediment im Sinne von SEMMEL (SEMMEL et al. 1979) läßt sich jedoch im Untersuchungsgebiet nicht flächendeckend nachweisen.

Der Einfluß der Faktoren Klima und Vegetation zeigt sich vor allem oberhalb von 1600 m ü. M., wo als rezente Böden humose und saure Cambisols unter moderartigen Humusauflagen dominieren (A1- und A2-Bodengesellschaften).

Die Regenerationsfähigkeit von Vegetation und humosem Oberboden nimmt im Untersuchungsgebiet mit steigender Meereshöhe, steigendem Niederschlag, fallenden Temperaturen und steigender Vegetationsdichte zu. Die Bereiche oberhalb von 1000 m ü. M. können als ökologisch stabil und landwirtschaftlich nutzbar gelten, wenn der Bodenschutz bzw. ausreichende Brachezeiten berücksichtigt werden. Aufgrund der nun permanenten Nutzung sowie durch Bewässerung, Düngung und Pestizideinsatz haben sich Bodenerosion und Umweltbelastung stark erhöht. Die traditionellen Nutzungsformen des Wanderfeldbaus mit Brachezeiten, vor allem das geregelte Rotationssystem der Karen, waren dagegen ökologisch angepaßt und ermöglichten eine schnelle Kompensation von Bodenverlusten. Unterhalb von 700 m ü. M., im Bereich der laubabwerfenden Wälder, ist die Regenerationsfähigkeit von Vegetation und Oberboden stark vermindert. In Verbindung mit den Vorkommen der D2-Bodengesellschaft handelt es sich um Gebiete mit hoher Anfälligkeit für Landschaftsschäden (Gully-Bildung und Degradierung), die vor anthropogenen Eingriffen geschützt werden sollten.

Vor diesem Hintergrund erscheinen die geplanten Umsiedlungen von Bergbauern in tieferliegende Gebiete nicht sinnvoll. Vielmehr können die Probleme aufgrund der Umweltbelastung und Bodenerosion durch eine standortgerechte, nachhaltige Landwirtschaft gelöst werden, die zusammen mit den betroffenen Bergbauern auf Grundlage traditioneller Elemente entwickelt werden sollte.

Abstract

The objective of the work in question was to assess the indicative value of soils in respect to morphogenesis and landuse potentials. The spatial distribution of soils at Doi Inthanon National Park (Nothern Thailand) in relation to parent material, relief, genesis of relief, climate, vegetation and landuse was investigated with conventional field methods, mainly soil mapping using the Catena concept.

The study area of circa 480 km^2 covers a gneiss and granitoid massif with the elevations of 350 m to 2565 m above sea level, including the highest peak of Thailand. As vegetation there is a sucession from decidous to evergreen forests with many different kinds affected by longlasting anthropogenic impacts. Due to the rapid change from swidden to modern permanent agriculture in the last decades, soil erosion and environmental pollution increased tremendously. Therefore, conflicts between the hilltribe farmers, ethnic minorities, and the administration of the National Park occur.

The area shows a remarcable variety of soils, including Leptosols, Arenosols, Regosols, Cambisols, Acrisols, Nitisols and kinds of Ferralsols and others. This diversifity is mainly based on the variability of landforms with their different genesis. Moreover, the vertical differentation of climate and vegetation and the different forms of landuse affect the soils and their distribution.

The morphogenesis of the mountain area is dominated by strong tectonic movements, several phases of uplifts of different parts with following dissection since the end of Mesozoic age to present days. The uplifting of the eastern parts seem to be of Pleistocene age. Moreover a lot of local massmovements, mainly dated to the Quaternary, play an important role in forming the landscape.

The areas of mainly red and clayey soils (soil associations B1 and B2) are related to relatively stable units of landforms. Parts of planations on ridges and stepped hills represent relicts of old erosion surfaces where deeply weathered soils are maintained.

The areas of massmovements are characterised by coarser substrata and soils like Arenosols and Regosols (soil associations C1 and C2). They show a distinguished variety of soil types even in small units, mostly in combination with complex slopes below steep faces which often indicate faults.

The areas of soil associations D1 and D2 in the young uplifted parts below 700 m above sea level were subject to distinct phases of physical weathering and strong erosion impact. They comprise detrital layers and areas covered with detrital rocks.

Soil profiles in the soil associations C and D are often composed of different geologic beds. The upper layers show mostly weak weathering and pedogenesis and can therefore be dated back to relatively recent processes of sedimentation. Nevertheless, a quaternary "cover sediment" ("Decksediment" after SEMMEL et al. 1979) could not be identified allover the study area.

The impact of climate and vegetation mainly shows above 1600 m above sea level. Humic and dystric Cambisols or Cambi-Acrisols under thick humic layers (soil associations A1 and A2) are prevailing.

The capacity for regeneration of the upper humic soil and the vegetation increases in relation with altitude and density of vegetation. Areas above 1000 m above sea level can be regarded as ecologically stable if soil erosion is porevented. However, the current landuse patterns don't take into consideration fallow periods or other soil erosion measures. Instead, fertilisation, watering and use of pesticids become predominant. This lead to increasing soil loss and contamination of soil, water and the whole ecosystems. The traditional rotation system of the Karen hilltribe with longlasting fallows was ecologically sound and allowed a quick recuperation from any erosion damage.

Below 700 m above sea level the capability for regeneration of vegetation and humic soil layers decreases strongly due to drier climate and a lack of vegetation cover in the decidous forests. In combination with soil associations D, these areas are highly vulnerable to degradation and gully erosion. Therefore, they should be better protected against human impacts.

Based on these observations, government plans to relocate hilltribes to lower elevations do not seem to be promising from an ecological and economic point of view. According to the author, current environmental problems and conflicts can better be coped with through the introduction of sustainable agriculture including traditional elements and to be developped in cooperation with affected hilltribe farmers.

Vorwort

Die vorliegende Arbeit wurde angeregt durch die Mitarbeit im "Geo-ecological Mapping-Project in Northern Thailand" unter der Leitung von Prof Dr. N. Stein. Die Forschungsaufenthalte umfaßten etwa 19 Monate im Zeitraum zwischen August 1989 und Mai 1992. Das Manuskript wurde im August 1993 als Inaugural-Dissertation dem Fachbereich Geowissenschaften der Johann Wolfgang Goethe-Universität Frankfurt am Main eingereicht.

Für die Anregung und Betreuung der vorliegenden Arbeit danke ich Herrn Prof. Dr. N. Stein. Mein Dank gilt auch Herrn Prof. Dr. Dr. h. c. A. Semmel für wertvolle Hinweise und die Übernahme des Zweitgutachtens. Ferner danke ich für die finanzielle Unterstützung durch das o. g. Projekt der EG, den DAAD sowie die Graduierten-Förderung der J. W. Goethe-Universität Frankfurt.

Dem Fachbereich Geowissenschaften danke ich für die Aufnahme der Arbeit in seine Schriftenreihe und hier besonders Herrn Dr. W.-F. Bär für sein Engagement als Schriftleiter.

Herrn Prof. Dr. P. Pandee, Herrn Prof. Dr. P. Rakariyatham und Herrn B. Matthuis sei gedankt für die Unterstützung am Department of Geography der Chiangmai University. Herrn Prof. J. Pinthong (Dept. of Soil Science, Chiangmai University) danke ich für Anregungen und Hilfestellung. Herzlich danken möchte ich ferner meinen Kollegen Dipl. Geogr. H. Kirsch und J. Grassmann für zahlreiche Diskussionen und gemeinsame Geländebegehungen.

Mein aufrichtiger Dank gilt ferner allen Herren, unter ihnen auch Studenten des Departement of Geography der Chiangmai University, die als tatkräftige Assistenten, Dolmetscher und umsichtige Fahrer die Geländearbeit auch unter schwierigen Bedingungen ermöglichten. Dem Superintendent der Nationalparkverwaltung sowie Herrn Kankhajane Cuchip sei herzlich gedankt für die Aufnahme im "headquarter" und alle Hilfen. Danken möchte ich auch allen Angestellten des "headquarter" für kulinarische und sonstige Versorgung. Mein Dank gilt auch allen Bergbauern und Bergbäuerinnen, die Ratschläge bzw. Hilfestellung gaben, wenn wir uns verlaufen oder festgefahren hatten. Oft nahmen sie uns auch freundlich in ihre Häuser auf und gewährten Einblick in ihr Leben und ihre Kultur. Ihnen widme ich diese Arbeit.

Gedankt sei Herrn Prof. Dr. M. A. Geyh (Niedersächsisches Landesamt für Bodenforschung) für die ^{14}C-Datierung und seinen ausführlichen Kommentar dazu. Herrn Prof.

Dr. R. Mischung danke ich für den Gedankenaustausch über die Bergvölker im Untersuchungsgebiet im Herbst 1992 und die Möglichkeit, seine Habilitationsschrift zu kopieren. Herrn prof. Dr. E. Löffler und Herrn Dr. J. Kubiniok (Universität Saarbrücken) sei ebenfalls herzlich für ihre Diskussionsbereitschaft gedankt.

Für Durchführung von Analysen im Labor des Institutes für Physische Geographie danke ich Frau D. Bergmann-Dörr. Frau U. Olbrich danke ich sehr für die Überarbeitung der Abbildungen. Herrn Dr. J. Heinrich sei gedankt für Anregungen, ebenso auch Frau Dr. U. Greinert-Byer, Herrn Dr. P. Müller-Haude und Herrn Dr. H. Thiemeyer. Meinen FreundInnen Dr. A. Arthen, Ch. Schlössler, W. Klinnert, E. Parr und Dr. B. Reichenbacher danke ich herzlich für Korrekturen des Manuskriptes und alle Hilfen. Auch meinem Ehemann Christian Scheer möchte ich danken, der mich u. a. mehr als 3 Monate in Nordthailand begleitete und unterstützte.

Mainz, im Juni 1996 Konstanze Weltner

Inhaltsverzeichnis

Seite

Seite

Abbildungsverzeichnis

Tabellenverzeichnis

Verzeichnis der Fotos im Anhang

"The widespread use of the term 'tropical soil' has led to the general misconception that soils of the tropics comprise a group of soils with common properties. These soils are often reffered to erroneously as being synomenous with lateritic soils, laterites or red soils" (M. DROSDOFF et al. 1978).

"...aus der Naturwissenschaft wissen wir, daß die Welt kein mechanisches Uhrwerk ist, das nach gewissen Gesetzen einfach streng abläuft, sondern daß die Zukunft offen ist..." (H .P. DÜRR, Physiker, am 1.9. 1992).

"Es besteht bei uns allen das große Mißverständnis, daß das, was wir von der Wirklichkeit wahrnehmen, die Wirklichkeit selbst ist..... Und wir vergessen dabei, daß die Wirklichkeit Gegensätze in einem viel höheren Sinne miteinander kombinieren kann, ohne daß sie mit sich im Widerspruch stehen" (H. P. DÜRR 1992).

"Although praises are sung for the country's economic progress, alongside the advances are stark poverty and an ever-increasing gap between rich and poor.... Despite industrialisation, three quarters of the Thai population still live in the countryside, trying to make a living off the land. The vast changes to their traditional lifestyle have occured within just one generation, exacerbated by landlessness and the breakdown of culture and family relationships. Environmental destruction has been devastating" (F. WASI in S. EKACHAI 1990:11f.).

1 Einleitung: Problemstellung

Die nordthailändischen Bergregionen sind geomorphologisch und bodengeographisch noch weitgehend unerforscht, zumal die Gebiete als junge, komplexe Orogene der wechselfeuchten Tropen bisher von der physisch-geographischen Wissenschaft vernachlässigt wurden (WIRTHMANN 1987). Gerade in den letzten Jahren und Jahrzehnten erfahren diese Regionen jedoch einen zunehmenden Bevölkerungs- und Nutzungsdruck. Aufgrund der Modernisierung der Landwirtschaft mit den Folgen der verstärkten Bodenerosion und Umweltbelastung sowie des wachsenden Umweltbewußtseins kommt es zunehmend zu Ziel- und Nutzungskonflikten zwischen Naturschutz, Forstwirtschaft und Landwirtschaft. Diese führen vielerorts zu erheblichen Spannungen zwischen den betroffenen Gruppen der ethnischen Minderheiten der Bergbauern, den thailändischen Tieflandbauern, Landentwicklungs- und Forstinstitutionen der Regierung, Vertretern der Wirtschaft und Entwicklungshilfeorganisationen (GRANDSTAFF 1980; RYAN et al. 1987; TAN-KIM-YONG et al. 1988). Vor diesem Hintergrund gewinnen Grundlagenuntersuchungen zu Faktoren des Naturraumpotentials und Fragen der Landnutzungseignung eine aktuelle Bedeutung (STEIN 1992; WELTNER 1992).

Unbestritten stellen die Böden, ihre Eigenschaften und ihr Verbreitungsmuster einen wesentlichen Faktor für die Bewertung der Nutzungseignung dar (SEMMEL 1986 u. a.). Die Böden des Berglandes waren jedoch auf den Bodenübersichtskarten bisher undifferenziert als "hill complex" dargestellt worden (PENDLETON 1958; SCHOLTEN & SIRIPHANT 1973; SCHOLTEN & BOONYAWAT 1973; SOIL SURVEY DIVISION 1976). Von PENDLETON et al. 1957 und PENDLETON (1958) wurde die Ansicht übernommen, daß die meisten Böden geringmächtig und steinig und daher wenig landwirtschaftlich nutzbar seien. Die Ansicht beruhte vermutlich auf wenigen punktuellen Befunden, die unreflektiert auf das gesamte Bergland übertragen wurden. Bei den seltenen Detailuntersuchungen in nordthailändischen Bergregionen standen die Zusammenhänge zwischen Vegetation und Böden im Vordergrund (BLOCH 1958; HANDRICKS 1981; MANCHAROEN & KUNAPORN 1984). Bei diesen Arbeiten zeigte sich, daß die Böden nicht nur "shallow and stony" sind, sondern ein ausgesprochen hohes Spektrum an Typen und Formen aufweisen, deren Verbreitungsmuster sich mit dem Faktor Vegetation allein nicht erklären lassen.

Ziel der vorliegenden Arbeit ist die Erfassung der Böden, des Bodenmosaikes und der Interdependenzen zwischen Böden und den Faktoren Gestein, Relief und Reliefgenese sowie Klima, Zeit, Vegetation und Nutzung. Im Vordergrund steht die Analyse des Zusammenhanges zwischen Böden und Landformen, um Rückschlüsse auf die Morphogenese des Gebietes zu ermöglichen. Die Untersuchungen im Gelände basieren daher auf Bohrstockkartierungen nach dem Catena-Prinzip (s. 2.1). Einen weiteren Schwerpunkt bildet die Frage der Bodenverbreitung als Indikator der Landnutzungseignung.

Als Untersuchungsgebiet wurde ein Ausschnitt aus dem nordwestthailändischen Bergland gewählt, ein Granit- und Gneismassiv in der Höhenlage zwischen ca. 350 und 2565 m ü. M., etwa 60 km südwestlich von Chiangmai. Hier sind die Ziel- und Nutzungskonflikte besonders deutlich ausgeprägt, da das Gebiet seit 1972 als Nationalpark ausgewiesen ist.

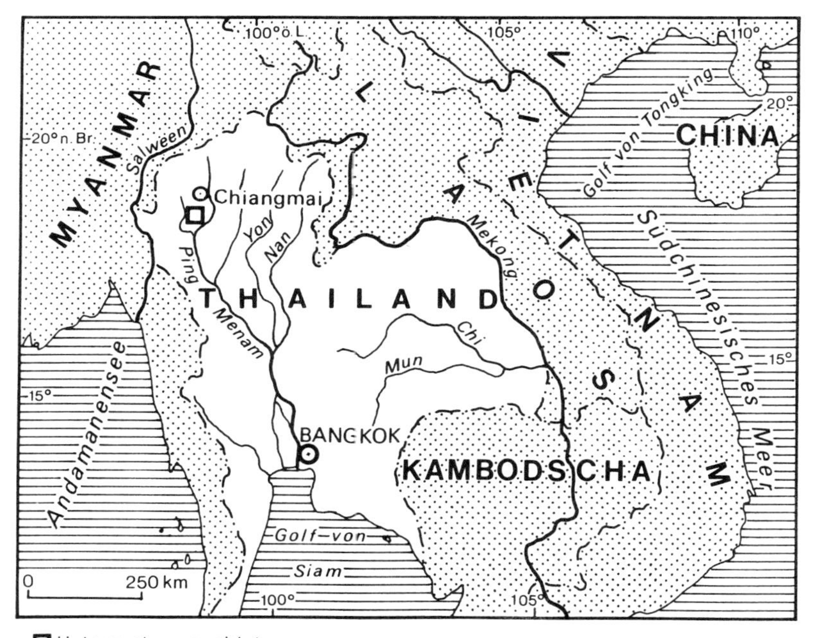

Untersuchungsgebiet

Abb. 1 Lage des Untersuchungsgebietes in Thailand

Folgende Fragenkomplexe werden behandelt:

- Welche Zusammenhänge bestehen zwischen Gestein und Böden (s. 5.1) ?

- Welchen Einfluß haben die tektonischen Bewegungen seit dem Tertiär auf die Reliefentwicklung, Pedogenese und Bodenverbreitung (s. 4, 5.3 u. 5.4) ?

- Welche Zusammenhänge bestehen zwischen der höhenzonalen Klima- und Vegetationsdifferenzierung im Untersuchungsgebiet und den Böden (s. 4 u. 5.2.2) ?

- Welche Rolle spielen die tertiären und quartären Klimawechsel bei der Pedogenese (s. 4 u. 5.2.1) ?

- Welche Zusammenhänge bestehen zwischen Relief und Boden ?

- Kann von der Hangform auf die Bodenabfolge geschlossen werden (s. 4 u. 5.3.1) ?

- Kann von den Zusammenhängen zwischen Reliefeinheiten und Böden auf das relative Alter der Reliefeinheiten geschlossen werden (SEMMEL 1986; KUBINIOK 1990) ?

- Sind Erosionsdiskordanzen in den Bodenprofilen feststellbar, die Rückschlüsse auf unterschiedlich alte Prozesse und korrelate Sedimente erlauben (BIBUS 1983; EMMERICH 1988; FRIED 1983; GREINERT 1992) ?

- Inwiefern spiegelt die Bodenverbreitung die Landschaftsgenese wider (s. 4, 5.3 u. 5.4) ?

- Welche Rolle spielen quartäre Massenbewegungen bei der Reliefgenese und der Bodenverbreitung sowie der aktuellen Morphodynamik (MODENESI 1988; s. 4.3 u. 5.3.4) ?

- Welchen Einfluß haben die aktuellen Nutzungen und die Nutzungsgeschichte auf die Böden und auf die aktuelle Morphodynamik, insbesondere die Bodenerosion (s. 4, 5.2.2 u. 6.1)?

- Welche Schlußfolgerungen hinsichtlich der Landnutzungseignung erlauben die Untersuchungsergebnisse? Sind bestimmte Landschaftseinheiten besser für die Landwirtschaft geeignet als andere (s. 4.4, 4.5 u. 6.1)?

- Welche der festgestellten Zusammenhänge bzw. Teilergebnisse lassen sich auf weitere Gebiete innerhalb Nordthailands übertragen (s. 5.5)?

Die Einflußfaktoren für die Bodenbildung und -verbreitung im Untersuchungsgebiet inklusive der anthropogenen Einflüsse werden im Kapitel 3 beschrieben. Der Schwerpunkt liegt auf der ausführlichen Darstellung der Ergebnisse aus den einzelnen Teilgebieten, wobei jeweils ausgewählte Boden- und Reliefabfolgen bzw. einzelne Profile diskutiert werden (Kap. 4). Das Kapitel 5 enthält die Diskussion der Befunde im Hinblick auf die genannten Forschungsziele. Im Kapitel 6 werden schließlich die Anwendung der Ergebnisse, die Bewertung der Nutzungseignung und Vorschläge zur Landnutzungsplanung erörtert.

2 Methodik

2.1 Auswahl der Arbeitsgebiete und Catenen; Vorgehen im Gelände

Die Untersuchungen basieren auf dem Ansatz des Catena-Prinzips, um die Zusammenhänge zwischen Relief, Reliefgenese und den Böden erfassen zu können. Der Begriff "Catena" wird dabei erweitert, denn die in der ursprünglichen Definition von MILNE (1935, zit. in GERRARD 1981: 61) geforderte Homogenität von Geologie und Ausgangsmaterialien an einem Hang ist im Untersuchungsgebiet oft nicht gegeben. Die Catenen stellen vielmehr oft Mischformen von Topo-, Litho- und Chronosequenzen dar, werden jedoch stets als Catenen bezeichnet.

Zunächst wurden innerhalb des 480 km^2 großen Nationalparks verschiedene Arbeitsgebiete auf Grundlage der Interpretation der verfügbaren topographischen und geologischen Karten im Maßstab 1 : 50 000 und der Luftbilder im Maßstab ca. 1 : 15 000 Serie (1983/1984) ausgewählt, die alle vorhandenen geologischen Formationen, Reliefeinheiten und Hangformen, Höhen- und Vegetationsstufen sowie Nutzungsformen repräsentieren. Es zeigte sich jedoch bei den ersten Übersichtsbegehungen, daß sowohl Arbeitsgebiete als auch Lage der Catenen nur aufgrund eingehender Geländebegehungen ausgewählt werden konnten, da bei den Karten- und Luftbildinterpretationen die komplexen und kleinräumig wechselnden Reliefformen und Ausgangsmaterialien nicht hinreichend erfaßbar waren. Die geologischen Grenzen, zunächst aus den verfügbaren Karten (Maßstab 1 : 50 000) übernommen, mußten im Gelände nach eigenen Befunden modifiziert werden. Bei den Luftbildern maskierte sehr oft die Waldbedeckung die einzelnen Hangformen. Die Beschreibung und Interpretation der Land- und Hangformen beruht daher ebenfalls auf den Geländebeobachtungen. Für einige häufiger vorkommende Hangformen bzw. Relieftypen wurden Begriffe wie "Komplexhang unter Steilhang", "Stufenhang" und "Riedel" verwendet (s. 3.3). Ferner mußte die Zugänglichkeit der Gebiete berücksichtigt werden. Oft hatte sich die Vegetation seit den Luftbildaufnahmen sehr verdichtet, ehemalige Nutzungsflächen waren völlig zugewachsen und ehemals vorhandene Pfade nicht mehr auffindbar.

Das Gebiet "Oberer Mae Klang" (s. Abb. 12 u. Beilage) wurde als Schwerpunktgebiet ausgewählt, da hier einige geologische Formationen, insbesondere die Grenze zwischen den Gneisen und Graniten sowie viele Reliefeinheiten, Hangformen, Vegetationstypen und Nutzungsformen verbreitet sind. Durch die relativ dichte Besiedlung und die Anlagen des "Königlichen Landwirtschaftsprojektes" (THE ROYAL THAI HIGHLAND DEVELOPMENT PROJECT) und der Nationalparkverwaltung ist zudem eine recht gute Zugänglichkeit und Nähe zu Unterkunftsmöglichkeiten gegeben. Dieses

Gebiet repräsentiert den Bereich der mittleren Höhenlagen zwischen etwa 700 m ü. M. und 1600 - 1700 m ü. M. Hier wurden mehr als 500 Profilaufnahmen entlang von 35 Catenen bzw. als zusätzliche Zwischenbohrungen durchgeführt.

Die weiteren Arbeitsgebiete, vor allem die oberen und die unteren Höhenstufen mit anderen Gesteinen, Vegetations- und Nutzungsformen, sind lokal enger begrenzt. Oft war die Zugänglichkeit dieser Gebiete stark begrenzt (s. Abb. 2: Arbeitsgebiete 3.1, 3.2, 3.3 sowie 2.3, 2.4, 4 u. 5). Die Gebiete weiter im Süden des Nationalparkes (Gebiete 6.1-9) wurden nur durch Übersichtsbegehungen mit vereinzelten Profilaufnahmen erfaßt und dienten im wesentlichen der Überprüfung, ob die in den anderen Gebieten gewonnenen punktuellen und linienhaften Erkenntnisse auf größere Flächen und weitere Gebiete übertragbar sind.

Entscheidende Kriterien für den Verlauf einer Catena und die Standorte von Profilaufnahmen stellten die Hangformen und Hangtypen, Hangneigungen und das Mikrorelief sowie die Vegetations- und Nutzungstypen und ferner die Zugänglichkeit dar. Je nach Arbeitsgebiet und lokalen Gelände- und Standortbedingungen ergaben sich oft spezifische Zielsetzungen für bestimmte Catenen; entweder z. B. die Erfassung des Zusammenhangs zwischen Boden und Vegetation bzw. Nutzung oder des Zusammenhangs zwischen Boden, Mikrorelief und Substrat. Die jeweiligen Fragestellungen und Geländeverhältnisse sowie die Befunde der Bohrungen bestimmten auch die Lage, Dichte und Tiefe weiterer Profilaufnahmen. Markante kleinräumige Wechsel von Mikrorelief, Block- und Steinbedeckung der Oberfläche, Stadien der Wiederbewaldung oder verschiedenen Vegetationsausprägungen oder das Gewässernetz sowie Aufschlüsse stellten dabei Anhaltspunkte und Anregungen dar. Ein starres Vorgehen nach am Schreibtisch festgelegten Kriterien und Aufnahmestandorten für Profilaufnahmen erweist sich hier als nicht sinnvoll.

Die Profilaufnahmen entlang der Catenen basieren auf ein bis zwei Meter tiefen Bohrungen mit dem Pürkhauer-Bohrgerät. Darüber hinaus konnten auch Profilaufnahmen an Weg- und Straßenaufschlüssen sowie Runsenwänden durchgeführt werden. Sie lieferten oft wichtige Erkenntnisse zu Gefüge, Porenvolumen, Skelettgehalt, Durchwurzelung und Art der Grenzen zwischen den Horizonten bestimmter Böden. An sechs ausgewählten Standorten wurden 1,6 bis 2 m tiefe Schürfgruben angelegt, um eine detaillierte Aufnahme und die Beprobung der Profile zu ermöglichen.

Die Aufnahme der Standortgegebenheiten beinhaltete die Erfassung der Hangneigung (mit einem Hangneigungsmesser), der Höhenlage (Höhenmesser und topographische Karte), der Exposition, die Zuordnung zu einem Hangabschnitt und einer Hangform

Abb. 2 Teilarbeitsgebiete im Nationalpark Doi Inthanon

sowie die Erfassung der Nutzung bzw. Vegetation (s. 3.5). Folgende Merkmale der Böden wurden stets aufgenommen: Horizontmächtigkeit, Farbe (bodentrocken und feucht mit MUNSELL SOIL COLOR CHARTS), Bodenart (Fingerprobe nach AG BODENKUNDE) sowie besondere Charakteristika, wie Steine, Steinbedeckung der Oberfläche, Marmorierung oder Bleichung, hohe Humusgehalte und Toncutane. Die detaillierteren Profilaufnahmen an Aufschlüssen bzw. den Schürfgruben erfolgten auf Grundlage eines Geländeformblattes, welches im Rahmen des Projektes in Anlehnung an FURUKAWA et al. (1979) und FAO (1975) entwickelt wurde (KIRSCH 1991a).

2.2 Ansprache der Bodenhorizonte und Bodentypen sowie der Bodengesellschaften

Die Ansprache der Horizontmerkmale, der Bodenhorizonte und der Bodentypen lehnt sich an die Richtlinien der AG BODENKUNDE (1982) an, um die Pedo- und Substratgenese der Profile berücksichtigen zu können (EMMERICH 1988; GREINERT 1992; SEMMEL 1982). Zudem erfolgt eine Zuordnung der Bodenprofile zu den Bodentypen der FAO-Klassifikation (FAO 1974 u. 1988), die den Charakteristika einiger Böden besser entspricht und eine internationale Vergleichbarkeit der Ergebnisse gewährleistet. Dabei erweist es sich als notwendig, bei beiden Klassifikationssystemen zusätzliche Kombinationen von Bodentypen-Bezeichnungen zu verwenden und die jeweiligen Kriterien zu erweitern bzw. zu modifizieren, um die komplexen, polygenetischen Bodenbildungen sowie die zahlreichen Übergangs- und Mischformen zwischen den Bodentypen im Untersuchungsgebiet überhaupt ansprechen und zuordnen zu können.

Bei den Richtlinien der Kartieranleitung (AG BODENKUNDE 1982) muß berücksichtigt werden, daß sie für Bodenkartierungen in Mitteleuropa konzipiert ist und daher nicht allen Charakteristika und der großen Varianz tropischer Böden gerecht werden kann. Zudem setzt die Kartieranleitung voraus, daß in der Regel ein bodenbildender Prozeß eindeutig dominiert. Dies ist in der Realität jedoch oft nicht der Fall. Vielmehr wird aufgrund der Erfahrungen im Untersuchungsgebiet davon ausgegangen, daß in der Regel verschiedene bodenbildende Prozesse in einem Profil stattgefunden haben bzw. noch stattfinden. Daher werden meistens sowohl Horizontbezeichnungen als auch Namen der Bodentypen miteinander kombiniert. Ein Bodenprofil wird als Bodenkomplex im Sinne von ROHDENBURG (1983: 405) gesehen, in dem unterschiedliche Prozesse, Substrate und mehrere Phasen der Verwitterung beteiligt sein können.

Vor allem werden die Horizontbezeichnungen Al und Bv kombiniert, da oft die Merkmale beider bodenbildenden Prozesse vorhanden bzw. die Hinweise auf erfolgte Lessivierung nicht sichtbar sind, obgleich ein tonangereicherter Horizont vorliegt. Zudem erscheint die Bezeichnung Al und dabei vor allem der Großbuchstabe A für diese Horizonte aus rötlichbraunem oder gelblichrotem sandigem Lehm oder sandig-tonigem Lehm, die sich deutlich von den humosen Oberböden unterscheiden und oft intensiv verwittert sind, nicht hinreichend zutreffend. Mit einem Al ist m. E. ohnehin eher die Vorstellung eines hellfarbenen und schluffigen Horizontes aus lößhaltigem Decksediment verbunden. Im übrigen erscheint m. E. auch in Mitteleuropa die Bezeichnung Al mit dem Großbuchstaben A nicht sinnvoll, da es sich um einen Horizont handelt, der sich pedogenetisch von dem A-Horizont deutlich unterscheidet, wenn auch oft im selben Substrat (Decksediment) entwickelt. Zudem besteht noch immer das Problem, daß gleichartige Bodenhorizonte innerhalb eines Substrates in einem Profil als Al, in einem anderen als Bv bezeichnet werden. Sinnvoll erscheint es, wie bei SCHRÖDER (1992) generell in Zukunft die Bezeichnung E (E=Elluvial) zu verwenden, da diese auch mit internationalen Nomenklaturen übereinstimmt.

Auch die Horizontbezeichnungen Bu und Bt werden meist kombiniert, da hier oft sowohl eine Tonanreicherung als auch eine Anreicherung von Eisenoxiden und eine Zunahme der Rubefizierung und der intensiven Verwitterung festzustellen ist. Sind sehr deutliche Toncutane erkennbar bzw. die Tongehaltsunterschiede sehr ausgeprägt oder der Tongehalt beträgt über 40 %, so wird die Tonanreicherung betont (Bt oder But-Horizont). Ist die Tonanreicherung schwächer ausgebildet, oder es liegt ein deutlicher Farbwechsel vor, so wird der Horizont als Btu bzw. Bu bezeichnet. Ferner wird nicht generell vorausgesetzt, daß ein Bt bzw. Btu einen Al oder AlBv unterlagert. Auch in den Anleitungen der FAO (1974 u. 1988) sowie der amerikanischen Bodenklassifikation (s. HANSEN 1991; WILDING et al. 1983) ist eine Abfolge von Elluvial- und Illuvialhorizont in einem Profil nicht zwingend erforderlich.

Häufig werden Horizontbezeichnungen wie MBv oder MAl verwendet, um auszudrükken, daß im Horizont eine kolluviale Komponente enthalten ist. Der Horizont stellt jedoch nicht eine vollständig neue geologische Schicht dar, so daß in der Regel auf Schichtsymbole für das Liegende verzichtet werden kann.

Hinsichtlich der Bodentypenbezeichnung ergeben sich folgende Modifikationen: Die Bezeichnung Parabraunerde für Böden mit Tonverlagerung erscheint unpassend für die oft kräftig gelbroten oder rötlichbraunen, meist sauren und nährstoffarmen Böden, so daß diese stets entsprechend der FAO-Klassifikation (FAO 1974 u. 1988) als Acrisols bezeichnet werden. Die intensiv verwitterten roten Böden, in denen die Tonverlagerung kein entscheidendes Charakteristikum darstellt, wären nach AG BODENKUNDE (1982) als Latosole oder Plastosole anzusprechen. Hier erweist sich eine Zuordnung oft als schwierig, da die meisten dieser Böden Zwischen- bzw. Übergangsformen zwischen den plastischen Fersialliten (Plastosole) und den nicht plastischen Ferralliten (Latosole) darstellen (s. 4.3.2 u. 4.3.3). Viele Profile weisen ein eher erdiges Gefüge auf und werden in der vorliegenden Arbeit in der Regel als Rotlatosole angesprochen. Bei sehr tonreichen Profilen, die nicht das für Latosole typische "erdige", sondern sehr ausgeprägte Absonderungsgefüge aufweisen, wird in Anlehnung an SEMMEL (1982, 1988) der Begriff Rotlehm verwendet.

Bei der Kombination der Bodentypen-Bezeichnungen Braunerde und Rotlatosol wird von einer erweiterten Definition ausgegangen. In der Kartieranleitung ist die Bezeichnung Rotlatosol-Braunerde beschränkt auf eindeutig zweischichtige Profile (AG BODENKUNDE 1982: 220). In der vorliegenden Arbeit werden jedoch gerade die nichtschichtigen bzw. die nicht eindeutig schichtigen Profile, die tiefreichend humos und in den oberen Horizonten stark rötlichbraun und in den unteren sehr rot gefärbt sind, als Braunerde-Rotlatosole (s. 4.3.3) bezeichnet. Ausschlaggebend für diese Ansprache ist, daß die Profile oft nicht intensiv genug verwittert sind, um die Zuordnung zu Latosolen bzw. Ferralsols zu rechtfertigen (s. Profil Nitisol in Abb. 40).

Für einige Profile, die unterschiedliche Horizonte aus verlagerten Substraten mit Anteilen von Laterit-Krustenbruchstücken aufweisen, wird der Begriff "Plinthit-Kolluvium" verwendet (s. 4.2.2), wobei die kolluvialen Prozesse nicht anthropogen induziert sein müssen.

Auch die Zuordnung der Böden nach der FAO-Klassifikation (FAO 1974 u. 1988) erfordert Modifikationen, um möglichst alle charakteristischen Merkmale eines bestimmten Profiles in der Bodentypenbezeichnung auszudrücken.

Die Schichtigkeit von Profilen, die in der FAO (1974 u. 1988) nicht berücksichtigt ist, wird folgendermaßen ausgedrückt: Cambisol über Ferralsol oder Acrisol bzw. Arenosol über Acrisol.

Die Kriterien für die Ansprache eines diagnostischen Horizontes als Grundlage für die Bodentypenbezeichnung der FAO (1988) beruhen oft auf bodenchemischen bzw. -physikalischen Analysen. Dies stellt m. E. einen Nachteil dieser Klassifikation dar, denn die vorliegende Arbeit basiert im wesentlichen auf den Geländebefunden. Ferner konnten bei den wenigen ausgewählten Proben die nach der FAO geforderten Analysen bzw. Methoden im Labor des Institutes für Physische Geographie oft nicht durchgeführt werden (s. 2.3). Die Zuordnung zu einem Bodentyp erfolgt daher auf der Abschätzung des Aussagewertes der verfügbaren Labordaten und der Geländebefunde im Hinblick auf die Kriterien der FAO (1988).

Aufgrund der unterschiedlichen Methoden zur Bestimmung der Austauschkapazität ist insbesondere die Zuordnung zum Typ "Ferralsol" erschwert. Für einen "ferralic" Horizont ist u. a. gefordert, daß die potentielle Austauschkapazität, gemessen beim pH-Wert 7 in NH_4OAc gleich bzw. niedriger als 16 cmol kg^{-1} ist. In den meisten deutschen Labors wird jedoch die Methode mit einer Bariumsalzlösung beim pH-Wert 8,1 durchgeführt, deren Werte tendenziell höher liegen als bei der NH_4OAc-Methode (LANDON 1984: 120; s. auch Abb. 39 u. 2.3). Leider wird bei vielen deutschen Forschungsarbeiten das Problem der unterschiedlichen Methoden nicht erwähnt, obwohl die FAO-Bezeichnungen verwendet werden.

Eine weitere Schwierigkeit bereitet der Typ "Nitisol" der FAO (1974 u. 1988). Die Hauptmerkmale, wie hoher Tongehalt, glänzende Aggregate und ein polyedrisches Gefüge (FAO 1988: 32) lassen sich mit den Eigenschaften eines Plastosols parallelisieren (AG BODENKUNDE 1982). Dem Gefüge des Nitisols wird jedoch aufgrund der hohen Gehalte an Eisenoxiden gleichzeitig ein hohes Wasserspeichervermögen zugesprochen (FAO 1988: 32). Dies wiederum spricht eher für latosolartige und "erdige" Eigenschaften. Bodenchemische Kriterien sind von der FAO (1988) beim Nitisol nicht gefordert. SCHMIDT-LORENZ (1986) bezeichnet jedoch gerade Böden mit eher "erdigem" Gefüge, höherem Tongehalt und relativ hohen Nährstoffgehalten als Nitisols. In Anlehnung an SCHMIDT-LORENZ (1986) und die FAO (1988) werden Profile mit hohem Tongehalt und sehr mächtigen homogenen Bt-Horizonten, die nicht ein ausgeprägt "erdiges" Gefüge und zudem im Vergleich zu anderen ähnlichen Profilen eher höhere Nährstoffgehalte aufweisen, als Nitisols bezeichnet oder als Zwischenformen, wie nitic Acrisol o. ä. (s. 4.3.2 u. 4.3.3).

Die Ansprache als humic Cambisol oder humic Nitisol oder Acrisol basiert auf Abschätzung des Humusgehaltes im Gelände bzw. Erfassung von Humusbahnen entlang der Wurzeln und humoser Flecken, da die Humusgehalte in den tieferen Horizonten nicht im Labor bestimmt wurden. Die geringmächtigen, skeletthaltigen Böden (s. 4.5) können oft nicht als Leptosols bezeichnet werden, da das Kriterium "fester Gesteinsuntergrund im Bereich von 30 cm Profiltiefe" nicht erfüllt ist. Die Profile werden daher als rudic bzw. lithic Regosols oder Arenosols bezeichnet, um dem hohen Skelettgehalt Rechnung zu tragen, obwohl Arenosols und Regosols in der Regel als Böden aus Lockergestein gelten, hier aber das Anstehende in 4 - 8 dm Tiefe erreicht wird.

Die ausdifferenzierten Bodengesellschaften stellen jeweils die stark generalisierte Zusammenfassung der in einem Teilgebiet vorkommenden Bodenabfolgen, Bodentypen und Bodenformen unter Berücksichtigung der jeweiligen Gemeinsamkeiten und gleichen oder ähnlichen Konstellationen der bodenbildenden Faktoren dar. Dieser Ansatz, in Anlehnung an SCHRÖDER (1992: 126), soll trotz der oft sehr kleinräumigen Bodenwechsel und der großen Varianz der Bodenprofile innerhalb von Teilgebieten Aussagen zur flächenhaften Verbreitung von Böden bzw. Bodenmosaiken ermöglichen. Die Bodengesellschaften sind dabei im hohem Maße abhängig von den Höhenlagen und vom Relief bzw. reliefgenetischen Aspekten und den Kombinationen dieser Faktoren. Die übergeordneten Zusammenhänge werden mit den Großbuchstaben A - D ausgedrückt, während die nachgestellten Ziffern bei den Bezeichnungen der Bodengesellschaften bestimmte Ausprägungen und spezifische Spektren von Bodenformen, Bodentypen oder Bodenabfolgen, d. h. die Bodengesellschaften im engeren Sinne kennzeichnen.

2.3 Labormethoden und ihre Auswertung

Dieses Kapitel und alle weiteren Ausführungen zu den Analysenwerten (s. Kap. 4) stehen unter folgendem Motto:

"Interpretations of labaratory results are seldom, if ever, universally applicable. - Variability of soil analytical results tend to be high" (LANDON 1984: 107).

Für die Ansprache eines Profiles werden jeweils alle verfügbaren Analysenwerte im Vergleich zu denen von anderen Profilen berücksichtigt, da bei Betrachtung einzelner Parameter bzw. einzelner Profile oft ein widersprüchliches Bild entsteht.

Bei insgesamt 25 Profilen sowie 10 weiteren Proben erfolgte die Bestimmung und die Auswertung folgender Parameter mit den nachstehend aufgeführten Methoden und Berechnungen überwiegend im Labor des Institutes für Physische Geographie in Frankfurt am Main, teilweise auch im Mae Jo Institute of Agricultural Technology, Chiangmai, Thailand (s. Abb. 39).

pH-Wert-Bestimmung:
Frankfurt a. M.: Elektrometrische Messung in 0,1 N KCl-Lösung bei einem Verhältnis von 1:2,5 von Bodeneinwaage und Lösung, mit Glaselektrode.

Bestimmung der organischen Substanz (Kohlenstoff-Bestimmung in % C):
Frankfurt a. M.: Nasse Veraschung mit Kaliumdichromat, Methode von RIEHM & ULRICH (1954), quantitative kolorimetrische Messung mit Spektralphotometer; nur Oberbodenhorizonte.

Bestimmung des Humusgehaltes:
Berechnung: C % x 1,72 = Humusgehalt in %.

Bestimmung des Gesamtstickstoffs:
Frankfurt a. M.: Bestimmung nach DIN 19684, Bl. 34 (1977) mit dem Aufschlußapparat "Büchi 430" und Destillationsapparat "Büchi 320", Angabe in %.

C/N-Verhältnis:
Das Verhältnis von C zu N dient der Abschätzung, wie schnell die organische Substanz abgebaut wird. Dabei gilt, je niedriger das Verhältnis (z. B. kleiner als 10), umso schneller wird sie abgebaut (THIELICKE 1987).

Korngrößenanalysen:
Frankfurt a. M.: Zum Teil Humus- sowie Eisenzerstörung, Dispergierung mit 0,4 N $Na_4P_2O_7$; Ermittlung der Sandfraktionen durch Naßsiebung nach DIN 19683, Teil 1; für Ton und Schluff Pipett-Methode nach KÖHN (DIN 19683, Teil 1 und 2, 1973).

Die Ermittlung der Bodenart und Einteilung in Korngrößenklassen erfolgt nach AG BODENKUNDE (1982).

Das Schluff/Ton-Verhältnis dient als relatives Maß für die Verwitterungsintensität ("Verwitterungsindex" nach DE DAPPER et al. 1988) und als ein Kriterium der FAO (1988) zur Ansprache eines "ferralic horizon".

Bestimmung des pflanzenverfügbaren P_2O_5 und K_2O:
Frankfurt a. M.: CAL-Methode nach SCHÜLLER (1969); nur Oberbodenhorizonte, Angabe in mg/100 g Boden.

Bestimmung der austauschbaren Basen (Na^+, Ca^{2+}, K^+, Mg^{2+}) und der potentiellen Austauschkapazität:
Frankfurt a. M.: Bestimmung nach der Methode von MEHLICH und DIN 19684, Teil 8 (1977), dabei Verwendung von Bariumsalzlösungen zur Extraktion bei pH 8,1, wobei die Filterrohre über Nacht stehen gelassen werden; Messung der Gehalte gegen Eichreihen mit dem AAS; Messung des T-Wertes durch Rückaustausch der Ba^{2+}-Ionen mit Magnesiumchlorid-Lösung und Bestimmung am AAS; Bestimmung des H-Wertes (H-Ionen) durch Titration.
Mae Jo: Extraktion mit NH_4OAc bei pH 7; bei Calcium und Magnesium Zugabe von La_2O_3 zur Extraktionslösung; Messung nach 2-stündigem Schütteln und Filtern durch Whatman no. 1 mit FES (Na^+ und K^+) bzw. AAS (bei Ca^{2+} und Mg^{2+}).

Der S-Wert ist die Summe der austauschbaren Basen (Na^{+}, Ca^{2+}, K^{+}, Mg^{2+}) in mmol/z/100 g Feinboden und dient der Bewertung der Bodenfruchtbarkeit und der Intensität der Auswaschungsprozesse im Boden. Da die ermittelten Werte aufgrund der Methode in Frankfurt a. M. eher zu hoch ausfallen (s. Abb. 39) und viele Proben sehr lange gelagert wurden, ehe die Analysen durchgeführt werden konnten, sind diese als Anhaltspunkte und Abschätzungen zu verstehen. Nach THIELICKE (1987: 431) können nämlich die Zeit der Trocknung sowie der Zeitpunkt der Probenahme (Jahreszeit!) die Zusammensetzung der Austauschionen und die KAK verändern.

T-Wert = Wert der potentiellen Kationenaustauskapazität (KAK):
Errechnet: T = S + H (H-Wert = H-Ionen); gemessen: s. o. erwähnte Methode, dabei Ermittlung des T-Wertes in der Regel als Mittelwert aus gerechnetem und gemessenem T-Wert, da diese bei vielen Proben auch nach Wiederholung der Messung um deutlich mehr als 10 % abwichen.

Die Werte der potentiellen Austauschkapazität erlauben Rückschlüsse auf die potentielle Adsorptionskraft für Kationen an die anorganischen und organischen Sorptionsträger (Humus, Tonminerale, Ton-Humus-Komplexe) und auf bodengenetische Prozesse sowie zur Ansprache von Bodentypen. Dabei ist zu berücksichtigen, daß die KAK mit dem pH und der zur Bestimmung verwendeten Austauschlösung steigt (THIELICKE 1987: 428). Generell gilt, daß die mit Barium-Salzlösungen bei pH 8,1 ermittelten KAK-Werte höher sind als die der NH_4-Methode bei pH 7. Die in Frankfurt a. M. verwendete Methode wird daher für Böden empfohlen, die höhere N-, Ca- und Mg-Gehalte aufweisen (LANDON 1984: 120). Die untersuchten Böden sind jedoch arm an diesen Metallkationen. Von daher ist anzunehmen, daß die KAK-Werte insgesamt mit der angewendeten Methode überschätzt wurden (s. Abb. 39). Die ermittelten Werte dienen der Abschätzung der Bodenentwicklung und des Bodenzustandes sowie zum Vergleich der untersuchten Bodenprofile. Da sich herausstellte, daß die in Mae Jo durchgeführten Messungen beträchtliche Fehler enthielten, waren leider auch diese Werte nicht zuverlässig genug, um sie zur Abgrenzung von Bodentypen nach der FAO (1988) zu verwenden.

V-Wert = Basensättigung in %:
Berechnung: V = S x 100/ T; der V-Wert gibt den Anteil der austauschbaren Na^{+}-, Ca^{2+}-, K^{+}- und Mg^{2+}-Ionen an der Gesamtaustauschkapazität, d. h. deren Anteil am Sorptionskomplex an und dient der Bewertung des Nährstoffhaushaltes. Der V-Wert dient ferner zur Abgrenzung von Bodentypen, in der FAO (1988) zur Unterscheidung von Acrisols und Luvisols. Auch hier gelten die erwähnten Einschränkungen.

Austauschkapazität der Tonfraktion (KAK in mmol/z/100 g Ton = KAK Ton):
Ermittlung der KAK Ton: Vorausgesetzt wird, daß die Austauschkapazität des Humus 2 mmol/z/g Humus, die der Schlufffraktion 0,05 mmol/z/g Schluff beträgt. Die Humus- und Schluffaustauschkapazitätswerte werden vom T-Wert abgezogen und der so gewonnene Wert (AK (Ton)) auf den Tonanteil der Probe bezogen: AK (Ton) x 100/Tonanteil in % = KAK in mmol/z/100 g Ton (= KAK Ton).

Die Werte der KAK Ton deuten auf die Art der Tonminerale hin. Sind diese sehr niedrig (unter 10), so bedeutet dies Dominanz von Zweischichttonmineralen, insbesondere Kaolinite. In mitteleuropäischen Böden mit dominierend Illiten werden oft Werte von 15-40 erreicht (LANDON 1984: 121). Zudem dienen die KAK Ton-Werte bei der FAO (1988) als Kriterien zur Abgrenzung von diagnostischen Bodenhorizonten und Bodentypen. Unter Berücksichtigung der erwähnten Einschränkungen werden sie hier zur Abschätzung verwendet, welchem Bodentyp der FAO die Profile am ehesten zuzuordnen sind.

Bestimmung der dithionit- und oxalatlöslichen Anteile der Eisenoxide:
Frankfurt a. M.: Methode nach MEHRA & JACKSON (Fe_d) (1960) bzw. DIN 19684, Teil 6 (1977) für Fe_o; dabei Extraktion mit NH_4-Oxalat-Oxalsäure-Lösung bei pH 3 für Fe_o = oxalatlösliche Eisenoxide (Fe_o) sowie mit Na-Citrat, Na-Bicarbonat und 1 g Na-Dithionit für die dithionitlöslichen Eisenoxide (Fe_d); Messung mit dem AAS.

Verhältnis von Fe_o zu Fe_d = Aktivitätsgrad:
Der Vergleich der Aktivitätsgrade verschiedener Bodenhorizonte erlaubt Rückschlüsse auf Podsolierung, Anreicherung von Eisenoxiden etc. und dient als Abgrenzungskriterium für Horizonte und Bodentypen (McKEAGUE & DAY 1966; THIELICKE 1987; RASCHKE 1987). Zudem gilt der Aktivitätsgrad als ein Maß für das relative Alter von Böden. Der Wert sinkt mit zunehmendem Alter (MAHANEY et al. 1990).

Bestimmung von Gesamt-Fe und -Al:
Frankfurt a. M.: Gesamtaufschluß der gemahlenen Probe mit $HF/HClO_4$ unter Zugabe von Perchlorsäure sowie HCl konz.; Messung von Fe am AAS, Al komplexometrisch mit Titriplex III, Angabe in Fe_2O_3 und Al_2O_3, jeweils in %.

Bestimmung von SiO_2 :
Frankfurt a. M.: Aufschluß der gemahlenen Probe mit 4 g KOH und 10 ml HCl, konz.; Fällung mit $CaCl_2$-Lösung, NaF und KCl; Waschlösung: KCl + H_2O + Alkohol; Titration; Angabe in SiO_2 in %.

Verhältnis von SiO_2 zu Al_2O_3 bzw. zu Fe_2O_3:

Dieser Wert gilt als Maß für Podsolierung (THIELICKE 1987), Desilifizierung und Ferralitisierung (PAGEL 1974). Die Werte dienen somit als Kriterien für die Abgrenzung von Bodentypen sowie als Hinweis auf das relative "Alter" der Bodenbildung. Werte unterhalb von 2 werden ferralitischen Böden zugesprochen (BLOCH 1958; PAGEL 1974).

3 Das Untersuchungsgebiet

3.1 Der Naturraum Nordthailand

Das Untersuchungsgebiet liegt in Nordthailand, rund 60 km südwestlich der Stadt Chiangmai, die das wirtschaftliche, politische und kulturelle Zentrum der Region bildet.

Der Naturraum Nordthailand (North Continental Highlands) stellt einen Ausschnitt der süd- und südostasiatischen Kettengebirgszone dar. Der mittlere Teilbereich des Systems weist teilweise Bruchschollen- bzw. Deckgebirgscharakter auf. Die schmalen Gebirgsketten des Himalaya biegen nach Südosten um und verbreitern sich im Süden zwischen Myanmar, Yünnan (China) und Laos, wobei weite, wenig relieferte Hochländer in kaum gefalteten Kalksteinen eingeschaltet sind, z. B. das Schanhochland in Myanmar oder das laotische Kalkhochland. In Thailand lösen sich die Ketten zunehmend auf und divergieren nach Südwesten und nach Südosten, wobei sie schließlich die große Aufschüttungsebene des "Central plain" umschließen, die sich im Golf von Thailand fortsetzt. Im Westen, an der Grenze zu Myanmar, geht die thailändische Zentralkordillere (Thanon Thongchai Range) der North Continental Highlands in das Tenasserim-Gebirge (Western Continental Highlands) über. Die Ketten des Mekongberglandes im Osten, an der Grenze zu Laos, setzen sich nach Südosten bzw. Süden zum Teil in den Central Highlands fort, die überleiten zum sog. Khorat-Plateau im Nordosten von Thailand (CREDNER 1935; MACHATSCHEK 1955; THIRAMONGKOL 1983; SCHOLTEN & SIRIPHANT 1973).

In Nordthailand überwiegen etwa Nord-Süd streichende Höhenzüge mit eingeschalteten intramontanen Becken. Ferner kommen auch zahlreiche mehr oder weniger West-Ost verlaufende Strukturen vor. Das Bergland liegt überwiegend im Höhenbereich zwischen 500 und 1500 m ü. M., zeigt aber auch Höhenzüge bzw. einzelne Gipfel um 2000 m ü. M. und darüber (s. Abb. 3). Die Grenze zu Myanmar im Nordwesten und Westen bildet der Fluß Salween, im Norden und Nordosten zu Myanmar und Laos der Mekong und im Osten zu Laos das Mekongbergland. Die Entwässerung erfolgt überwiegend nach Süden, von Westen über den Mae Ping im Becken von Chiangmai, sowie weiter östlich über die Flüsse Mae Yam, Mae Nan und Mae Wang (s. Abb. 3).

Das Untersuchungsgebiet stellt einen Ausschnitt aus der östlichen Zentralkordillere, der Thanon Thongchai Range, dar. Sie bildet hier den höchsten Gipfel Thailands, den Doi Inthanon mit 2565 m ü. M. (s. Abb. 3). Die Begrenzung nach Osten auf ca. 280 bis 300 m ü. M. bildet das Becken von Chiangmai. Im Westen liegt das Becken von

Mae Chaem auf etwa 580 bis 600 m ü. M. Der Gipfelbereich des Doi Inthanon ist aufgrund der klimatischen und topographischen Situation sowie der dichten Waldbedeckung eine Besonderheit in Norcthailand und erfüllt eine wichtige Funktion als Wasserspeicher- und Wasserliefergebiet für den Mae Ping, die schon Ende des letzten Jahrhunderts erkannt wurde. Desha b wurden etwa 480 km^2 im Jahr 1972 als Nationalpark ausgewiesen. Der Nationalpark liegt zwischen 18°24' - 18°41' nördlicher Breite und 98°21' - 98°31' östlicher Länge. Der größte Teil des Gebietes gehört zum Distrikt (Amphoe) Chomtong, ein kleiner Teil im Westen zur Amphoe Mae Chaem und der äußerste Norden zur Amphoe San Patong.

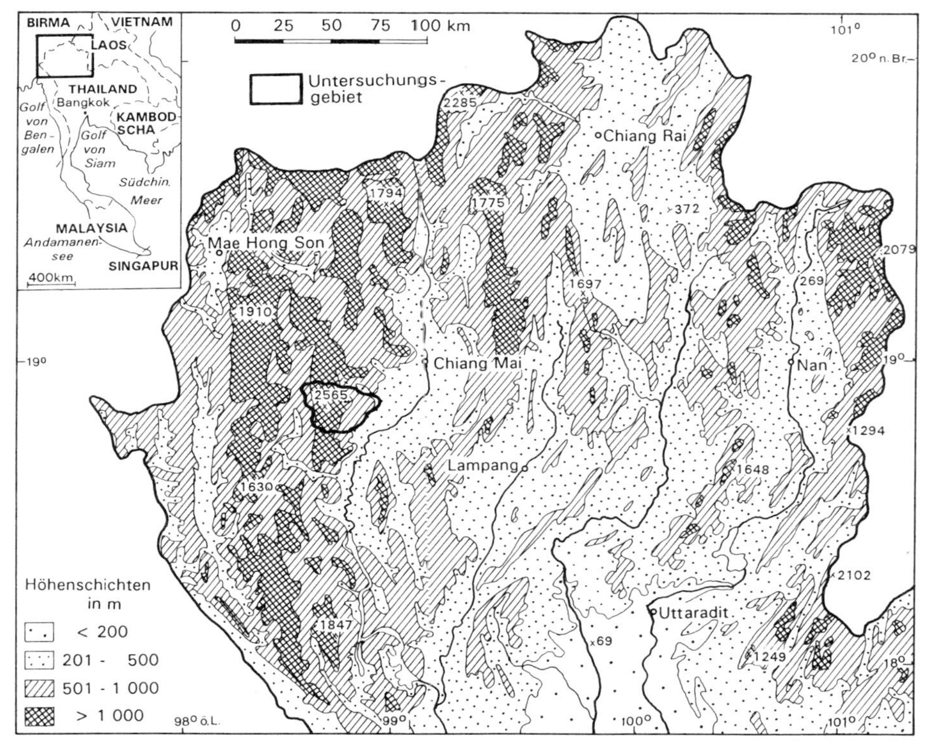

Abb. 3 Lage des Untersuchungsgebietes im nordthailändischen Bergland

(n. STEIN 1992; verändert)

3.2 Geologie

3.2.1 Geologie von Nordthailand

Thailand wird von HAHN et al. (1986) in drei größere tektonisch-strukturelle Einheiten gegliedert, wobei eine mobile Zone zwischen zwei kratonartigen Schollen liegt:

- Der Westen Thailands, einschließlich des Untersuchungsgebietes, gehört zur Shan Thai-Paraplattform.

- Die zentrale Zone des Yunnan Malay mobile belt ist differenziert in den Sukothai fold belt und den Loei fold belt.

- Im Osten schließt sich die Khorat Kontum-Plattform an.

Die Shan Thai-Paraplattform weist großdimensionierte Granitvorkommen sowie mehrere Hauptstörungen auf, wie z. B. den Nord-Süd verlaufenden Mae Yuam fold belt nahe der Grenze zu Myanmar sowie die Nordwest-Südost streichenden Moei Uthai Thani faultzone, Three Pagoda faultzone und weitere in Südthailand. Sie werden auf Plattenbewegungen durch die Subduktion der indischen unter die asiatische Platte bzw. die Konvergenz von Plattenrändern zurückgeführt (HAHN et al. 1986; HUTCHINSON 1989; SIRIBHAKDI 1988).

Die Vielfalt an Reliefformen und Gesteinen, überwiegend Metamorphite, Sedimentgesteine und Plutonite sowie kleinere Vorkommen von Vulkaniten, deutet auf die komplexe geologische Situation hin. Sie ist das Ergebnis von zahlreichen Wechseln zwischen Sedimentation und Abtragung und mehreren Faltungsperioden. Nach HAHN et al. (1986) gab es mindestens fünf orogenetische Phasen, wobei die alpidische Gebirgsbildung sich wiederum in zwei Phasen aufteilen läßt. Die Orogenesen waren meistens verküpft mit Intrusionen von Graniten. Postorogene tektonische Prozesse ließen ein Mosaik von antithetisch verstellten, gekippten bzw. gehobenen oder gesenkten Schollen in unterschiedlichem Niveau entstehen (BAUM et al. 1970; HAHN et al. 1986). Die tektonischen Bewegungen und seismischen Aktivitäten dauern bis zur Gegenwart an (HAHN et al. 1986; SIRIBHAKDI 1988).

Die dominierend Nord-Süd verlaufenden Strukturen, asymmetrische Gräben und Verwerfungen, wurden nach HAHN et al. (1986) etwa ab Karbon und Perm angelegt und in späteren Phasen der Orogenese verstärkt, während die W-E-Strukturen, ebenfalls aus verschiedenen Phasen, jünger eingeschätzt werden.

Vielen Arbeiten zufolge (BAUM et al. 1970; BUNOPAS 1981; HAHN et al. 1986) repräsentieren die stark gefalteten Metamorphite, überwiegend Gneise sowie Marmor und Glimmerschiefer, das Präkambrium. Nach neuesten Ergebnissen gehen BARR et al. (1991) und MACDONALD et al. (1992) jedoch davon aus, daß die Gneise erst im spätem Mesozoikum metamorphisiert wurden und nur teilweise präkambrische Protolithe enthalten (s. 3.2.2). Auch HUTCHINSON (1989: 229) weist auf Datierungen von Gneisen hin, die ein triassisches Alter ergeben.

Während des Paläozoikums gehörte Nordthailand überwiegend zum Geosynklinalgebiet zwischen Yünnan und Malaysia und unterlag mariner Sedimentation, wobei lokal erhebliche disharmonische Faltungen, Überschiebungen, tektonische Verstellungen und Hebungen sowie plutonische Intrusionen erfolgten.

Im Karbon erfolgten nach BAUM et al. (1970) vor allem zahlreiche regionale Hebungen, z. B. zwischen Hod und Mae Sariang im Süden des Untersuchungsgebietes. Im äußerstem Norden kam es zu lokalem intermediären bis basischen Vulkanismus.

Im Perm setzten sich zunehmend auch in den Synklinalbereichen terrestrische Sedimente durch, wobei häufig rote Serien (red beds) abgelagert wurden, die ältere Gesteine diskordant überlagern (HAHN et al. 1986). Nach BAUM et al. (1970) kam es erneut zu beträchtlichen Hebungen und vertikalen Verstellungen. Dabei wurde das Chiang Dao-Massiv aus oberkarbonischem Kalkstein um etwa 2000 m gehoben.

Das Mesozoikum ist gekennzeichnet durch den generellen Übergang von mariner zu terrestrischer Sedimentation (BAUM et al. 1970) sowie die alpidischen Orogenesen, die vor allem den Bereich der Shan Thai-Paraplattform erfaßten (HAHN et al. 1986). Seit der Trias ist der überwiegende Bereich von Nordthailand Festland. Im östlichen und zentralen Bereich Nordthailands wurden die charakteristischen roten Sand- und Tonsteine, die Äquivalente der Khorat-Serie, sowie weiße und grüngraue Sandsteine und Konglomerate abgelagert. Die Regionen westlich davon unterliegen seitdem der Abtragung (BAUM et al. 1970; HAHN et al. 1986).

Die mesozoischen Hebungen regionalen Ausmaßes waren vor allem im Bereich der Shan Thai-Paraplattform verbunden mit großdimensionierten Intrusionen von teils grobkörnig-porphyrischen, teils fein- bis mittelkörnigen Biotit-Graniten sowie lokal Leukograniten, Granodioriten und Dioriten (HAHN et al. 1986; HUTCHINSON 1989).

Die Granite bilden meistens den Kern und die Gipfel der Gebirgszüge (BAUM et al. 1970; CREDNER 1935; MACHATSCHEK 1955; MARTINI 1957), d. h., sie treten im

Sattelbereich der aufgewölbten Antiklinalen oder Antiklinorien zutage. Infolge der Granitintrusionen und tektonischen Bewegungen wurden die jeweiligen älteren Nachbargesteine durch Kontaktmetamorphose, Dynamometamorphose und Faltung überprägt. Typisch für die Granitgebiete und angrenzende Areale ist die Variabilität der Granite, die Häufigkeit von Ganggesteinen (Aplite und Pegmatite) sowie die Vorkommen von Zinnerzen (CREDNER 1935; HAHN et al. 1986; HARLE 1988; HUTCHINSON 1989). Insgesamt verstärkt sich im westlich-zentralen Nordthailand die Becken- und Rückenstruktur. Dabei wurde vor allem der Bereich zwischen Hod, Chiangmai und Fang gehoben, in dem auch das Untersuchungsgebiet liegt (BAUM et al. 1970).

Im Norden und Nordosten kam es im Zeitraum von Perm bis Trias zu beträchtlichem intermediären bis sauren Vulkanismus mit Andesit- und Tuffablagerungen (BAUM et al. 1970; HAHN et al. 1986).

Zusammenfassend läßt sich sagen, daß folgende Prozesse in Nordthailand von zentraler Bedeutung sind:

- die in mehreren Phasen erfolgten Orogenesen mit dominierenden N-S-Strukturen sowie die überwiegend triassischen bis jurassischen Granitintrusionen, wobei die benachbarten Gesteine oft der Kontakt- und Dynamometamorphose bzw. der Regionalmetamorphose unterlagen;

- die starke tektonische Beanspruchung, vor allem seit dem späten Mesozoikum, d. h. die postorogene Zerlegung in Schollen, die antithetisch verstellt, gekippt, gehoben oder gesenkt wurden, so daß ein Mosaik unterschiedlicher Schollen in verschiedenen Höhen entstand.

Entscheidend im Kanäozoikum sind die Fortsetzungen und Folgewirkungen der alpidischen Orogenesen, der Entstehung des Himalayas sowie der zahlreichen Verstellungen als Ergebnis plattentektonischer Bewegungen aufgrund der Subduktion der indischen unter die chinesische Platte, die im späten Mesozoikum begann (HAHN et al. 1986; HUTCHINSON 1989; MITCHELL & McKERROW 1975; SIRIBHAKDI 1988; TJIA 1987). KUBINIOK (1988) stellt die Hauptphase der Kompression von Westen her in das Obermiozän bis Oligozän. HAHN et al. (1986) betonen die beträchtlichen Hebungen im Miozän.

Im späten Mesozoikum und im frühen Tertiär kam es auch zu Phasen der Flächenbildung (BAUM et al. 1970; CREDNER 1935; MACHATSCHEK 1955), die jedoch mehrmals infolge der tektonischen Bewegungen unterbrochen wurden. Dabei wurde generell die heutige Rücken- und Beckenstruktur festgelegt. Die Hebung bzw. Senkung einzelner Schollen in Verbindung mit den Klimawechseln im Tertiär und Quartär verstärkte die Zerstückelung und Zerschneidung der ehemaligen Rumpfflächen, so daß nur Reste in verschiedenen Niveaus erhalten blieben, vor allem in Graniten oder Kalken. Oft stellen diese Flächenreste "Gipfelfluren" in mehr oder weniger gleichem Niveau dar (CREDNER 1935; MACHATSCHEK 1955; KIERNAN 1990; KUBINIOK 1992).

Die größeren Becken sind in tektonischen Mulden oder Gräben angelegt (BAUM et al. 1970; HAHN et al. 1986), wobei z. B. im Becken von Fang bis über 3000 m (THIRAMONGKOL 1983), im Becken von Chiangmai 1200 m mächtige tertiäre Schichten (BUNOPAS 1981) erbohrt wurden. Der Begriff "Überschüttungsebene" von CREDNER (1935: 20-45) ist für diese Becken nicht zutreffend. Es wurden überwiegend fluviallimnische klastische Sedimente, wie Kies, Sand, und Ton sowie Kalktuffe abgelagert, die häufig mehr oder minder zu Sandstein, Tonschiefer, Schluff- und Tonsteinen oder Konglomeraten verfestigt wurden (BAUM et al. 1970; RATANASTHIEN 1987).

BAUM et al. (1970) kartierten im Randbereich der Becken an den Gebirgsrändern derartige neogene Sedimente als Anstehendes. In der englischsprachigen geomorphologischen und quartärgeologischen Literatur Thailands werden bei der Gliederung der Landschaftseinheiten in den Becken jedoch keine tertiären Areale erwähnt, da sie wohl in die quartäre Terrassenabfolge subsumiert wurden: Die Bereiche der sog. "Terrace III" (THIRAMONGKOL 1983: 13) oder "high terrace" (DHEERADILOK 1986: 148; LUMPAO-PONG et al. 1984; SCHOLTEN & SIRIPHANT 1973: 14) oder "high coalescing fans of old colluvium" (SCHOLTEN et al. 1973) am Gebirgsfuß mit "undulating to rolling relief" und skeletthaltigen Böden bzw. Lateritkrusten können aufgrund der Ähnlichkeit der Areale in Lage, Höhenposition, Relief und Substraten größtenteils mit dem Neogen von BAUM et al. (1970) gleichgesetzt werden. Die Gebiete stellen häufig extrem trockene und landwirtschaftlich kaum nutzbare Standorte dar (SCHOLTEN & SIRIPHANT 1973: 14; STEIN 1992). Nach STEIN (1992: 50) und eigenen Befunden stammen viele Ablagerungen auf ihnen im Westen des Beckens von Chiangmai aus den Nebenflüssen. Der Begriff Terrasse für diese Bereiche impliziert also fälschlicherweise die Vorstellung einer Terrassenabfolge des Mae Ping, des Hauptflusses.

Vereinzelt kam es im Tertiär zu Vulkanismus, vor allem im Bereich des Mekong und südwestlich von Chiangmai, sowie zu Granitintrusionen (BAUM et al. 1970; HAHN et al. 1986). Die ca. 5,4 Mio. Jahre alten Basaltergüsse in der Provinz Phrae stehen im Zusammenhang mit den tektonischen und orogenetischen Bewegungen im Mae Moh-Becken (RATANASTHIEN 1987). Dabei wurden die tertiären Lignite (Weichbraunkohle) der verschiedenen Schichten in mehreren Phasen verstellt. Im Südbereich trat auch im Quartär basischer Vulkanismus auf: Ein Basaltfluß, der ein Kiesbett überlagert, wurde auf ca. 0,6 - 0,8 Mio. Jahre datiert (DHEERADILOK 1987; RATANASTHIEN 1987; THIRAMONGKOL 1983). Vielerorts kam es weiterhin zu tektonischen Bewegungen, da pleistozäne Terrassen und Sedimente lokal in sich verstellt wurden (BAUM et al. 1970; HAHN et al. 1986; THIRAMONGKOL 1987).

Auch in historischer Zeit sind noch tektonische Verstellungen und seismische Aktivitäten wie Erdbeben zu verzeichnen, die auf Dehnungsprozesse in den känozoischen Becken und auf Verschiebungen und Verstellungen im Bereich der aktiven Hauptverwerfungen zurückzuführen sind (SIRIBHAKDI 1988). Generell gehört Thailand jedoch zu einem relativ stabilen Bereich im Vergleich zum plattentektonisch aktiveren Bereich des insularen Südostasiens (HUTCHINSON 1989; TIJA 1986).

Die quartären Sedimente in den Becken sind an einigen Standorten relativ gut untersucht und werden verschiedenen Phasen im Pleistozän und Holozän zugeordnet, die zum Teil mit verschiedenen Klimaphasen korreliert werden können (s. 3.4.2). Zunächst wurden im Pliozän-Pleistozän in den Becken überwiegend grobe fluviatile Sedimente abgelagert, anschließend kam es zur Lateritbildung. Später wurde überwiegend Ton sedimentiert, und darauf folgte erneut eine Phase der Lateritbildung (THIRAMONGKOL 1983; DHEERADILOK 1987).

Im Holozän wurden Sande, Schluffe, Kiese, Hochflutlehme und Tone akkumuliert (BOONSENER 1987; DHEERADILOK 1987). Die Auenbereiche unterliegen der rezenten Sedimentation.

3.2.2 Geologie des Untersuchungsgebietes und Implikationen für Verwitterung und Bodenbildung

Das Untersuchungsgebiet umfaßt einen Ausschnitt des stark gehobenen Bereichs der Zentralkordillere am östlichen Rand der Shan Thai-Paraplattform. Nach BAUM et al. (1970) und HAHN et al. (1986) handelt es sich um ein präkambrisches Gneis-Faltengebirge, ein Antiklinorium, welches durch Granitintrusionen im Karbon und Mesozoikum aufgewölbt und gehoben wurde.

Nach neuesten Untersuchungen und Altersdatierungen der Gesteine von BARR et al. (1991) und MACDONALD et al. (1992) zeigt das Inthanon-Bergland viele gemeinsame Merkmale mit Gebirgen des Kordilleren-Typs in Nord- und Südamerika, u. a. aufgrund der Asymmetrie des Domes mit einer steilen und einer flachen Abdachung (s.

Abb. 4) sowie der mesozoisch bis tertiären Metamorphosen und Intrusionen. Die hochgradige Niedrigdruck-Metamorphose der Orthogneise im Gipfelbereich des Doi Inthanon-Komplexes erfolgte vermutl ch erst in der späten Trias bzw. dem frühen Jura aus triassischen Graniten. Die teilweise Mylonitisierung der Paragneise, die den Orthogneis-Kern umgeben, und die Granitintrusionen dazwischen werden von o. g. Autoren in den Zeitraum von oberer Kreide bis Oligozän gestellt. Es wird geschlossen, daß die Entwicklung des Gneisdomes, der Kernkomplex des Inthanon-Berglandes mit mehr als 2565 m ü. M., auf die Phase zwischen oberer Kreide und Miozän beschränkt ist. Demnach repräsentiert der Komplex wahrscheinlich kein präkambrisches basement. Das sehr junge Alter der Gneise und Granite impliziert, daß die Hebungen und die Abtragung der Deckschichten ebenfalls sehr jung bzw. noch jünger sind und erst im Tertiär bzw. Quartär erfolgten.

Insgesamt weist das Gebiet eine starke tektonische Beanspruchung und eine ausgeprägte kleinräumige Heterogenität an Gesteinen und Gesteinsvarietäten infolge der zahlreichen Ganggesteine sowie Kontakt- und Dynamometamorphosen mit wechselnder Intensität auf. Es finden sich zudem etliche Stufen, verbunden mit Gefällsknicken und Wasserfällen, die als Bruchstufen interpretiert werden (BAUM et al. 1981; s. Abb. 4). Auffallend ist im Gipfelbereich die enorme Verwerfung nach Westen hin, wo unterhalb der mehrere hundert Höhenmeter umfassenden Bruchstufe ein schmales Tal eingetieft ist (s. Abb. 4). Auch nach Osten zu den Tälern der oberen Mae Klang-Tributäre ist eine Bruchstufe mit mehreren Wasserfällen ausgebildet. Dies legt nahe, daß der Gipfelbereich vermutlich erst sehr spät bzw. nochmals im Quartär gehoben wurde (s. 4.1.3 u. 5.4).

Die Abdachung nach Osten zeigt im stark generalisierten topographischen Profil (s. Abb. 4) gewisse Flächenniveaus bei 1300, 1100, 1000, 900 und 600 m ü. M., möglicherweise Reste altmesozoischer bzw. frühtertiärer Flächen. Sie wurden später stark aufgelöst, zerschnitten und möglicherweise auch tektonisch in Schollen zerlegt, so daß nur noch vernachlässigbare Reste in verschiedenen Niveaus existieren. Die einzige erkennbare Altfläche (Rumpffläche) stellt die Gipfelflur bei 1600 m ü. M. dar, die größere verebnete Bereiche aufweist (s. 3.3 u. 4.2).

Im oberen Gipfelbereich stehen überwiegend grob- bis mittelkörnige, örtlich sillimanithaltige Muskowit-Biotit-Orthogneise mit xenolithischen Einschlüssen von Schiefern an. Sie sind im Westen und im Osten von Bereichen mit Biotit-Gneisen umgeben, die reich an Einsprenglingen sind und örtlich Granodiorit-Charakter aufweisen (MACDONALD et al. 1992; DEP. OF GEOLOGY 1986). Charakteristisch sind zahlreiche Granit-, Aplit- und Pegmatitgänge sowie Quarzadern, die oft als Injektionen der Schie-

ferung und Faltung der Gneise folgen. Zudem gibt es Vorkommen von Biotit-Quarz-Feldspatschiefern (MACDONALD 1981; MACDONALD et al. 1992; DEP. OF GEOLOGY 1986). In den Übergangszonen zum Granit treten als Ergebnis der Kontaktmetamorphose häufig Glimmerschiefer oder Biotit-Schiefer auf, vor allem entlang des Khun Klang-Tales sowie westlich der neuen Straße nach Norden, im Bereich des Lao Kho-Beckens unterhalb des Steilhanges (s. Abb. 12 u. Beilage). Dort finden sich auch vereinzelt Marmorvorkommen. Die Untersuchungen von MACDONALD et al. (1992) bestätigen die eigenen Befunde, daß die Grenze Gneis/Granit direkt am bzw. unterhalb des Steilhanges verläuft, wobei das Khun Klang-Tal und das Lao Kho-Becken schon im Granit liegen. Den früheren Karten zufolge (BAUM et al. 1970; BRAUN et al. 1981) wurde das Khun Klang-Tal noch dem Gneisbereich zugeordnet.

Im weiter östlich anschließenden Bereich zwischen 1400 und 700 m ü. M. dominieren die Granite (s. Abb.4). Sie dehnen sich auch weiter nach Süden hin aus und werden von MACDONALD et al. (1992) dem "South Samoeng-Batholith" zugeordnet. Dieser wird als ein Komplex von fein- bis mittelkörnigen Biotit-Graniten und mittelkörnigen Leukograniten beschrieben. Zudem finden sich vereinzelt Granodiorite (BAUM et al. 1970). Die örtlich subparallele Anordnung der Biotite führt manchmal zu Pseudo-Gneis-Strukturen (MACDONALD et al. 1992). In allen Granitbereichen sind Aplite, Pegmatitgänge und Quarzadern sehr häufig (BAUM et al. 1970; HARLE 1987; MACDONALD 1981; MACDONALD et al. 1992).

Die Granodiorite gelten aufgrund ihres höheren Anteils an Plagioklas, Biotit und Hornblende als weniger resistent gegenüber der Verwitterung als kaliumreiche Granite mit überwiegend Mikroklin und Orthoklas (PYE 1986). Dementsprechend nehmen die Granodiorite, die nach PYE (1986) häufig in den Randbereichen von Granitintrusioen vorkommen, die tieferliegenden stärker abgetragenen Reliefpositionen ein, während die mikroklinreichen Granite oder Migmatite herauspräpariert werden. Unterschiede in der Verwitterungsresistenz werden von PYE (1986) ferner auch auf Einflüsse von Korngröße, Struktur, Gefüge sowie auf die Häufigkeit von Störungen, Klüften, Rissen und anderen Diskontinuitäten zurückgeführt. Von daher können die stärker tektonisch beanspruchten Granite mit zahlreichen Klüften und Rissen als verwitterungsanfälliger gelten als jene, die keiner so starken Zerklüftung und tektonischen Zerlegung unterlagen.

Die erwähnten Varietäten innerhalb der Granite und Gneise, die kleinen Vorkommen von Schiefer und Marmor und die Häufigkeit von Ganggesteinen sowie die lokal unterschiedliche Zerklüftung und tektonische Beanspruchung führen insgesamt zu kleinräumig wechselnder Verwitterungsanfälligkeit, die sich vermutlich auch auf die Bodenbildung auswirkt. Gleichzeitig schränkt die komplexe geologische Situation, der Mangel an großmaßstäbigen detaillierten geologischen Kartierungen und beschriebenen Aufschlüssen sowie die Mächtigkeit der Bodenbildungen und Verwitterungsprodukte die Erfassung der Zusammenhänge zwischen Boden und Gestein im Detail ein (s. 2.1 u. 5.1).

Der Doi Hua Sua (Tigerkopfberg), der sich in der Mitte des Untersuchungsgebietes auf über 1800 m ü. M. erhebt und nach Süden und Südosten einen imposanten, teils überhängenden Steilabhang zeigt (s. Foto 1 u. Beilage), liegt den Unterlagen zufolge in einem nicht durch Verwerfungen gestörten Bereich des Granits. Die Entstehung der Form kann daher auf Unterschiede in der Verwitterungsresistenz innerhalb des Granits (Pegmatit, Quarzader?) zurückgeführt werden. Zudem sind m. E. auch tektonische Einflüsse nicht auszuschließen (s. 3.3).

Die Granite tauchen weiter im Osten, zum Teil bei ca. 600 m ü. M, unter die Paragneise bzw. mylonitisierten Gneise und Kalk-Silikatgneise ab (MACDONALD et al. 1992; s. Abb. 4). Die Gneise zeichnen sich durch eine ausgeprägte horizontale parallele Struktur aus, wobei "Bänder" von hellen und dunklen Mineralen wechseln. Meistens handelt es sich um Augengneise. Stellenweise finden sich auch calcitreiche bzw. kalkhaltige Bänder, die Kalk-Silikatgneise. Häufig tritt auch hier lokal Marmor auf. Charakteristisch sind wiederum schichtkonkordante oder diskordante Injektionen sowie Linsen von Apliten, Pegmatiten und Mikrograniten (MACDONALD et al. 1992; DEP. OF GEOLOGY 1986). Der obere Bereich der Paragneise ist mylonitisiert, behält jedoch weitgehend die parallele Bänder-Struktur (MACDONALD et al. 1992).

Auffallend ist hier die Geringmächtigkeit bzw. das häufige Fehlen eines tiefgründigen Verwitterungsmantels (s. 4.5). Möglicherweise spielt eine stärkere Verwitterungsresistenz der hier dominierenden Gesteine eine Rolle: Die horizontale gebänderte Struktur, die relative Feinkörnigkeit und die dichte Masse bieten vermutlich kaum Möglichkeiten für das Eindringen von Wasser.

Im Nordosten des Untersuchungsgebietes kommen nach BAUM et al. (1970), BAUM et al. (1982) und MACDONALD et al. (1992) ordovizische Kalksteine, Kieselschiefer sowie weiter im Norden Phyllite, Tonschiefer, Quarzitschiefer, Sandsteine und Grauwacken des Silur/Devon und unteren Karbons vor. Die Grenze zu den Gneisen bzw. Myloniten wird durch eine inverse Verwerfung und Aufschiebung gebildet (s. Abb. 4). Eigene Befunde zeigen, daß die Vorkommen von Kalksteinen wesentlich begrenzter sind, als es die Karten vermuten lassen. Auch weit nördlich des Mae Klang treten mehr Kalksilikate und Gneise auf. Kleinräumige Gesteinswechsel sind sehr häufig und deuten auf kleinräumige Bodenwechsel hin. In den Arealen von Kalksteinen und Marmor sind basenreichere Böden zu erwarten als in den Granit- und Gneisgebieten.

3.3 Relief und Landformen im Untersuchungsgebiet

Das Untersuchungsgebiet ist gekennzeichnet durch eine hohe Reliefenergie, eine starke lineare Zerschneidung der Hänge und eine enorme Vielfalt an Reliefformen, die oft ineinander verschachtelt sind. Weite Bereiche lassen sich durch ein ausgeprägtes "Rücken-und-Kerbtalrelief" charakterisieren, in Anlehnung an den Begriff "ridge-and-v-valley-relief" (LÖFFLER 1977: 37), der solche Landschaften zutreffender beschreibt als der sonst gängige Begriff "Kerbtalrelief" (WIRTHMANN 1987).

Der Gipfelbereich des Doi Inthanon erhebt sich domartig über das übrige Bergland. Auffallend ist die im Vergleich zur Ostabdachung wesentlich steilere Westabdachung des Bergmassives zum Becken von Mae Chaem (s. Abb. 4 u. Beilage). Das Gelände fällt vom Gipfel mit 2565 m ü. M. nach Westen und Norden sehr steil auf 1100 m ü. M. ab, wobei im Westen stellenweise das sehr tief eingeschnittene Tal unterhalb der Bruchstufe erkennbar ist (s. 3.2.2 u. Abb. 4). Zwischen 900 und 1100 m Höhe ü. M. verläuft die nordwestliche Grenze des Nationalparks. Das westlich anschließende Gelände löst sich in mehrere kleinere Bergkuppen und zahlreiche langgestreckte Höhenzüge auf, die im Becken von Mae Chaem auf ca. 500 bis 600 m ü. M. auslaufen.

Nach Osten bzw. Südosten hin ist die Gipfelregion durch zahlreiche Nord-Süd bzw. Nordwest-Südost verlaufende Kerbtäler und Rücken gegliedert ("Rücken-und-Kerbtalrelief"). Das Gelände fällt im Südosten bis auf ca. 1600 m ü. M. ab. Die Hänge sind meist steiler als 40 %, in der Mitte geradlinig und im oberen und unteren Abschnitt konvex geformt. Die Kerbtäler sind sehr schmal. Neben wasserführenden Tälern finden sich auch solche, in denen kein Bachlauf oder Gerinne zu erkennen ist. Dies deutet daraufhin, daß in einer Vorzeitphase (Pleistozän? oder Holozän?) vermutlich noch bessere Bedingungen für die Einschneidung geherrscht haben müssen (s. 3.4.1). Die meist parallele Anordnung der Höhenzüge und Täler weist auf eine an den Kluftlinien des Gesteins orientierte Genese hin: An den Klüften im Gestein setzte infolge der dort stärkeren Durchfeuchtung die Verwitterung und Talbildung bevorzugt ein. Eine kluftorientierte Verwitterung spricht nach BREMER (1989: 86, 325) für eine sehr schnelle Hebung des betroffenen Gebietes. Das verstärkt die Vermutung, daß die Gipfelregion erst bzw. erneut in geologisch junger Zeit gehoben wurde (s. 4.1.4 u. 5.4).

Im zentralen Bereich des Nationalparks läßt sich eine deutliche Verebnung in ca. 1600 m Höhe ü. M. erkennen, die laut topographischer Karten mehrere Quadratkilometer umfasst (s. Abb. 2). Im Gelände finden sich deutliche Verebnungen sowie weite Areale einer Gipfelflur in etwa 1600 m ü. M., d. h. zahlreiche schmale Höhenzüge im gleichem Niveau. Dieses Gebiet wird als ein ehemals vermutlich weiter ausgedehntes Flächenniveau im Sinne einer Rumpffläche (Abtragungsfläche, Altfläche) angesehen (s. 4.2 u. 5.3.3).

Die Verebnung steigt im Südosten zum über 1800 m ü. M. hohen Doi Hua Sua ("Tigerkopfberg") an. Er zeigt nach Süden einen imposanten Steilabfall zum Mae Pon-Tal, dessen Querschnitt an das Profil eines Tigers erinnert und dem Berg seinen Namen gab (s. Foto 1). Es wird vermutet, daß die unterschnittene Form durch ein Prozeßgefüge entstand, bei dem Gesteinsinhomogenitäten, Mechanismen der divergierenden Abtragung (BREMER 1989: 153; s. auch Abb. 24) und tektonische Bewegungen zusammenwirkten (s. 3.2.2).

Nördlich des "1600 m-Flächenniveaus" bzw. des Doi Hua Sua schließt sich das Einzugsgebiet des Mae Klang an, das Schwerpunktgebiet der Geländeuntersuchungen. Das Einzugsgebiet ist in den mittleren Höhenlagen zwischen 600 und 1400 m ü. M. charakterisiert durch mehrere Täler (s. Abb. 12 u. Beilage). Die westliche Begrenzung zur Gipfelregion bildet der Steilhang zwischen 1400 m und 1600 m ü. M., der stellenweise Felswände und Wasserfälle aufweist. Weiter im Norden findet sich zudem ein Steilhang zwischen 1700 und 2100 m ü. M., der ebenfalls zum Teil als Felswand ausgebildet ist (s. 4.4).

Die südlich des Doppelwasserfalls oberhalb des Khun Klang-Tales (s. Abb. 12) vorspringende Hangnase bildet unterhalb von 1420 m ü. M. einen Sporn, der zunächst nach Osten, später nach Südsüdosten weiterläuft und das kleine Tal um 20 - 60 m überragt. Auf diesem Sporn liegt das Hmong-Dorf Ban Khun Klang und der Hauptsitz des "Königlichen Landwirtschaftprojektes" (s. 3.6 sowie Abb. 12). Nach Osten wird das Tal durch eine weitere Stufe mit Wasserfall zwischen 1160 und 1280 m ü. M. begrenzt. Unterhalb ist erneut ein breiteres Tal, das Klang Luang-Tal ausgebildet. Nördlich von Ban Khun Klang, jenseits einer schmalen Wasserscheide auf ca. 1400 m Höhe ü. M., setzt unterhalb des Steilhanges das Lao Kho-Becken an (s. Abb. 12). Dieses verengt sich nach Südosten bei ca. 190 m ü. M. zum Nong Lom-Tal. Flußabwärts zeigt sich noch einmal, bei etwa 1160 m ü. M., ein deutlicher Gefällsknick und eine Verengung. Anschließend öffnet sich das Tal wieder auf 500 - 1000 m Breite.

Unterhalb von ca. 1000 m bzw. 1040 m ü. M. sind sowohl südöstlich des Nong

Lom-Tales als auch südlich des Klang Luang-Tales erneut deutliche Engtalstrecken mit Gefällsknicken, Stromschnellen und Wasserfällen zu verzeichnen. Hier fließen der nördliche und südliche Mae Klang zusammen. Auf ca. 800 m Höhe ü. M. öffnet sich wiederum ein breiteres sohlenförmiges Tal, das Sop Hat-Tal. Unterhalb bildet der Mae Klang zunächst Stromschnellen und stürzt am Vachirathan-Wasserfall schließlich ca. 40 m in freiem Fall herab.

Die Unterhänge entlang der Engtäler und entlang der breiteren sohlenförmigen Täler fallen überwiegend konvex ab und gehen abrupt in die ebenen bis gestuften Talböden über. Durch die Anlage von Reisterrassen ist das jedoch nicht mehr überall zu erkennen. Diese Vergesellschaftung von Formen ist dem von TRICART (1972: 155ff.) beschriebenen "Half orange relief" in Granitgebieten Brasiliens ähnlich. Die Stufung des Flußlängsprofiles wird dort durch das Vorhandensein von härteren Gesteinsschwellen, das Fehlen konkaver Unterhänge durch die Dominanz der subterranen Materialabfuhr gegenüber dem Oberflächenabtrag erklärt. TWIDALE (1991: 105) dagegen betont, daß wiederholte positive Tektonik, Hebungen in mehreren Schüben, mit Sicherheit zu gestuften Talböden führt. Die Gerinne in den Talböden des Untersuchungsgebietes sind jeweils etwa ein bis sechs Meter tief in die Sedimente und Böden eingeschnitten. Dies spricht für Neotektonik bzw. für eine Zunahme der Kraft zur Einschneidung nach Verfüllung der Täler und Becken (s. 5.3.5).

Die Hänge und Höhenzüge, die die verschiedenen kleinen Täler und Becken umgeben, sind vielgestaltig. Es zeigt sich eine ausgeprägte Auflösung der Hänge in Hangnasen, d. h., die Hänge sind zum Haupttal hin durch lineare Erosion zerschnitten. Vielfach sind die etwa 500 bis 2000 m langen Hangnasen in sich gestuft. Sie zeigen deutliche Stufen mit 25 - 60 % Hangneigung sowie dazwischenliegende flache bis verebnete Areale mit 5 bis 20 % Neigung. Diese Reliefeinheit wird im folgenden als "Stufenhang" bezeichnet. Die Höhenzüge sind allerdings generell, auch wenn sie parallel zum Tal verlaufen, in sich gestuft, wenn auch schwächer ausgeprägt als die Stufenhänge.

Eine weitere typische Reliefeinheit stellen die "Riedel" dar. Hierbei handelt es sich um eine häufig parallele Anordnung schmaler etwa 200 bis 1000 m langer Rücken, die manchmal eine Gipfelflur bilden und die Talböden um etwa 20 bis 100 m Höhe überragen. Meistens gehen die Stufenhänge oder Steilhänge in der Nähe des Haupttales in diesen Relieftyp "Riedel" über (s. Abb. 12).

Die "Seitentäler", die Buchten zwischen den Stufenhängen oder den Riedeln, weisen zumeist ein deutlich steileres Gefälle auf als die Riedel und Hangnasen selbst. Das Phänomen wird vom BREMER (1989: 207) als charakteristisch für die Tropen bezeichnet und auf das Wirken der divergierenden Verwitterung zurückgeführt. Die intensive Verwitterung in den Tiefenlinien führt schließlich zur Abtragung der Boden- und Verwitterungsdecke, wobei zum Teil härtere Gesteinspartien freigelegt werden. Die so entstandenen Steilhänge erhalten sich dann über lange Zeiträume, weil die chemische Verwitterung der Felsfläche fehlt und keine nennenswerte physikalische Verwitterung wirkt. Nach TWIDALE (1991: 104f.) verstärkt diese ungleiche Verwitterung langfristig die Reliefamplitude.

Charakteristisch für das Inthanon-Bergland sind ferner Hangformen, die im folgenden als "Komplexhänge unter Steilhängen" bezeichnet werden. Meistens finden sich unterhalb steiler Oberhänge, die örtlich als Felswände ausgebildet sind, komplex gestaltete Mittelhangbereiche mit ausgeprägtem Mikrorelief und kleinräumigem Wechsel von konvexen, konkaven und verebneten Abschnitten. Häufig schließen sich mittel bis stark geneigte gerade bis konvexe Unterhänge an (s. Abb. 12). Das komplexe Mikrorelief, oft vergesellschaftet mit starker Blockbedeckung, und die Lage unterhalb von Steilhängen lassen vermuten, daß lokale Massenbewegungen eine Rolle spielen (YOUNG 1972: 192; s. auch 4.4). Häufig sind zudem verschiedene Hangformen und Relieftypen stark ineinander verschachtelt. Bei den Komplexhängen unter Steilhängen und den Arealen mit sehr kleinräumig wechselnden Relieftypen handelt es sich um zusammengesetzte Hangformen mit unterschiedlich alten Reliefelementen (BREMER 1989: 232ff.).

Südlich des Einzugsgebietes des Mae Klang und des 1600 m-Niveaus ist ein Nord-Süd verlaufender Bergzug mit einem über 1800 m ü. M. hohen Gipfel und weiteren niedrigeren Kuppen erkennbar, der westwärts steil abfällt (s. Abb. 2). Im Osten sind überwiegend nach Ost bzw. Südost auslaufende Hangnasen ausgebildet. Es finden sich sowohl Komplexhänge unter Steilhängen als auch Stufenhänge. Im Einzugsgebiet des Mae Ya-Oberlaufes bzw. seiner Zubringer ist auf ca. 800 - 1000 m Höhe ü. M. wiederum ein schmales, längsgestuftes Tal ausgebildet. Direkt angrenzende Bereiche sind örtlich der Reliefeinheit Riedel zuzuordnen. Die nordexponierten Hänge zum Höhenzug des Doi Mo Li Khu (s. Gebiet 8 in Abb. 2,) zeigen im Oberhangbereich oft Komplexhänge unter Steilhängen, die in Stufenhänge oder Riedel übergehen.

Der Osten des Untersuchungsgebietes ist stark von der ostwärts gerichteten Entwässerung des unteren Mae Klang, des Mae Pon, des Mae Ya sowie des Mae Tae geprägt. Letzterer bildet die südliche Grenze des Nationalparks (s. Abb. 2). Das Tal des Mae Klang folgt teilweise einer Verwerfung, ebenfalls wieder zwischen Gneisen und Graniten. Auch das nach Nordosten, zum Mae Klang entwässernde Tal des Mae Aep (s. Abb. 12) ist zum Teil entlang einer Verwerfung angelegt. Hier findet sich eine sehr enge Verschachtelung komplexer Hangformen. Auffallend ist die räumliche Koinzidenz von geologischen Grenzen bzw. Verwerfungen und den komplexen Hangformen (s. 4.4).

Die Stufen in den Tälern lassen sich nur bedingt miteinander parallelisieren. Am Mae Klang liegt eine deutliche Stufe zwischen 700 und 800 m ü. M. (Vachirathan-Wasserfall), am Mae Pon sind zwischen 600 und 900 m zwei kleine Stufen zu verzeichnen. Der Ma Ya im Süden zeigt bei 600 - 700 m ü. M. einen etwa 80 m hohen Wasserfall. Zum Becken von Chiangmai ist das Bergland durch deutliche Stufen/Steilhänge abgegrenzt. Der Mae Klang bildet bei ca. 400 bis 440 m ü. M. erneut einen Wasserfall. Die geologische Situation (s. 3.2) läßt vermuten, daß die Tektonik eine dominierende Rolle bei der Stufung der Flußlängsprofile spielt (TWIDALE 1991: 105). Zusätzlich können verstärkende Wirkungen durch Gesteinsunterschiede entstanden sein (TRICART 1972; WIRTHMANN 1987; s. auch 5.3.5).

Unterhalb von ca. 700 m ü. M. dominieren langgestreckte schmale, gestufte Höhenzüge sowie "Riedel". In der Regel sind die Hänge etwas kürzer. Sie zeigen häufig ebenfalls eine starke vertikale und lineare Gliederung (inkl. Zerrunsung), die weder aus den topographischen Karten noch aus den Luftbildern zu entnehmen ist (s. 4.5 sowie Fotos 8 u. 9).

Zusammenfassend läßt sich sagen, daß als übergeordnete Relieffformen das "Rücken- und-Kerbtalrelief" und tektonisch bedingte Bruchstufen dominieren. Ferner finden sich viele kleinere bis mittlere sohlenförmige Täler in verschiedenen Höhenlagen zwischen 600 und 1400 m ü. M., die sich örtlich bis zu 1 km Breite ausdehnen. Auf lokaler Ebene sind die Hänge sehr stark gegliedert und weisen häufig komplexe Formen auf. Die schmalen Höhenzüge sind gestuft. Die Hangnasen zwischen den zahlreichen Seitentälern zeigen ebenfalls meistens eine deutliche Stufung zum Haupttal hin ("Stufenhänge"). Zudem treten die Reliefeinheiten der "Riedel" auf. Charakteristisch sind auch "Komplexhänge unter Steilhängen".

Das räumliche Über- und Nebeneinander von zusammengesetzten Hangformen und die Vorkommen von Bruchstufen deuten auf eine komplexe Genese hin. Daraus ergeben sich folgende Grundthesen für die Rekonstruktion der Reliefentwicklung:

1. Es ist eine starke zeitliche Diskontinuität in den formgebenden Prozessen zu verzeichnen, d. h., infolge von tektonisch und klimatisch bedingten Wechseln haben sich die dominierenden Formungsprozesse mehrmals verändert.

2. Im Inthanon-Bergland zeigt sich zudem eine ausgeprägte räumliche Diskontinuität, d. h., die jeweiligen Formungsprozesse waren bzw. sind häufig lokal begrenzt.

Neben der divergierenden Verwitterung (BREMER 1989; TWIDALE 1991; WIRTHMANN 1987) und den tektonischen Verstellungen lokal begrenzter Schollen mit insgesamt wachsender Reliefamplitude (TWIDALE 1991) spielen vermutlich kleinräumige Massenbewegungen eine große Rolle für die Reliefformen im Nationalpark (FORT 1987; MODENESI 1988; YOUNG 1972). Solche Prozesse gelten in der Regel als typisch für Hänge der immerfeuchten Tropen (LÖFFLER 1977; WILHELMY 1974). Das Untersuchungsgebiet entspricht somit nur zum Teil den Befunden von WIRTHMANN (1987: 154), der in jungen Faltengebirgen der wechselfeuchten Tropen Felsschwellen, Wasserfälle und die Bildung von Felshängen für selten erachtet. In Übereinstimmung mit o. g. Autor wird festgestellt, daß die Zertalung dicht und tief ist, "erosive Hangentwicklung" stattfindet und überwiegend nur Flächenreste erhalten sind.

3.4 Klima und Klimageschichte von Nordthailand

3.4.1 Klima von Nordthailand und dem Untersuchungsgebiet

Nordthailand liegt in den wechselfeuchten Tropen, nach WALTER et al. (1974) in der "tropischen Sommerregenzone", nach KÖPPEN et al. (1928) im Bereich des Aw-Klimas. Das Klima wird entscheidend von den Monsunen geprägt und weist drei Jahreszeiten auf: eine warme Regenzeit von Mai/Juni bis Oktober, eine kühle Trockenzeit von November bis Januar und eine heiße Trockenzeit von Februar bis etwa Mai. Der Südwest- und Westmonsun im Sommer bringt warm-feuchte Luftmassen vom indischen Ozean und dem südwestlichen Pazifik. Die asiatische Landmasse entwickelt ein Tiefdruckzentrum, gleichzeitig zieht die ITC im Mai nordwärts, im September südwärts über Thailand, so daß heftige konvektive Regenfälle erzeugt werden (EELAART 1974). In der warm-schwülen Regenzeit fallen etwa 90 % der Niederschläge, die feuchtesten Monate sind in der Provinz Chiangmai in der Regel September und Oktober. Ab November wird der Nordost-Monsun wetterbestimmend, der kühle und trockene Luftmassen nach Nordthailand bringt, da die asiatische Landmasse ein Hochdruckzentrum entwickelt hat. Die Vormonsun-Periode setzt ab Februar ein, wobei warme Winde aus dem Süden die Temperaturen schnell steigen lassen. Da Thailand, insbesondere Nordthailand, im Regenschatten der westlichen Gebirge liegt, sind auch in dieser Zeit die Niederschläge gering. Häufig kommt es jedoch zu lokalen Gewitterstürmen (EELAART 1974).

In der Umgebung von Chiangmai und in der nordwestlichen Region sind etwa 5,9 bis 6,5 humide Monate zu verzeichnen (EELAART 1974). Die mittleren Monatstemperaturen schwanken zwischen 21°C im Januar und 30°C im April (LUMPAOPONG et al. 1984). In Chiangmai wurden dabei in den Monaten Dezember und Januar auch minimale Nachttemperaturen zwischen 9,5 bis 14°C gemessen, im April, dem heißestem Monat, Tagesmaxima über 40°C (MEKONG KOMITEE 1990). Die mittlere Jahrestemperatur in Chomtong wird mit 25,8°C angegeben (MEKONG KOMITEE 1990).

Die mittleren jährlichen Niederschläge im Tiefland von Nordthailand schwanken zwischen etwa 1300 mm/a und 1100 mm/a (JUDD 1964; LUMPAOPONG et al. 1984). Dabei treten beträchtliche räumliche Differenzen in Abhängigkeit von Höhen- sowie Luv- und Leelage zum Monsun und starke zeitliche Schwankungen auf. In Chomtong, östlich des Nationalparks im Regenschatten des Berglandes gelegen, beträgt die mittlere Niederschlagsmenge der Periode 1957 - 1981 956 mm/a, mit Schwankungen zwischen 822 mm/a (1976) und 1202 mm/a (1977). In Mae Chaem, im Westen des Nationalparks in einer Beckenlage um 550 m ü. M., liegt der mittlere Jahresniederschlag mit 1054 mm/a in dieser Periode höher. Hier sind die Schwankungen wesentlich extremer und liegen zwischen 306 mm/a (1958) und 2655 mm/a (1960). Das heißt, die Werte schwanken zwischen weniger als 30 % und mehr als 250 % des mittleren Niederschlags.

Entscheidend für das Untersuchungsgebiet ist die vertikale Differenzierung des Klimas: die Zunahme der mittleren Niederschläge und die Abnahme der mittleren Temperaturen mit der Höhe. Die Daten von 1989 des ROYAL THAI HIGHLAND DEVELOPMENT PROJECT (1990) verzeichnen für die Höhenlage um 1300 m ü. M. einen Jahresniederschlag von 1781 mm mit den höchsten Niederschlägen im Oktober (353,6 mm). Im Februar und im April wurden keine Niederschläge gemessen und im Januar nur knapp 10 mm (s. Abb 5). Die Jahresmitteltemperatur betrug 19,4°C. Die Mitteltemperatur fiel in einigen Monaten deutlich unter 18°C, so daß die Kriterien für ein Tropenklima im Winter nicht mehr erfüllt sind. Der kälteste Monat war der Dezember mit 14,4°C Mitteltemperatur, der wärmste der April mit 22,6°C (s. Abb. 5). In den kältesten Monaten Januar und Dezember fallen die nächtlichen Temperaturen nach eigenen Erhebungen oft auf 5 bis 8°C. Die Temperaturdifferenzen zwischen Tag und Nacht nehmen in der Regenzeit ab. Als mittlere Luftfeuchtigkeit sind für die Trockenmonate Werte um 49 % bis 60,2 % angegeben, in der Regenzeit Werte zwischen 79 % und 82 %.

Die jährlichen Niederschläge oberhalb von etwa 1000 m ü. M. betragen wohl um 1500 bis 2000 mm/a. Im Gipfelbereich des Doi Inthanon und anderen Gebieten oberhalb von 1600 m ü. M. liegen die Niederschläge deutlich über 2000 mm/a. Hier gelten nur noch 3 bis 4 Monate als arid, gegenüber 5 oder 6 ariden Monaten im Tiefland.

Die mittlere Niederschlagsmenge der Periode 1976 - 1989 am Gipfel des Doi Inthanon betrug 2484 mm/a, die Jahresmitteltemperatur 13,7°C (THAI ROYAL AIR FORCE 1990). Daher kann dieser Teilbereich und vermutlich auch noch weitere Gebiete zwischen 1300 und 2500 m ü. M. dem Cwa-Klima nach KÖPPEN et al. (1928) zugeordnet werden.

Der kälteste Monat ist der Januar mit 10,3°C, der heißeste der April mit 14,7°C Mitteltemperatur (s. Abb. 5). Nach CHUCHIP (1987) sind Nachtfröste und Kammeisbildung in den kalten Monaten durchaus möglich, werden in der Periode 1976 bis 1989 jedoch nicht verzeichnet. Auch hier sind die Temperaturunterschiede zwischen Tag und Nacht erwartungsgemäß am deutlichsten in der Trockenzeit ausgebildet: Die Temperaturen schwanken im Dezember beispielsweise zwischen einem mittleren Minimum von 5°C (Dezember 1979) und einem durchschnittlichen Maximum von 15°C (Dezember 1987). Die Differenz zwischen den mittleren Minima und Maxima beträgt in der Trockenzeit durchschnittlich 7,6°C, im Mai nur noch 4,5°C und in der Regenzeit 2,5°C. Die Luftfeuchtigkeit ist in dieser Gipfelregion ausgesprochen hoch, meist deutlich über 80 %. Häufig kommt es zur Nebelbildung. Nur in den Monaten Dezember und Januar und gelegentlich im Februar oder März gibt es erfahrungsgemäß häufiger Tage mit klarem Himmel und Sonnenschein. Ansonsten ziehen sehr schnell Wolken auf, die oft Niederschläge bringen.

Der niederschlagreichste Monat der Periode ist der September (414 mm), der niederschlagärmste der März (12,7 mm). Aus den Daten des Zeitraumes 1976 - 1989 wird deutlich, daß 1976 ein ausgesprochen trockenes Jahr war, denn es wurden nur 1623 mm/a gemessen. Sehr hohe Niederschläge fielen im Jahr 1988 mit 2973 mm/a, wobei allein im Oktober 686 mm verzeichnet wurden (THAI ROYAL AIR FORCE 1990). Dieser extrem hohe Niederschlag war offensichtlich Auslöser des Erdrutsches auf ca. 1430 m ü. M., der einen Teil der Hauptstraße zum Gipfel zerstörte (s. 4.3.5, 5.3.4 sowie Foto 10 u. Beilage).

Da die Vollständigkeit und Zuverlässigkeit der Daten nach MISCHUNG (frdl. pers. Mitteilung 1992) und eigenen Erfahrungen zu wünschen übrig läßt, ist davon auszugehen, daß sowohl in der Höhenlage um 1300 m ü. M. als auch am Gipfel insgesamt höhere Niederschläge fallen und das Spektrum der Temperaturen größer ist, als die verfügbaren Daten verzeichnen.

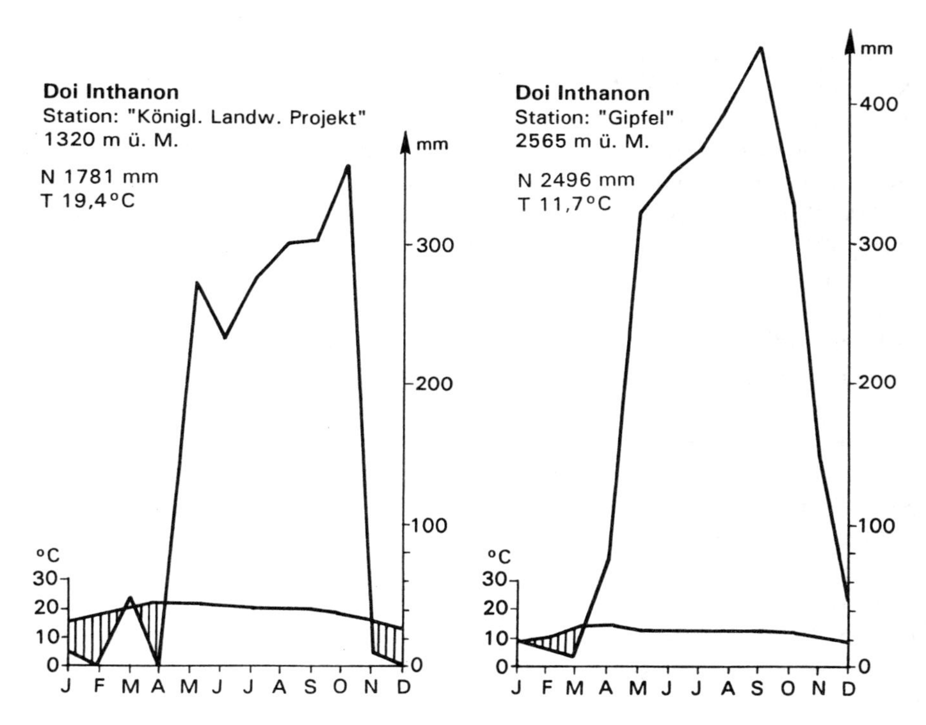

Abb. 5 Jahresgang von Temperatur und Niederschlag der Stationen "Königliches Landw. Projekt" und "Gipfel" am Doi Inthanon

Daten: "Königl. Lw. Proj." 1989 (THE ROYAL THAI HIGHLAND DEVELOPMENT PROJECT 1990)
Daten: "Gipfel" 1976-1989 (THAI ROYAL AIR FORCE 1990)

Unbestreitbar steigen die Niederschläge oberhalb von 1000 m ü. M. deutlich gegenüber den Werten in den Beckenlagen an, etwa um 500 bis 800 mm im Jahr und die mittlere Jahrestemperatur fällt um etwa 5°C. Bis zum Gipfel des Doi Inthanon auf 2565 m ü. M. ist nochmals eine Anstieg der jährlichen Niederschlagsmenge und ein Abfall der Temperaturen um etwa dieselben Beträge zu verzeichnen. Insgesamt nimmt die Zahl der humiden Monate von 6 im Becken von Chiangmai auf 8 bis 9 im Gipfelbereich zu. Die klimatischen Bedingungen in den oberen Höhenlagen entsprechen dem Cwa-Klima nach KÖPPEN et al. (1928).

3.4.2 Klimawechsel im Pleistozän und Holozän

Die etwa 17 Kaltzeiten, die nach FLOHN (1985: 149) im Verlauf der letzten 2 Mio. Jahre auftraten, waren mit Lageveränderungen der ITC, Meeresspiegelabfall und Vereisungen in den gemäßigten und höheren Breiten auf der Nord- und der Südhalbkugel verbunden. Sie haben sich auch in Südostasien auf das Klima, die Vegetation und die geomorphologischen und pedologischen Prozesse ausgewirkt. Nach HASTINGS & LIENGSAKUL (1983), NUTALAYA et al. (1987, 1988) und VERSTAPPEN (1975) sowie vielen weiteren Autoren reflektieren sich die Glaziale der gemäßigten Breiten im tropischen und subtropischen Südostasien in kühlen und trockenen Phasen. Für andere tropische Gebiete sind dagegen teilweise Pluviale anzunehmen (FLOHN 1985). Im Himalaya und in China können mindestens vier glaziale Stadien sowie drei Trangressionen nachgewiesen werden (NILSSON 1983: 311ff.)

Die Interglaziale waren zum Teil feuchter und wärmer als heute. Für die Eem-Warmzeit vor ca. 130 000 - 75 000 BP ist weltweit und auch für Thailand von etwa 2 - 3°C wärmeren Temperaturen und einem um 5 - 7 m höheren Meeresspiegelstand auszugehen (FLOHN 1985: 152; NUTALYA et al. 1987). Der Meeresspiegel lag in den Kaltzeiten oft um 45 - 70 m, zum Teil um 100 m niedriger als heute. Die Temperaturen in Südostasien waren nach VERSTAPPEN (1975) im Vergleich zu den heutigen um 3 - 4° C niedriger, die Niederschlagsmenge reduzierte sich um 20 - 30 %. Andere Autoren nehmen geringere Veränderungsbeträge an.

Unbestritten bleibt jedoch, daß die langfristige Abnahme der Niederschläge und der Temperaturen in den Kaltzeiten zu einer stärkeren Aridität, zu einer ausgeprägten Saisonalität sowie zur Auflichtung und Veränderung der Vegetation führten (HASTINGS & LIENGSAKUL 1983; NUTALYA et al. 1987; VERSTAPPEN 1975). In Malaysia und Insel-Südostasien wurden die Regenwälder stark zurückgedrängt und weitgehend durch laubabwerfende Wälder bzw. baumtragende Grasländer ersetzt (VERSTAPPEN 1975: 11f.). Das kann bedeuten, daß die laubabwerfenden Wälder in Nordthailand in vielen Regionen möglicherweise zur Steppen- bzw. Trockensavannenvegetation degradierten und auch vegetationslose Bereiche auftraten. Zudem wanderten viele kühlgemäßigte Pflanzen wie Koniferen aus dem Norden in das Bergland ein (ROBBINS & SMITINAND 1966; s. auch 3.5.1). Die Frost-, Schnee- und Waldgrenzen lagen deutlich niedriger, z. B. am Mt. Kinabalu (Borneo) etwa 1000 m tiefer als heute (VERSTAPPEN 1975: 8). Die Niederschläge waren gerade in den höheren Lagen auch in den Kaltzeiten deutlich höher als in den Tiefländern (VERSTAPPEN 1975: 11). Daher kann auch von einer erhöhten Frosthäufigkeit und von Schneefall in den mittleren und höheren Lagen des Doi Inthanon ausgegangen werden. Insgesamt kam es in den

Kaltzeiten zu einer Abnahme der Intensität der chemischen und einer Zunahme der physikalischen Verwitterung sowie zu verstärkten Erosionsprozessen (NUTALYA et al. 1987; VERSTAPPEN 1975: 24; s. auch 4.5).

FLOHN (1985: 182) betont, daß sich das Monsun-Wind-System erst durch die Hebung des Himalayas, die vor ca. 2 Mio. Jahren einsetzte, herausbildete. Durch die Zusammendrängung der hadley-Zirkulation (FLOHN 1985: 116) infolge der Veränderungen der ITC kam es in den Kaltzeiten u. a. zur Verstärkung der Winde. In Verbindung mit der spärlicheren Vegetation in vielen Regionen bedeutet dies eine deutliche Zunahme der äolischen Prozesse, die nach LÖFFLER & MAASS (1992) und NUTALYA et al. (1987) auch rezent noch erhebliche Vefrachtungen von Staub bewirken können (s. 4.1.4).

Die letzte sehr lange, trockene und kühle Phase, in der weltweit die Regenwälder bis auf wenige Refugien verschwanden, umfaßte den Zeitraum von etwa 20 000 bis 14 000 BP (FLOHN 1985). Der Meeresspiegel lag nach NUTALYA et al. (1987) um 120 m niedriger als heute. Dies reichte aus, um den gesamten Golf von Thailand zu Festland zu machen.

Der Zeitraum davor (etwa 20 000 bis 40 000 BP) war vermutlich phasenweise und regional feuchter und wärmer, da viele organische Funde in Thailand und anderen südostasiatischen Ländern in diese Zeit datiert werden (HASTINGS & LIENGSAKUL 1983; KY 1988; LÖFFLER et al. 1984; TAN 1985; UDOMCHAKE 1989). NUTALAYA et al. (1987) setzen das Ende der Kaltzeit in Thailand auf ca. 18 000 BP an, so daß der Bangkok-Ton mit ca. 14 000 bis 17 000 BP (HASTINGS & LIENGSAKUL 1983) eine wärmere Phase repräsentiert.

Der Wechsel von Kalt- und Warmzeiten bzw. feuchten und ariden Phasen bedeutete jeweils eine Veränderung der geomorphologischen Prozesse, der Erosions- und Akkumulationsbedingungen. Nach DHEERADILOK (1987) sind in Thailand in den Becken und Tiefebenen anhand der Sedimente bzw. Böden mindestens vier pleistozäne Phasen zu unterscheiden: Die Sedimentation von grobem Material (Schutt, Schotter, Sande) kann mit trockenkühlen Klimabedingungen (Phase 1 und Teile der Phase 3), die Ablagerung von Tonen sowie die Laterit-Bildung mit feucht-warmen Phasen (Phase 2 und Teile der Phase 4) verknüpft werden. Eine Zwischenphase der starken Erosion und tiefen Einschneidung war mit einem Klimawechsel und gleichzeitig auch mit erhöhtem Vulkanismus verbunden (s. 3.2.1).

Das Holozän setzte mit einer Transgression um etwa 11 000 BP ein. Etwa 8400 BP begann eine zweite Transgression. Eine erneute Transgression um 5200 BP korrespondiert mit dem weltweiten mittelholozänen Meeresspiegelhöchststand (HASTINGS & LIENGSAKUL 1983; VERSTAPPEN 1975 u. a.). Viele organische Funde in Thailand, vor allem im Nordosten sowie in Zentralthailand, wurden nach der Radiocarbon-Methode in den Zeitraum von ca. 8500 bis 5000 BP datiert. Die älteren Funde in mächtigen, äolisch verfrachteten Sanden (BOOSENER 1987; DHEERADILOK 1987; LÖFFLER et al. 1984; NUTALAYA et al. 1989; UDOMCHAKE 1989) deuten auf phasenweise oder saisonal aride Bedingungen, die jüngeren Funde von humosen Tonen (THIRAMONGKOL 1987; UDOMCHOKE 1989) auf eine Zunahme der Feuchtigkeit und überwiegend fluvial-limnische bzw. brackische Sedimentationsbedingungen hin.

Die Pollenanalysen von HASTINGS (in HASTINGS & LIENGSAKUL 1983) im Moor in der Nähe des Gipfels Doi Inthanon zeigen, daß vor etwa 4300 BP ein Wechsel der Vegetation unter saisonalen Klimabedingungen hin zu fast immerfeuchter Vegetation (s. 3.4.1 u. 3.5.1) stattfand. Der Vegetationswechsel wird auf die ca. 1000 Jahre früher erfolgte Klimaänderung infolge der Transgression um 5200 BP zurückgeführt und deutet auch auf eine erhebliche Zeitverzögerung in der Vegetationsanpassung hin (s. 4.2.2).

Nach FLOHN (1985: 138, 143, 156ff.) kam es weltweit um 8500 BP zu einer Häufung von Vulkanausbrüchen, die als Ursache einer Klimaänderung gesehen werden kann. Bis ca. 6500 BP war es sowohl in Europa als auch in Afrika und Asien wesentlich wärmer als heute, in Amerika dagegen kälter. Dabei herrschten zwischen 8000 und 7000 BP zeitweilig aridere und von etwa 6500 bis 4500 BP wesentlich feuchtere Bedingungen. Die thailändischen früh- und mittelholozänen Datierungen lassen sich also weitgehend mit den weltweiten Erkenntnissen parallelisieren.

Um etwa 3500 BP kam es in Nordostthailand zu einer ariden Phase, repräsentiert durch datierte Kohlefunde in Flugsanden (BOONSENER 1987; NUTALAYA et al. 1989; UDOMCHAKE 1989). Die aride Phase ist in anderen Gebieten Thailands noch nicht nachgewiesen, zumal gerade Nordthailand generell ein wesentlich feuchteres Klima aufweist als der Nordosten (s. 4.1.4). Ab ca. 2200 BP bis 1800 BP war es im Nordosten Thailands feuchter und kühler, da fluviale Sedimente überwiegen (UDOMCHAKE 1989 u. a.). Nach NUTALAYA et al. (1989) korrespondieren diese Datierungen mit Berichten über Ernteausfälle, Hungersnöte, Kühle und Feuchtigkeit in China und anderswo. Ab etwa 1650 BP wurde es in der Nordostregion erneut arid (UDOMCHAKE 1989). Ab 1000 BP wurde es wieder feuchter (NUTALAYA et al. 1987). Dies läßt sich mit einer weltweiten warmfeuchten Phase parallelisieren, die mit dem Vordringen von Anbaugrenzen nach Norden verknüpft war (FLOHN 1985:134).

Die Befunde von BISHOP (1987), etwa 300 - 400 Jahre alte Scherben in fluvialen Terrassensanden etwa 8 m unter der heutigen Geländeoberfläche, zeigen, daß es auch in den letzten Jahrhunderten zu enormen Erosions- und Akkumulationsprozessen gekommen ist. Extreme Witterungsbedingungen und sonstige Katastrophen spielen dabei als Auslöser oft eine entscheidende Rolle (NUTALAYA et al. 1989). Erwähnt sei in diesem Zusammenhang auch der Ausbruch des Krakatau-Vulkans 1885 in Indonesien, der vermutlich ebenfalls Witterungsanomalien infolge der verminderten Strahlung nach sich gezogen hat (FLOHN 1985: 159).

3.5 Höhenzonale Gliederung der Vegetation

3.5.1 Immergrüne Wälder

Die höhenzonale klimatische Differenzierung gilt als entscheidender Faktor für die Gliederung der Vegetation im Inthanon-Bergland. Aufgrund der vielfältigen anthropogenen Einflüsse im Untersuchunggebiet (s. 3.6) sind jedoch Ausprägung und Verbreitung der natürlichen und quasinatürlichen Vegetationsformen stark verändert worden. Zudem haben sich verschiedene Kulturvegetationsgesellschaften gebildet.

Zur Klassifikation der Vegetationsformen werden in der Literatur unterschiedliche, z. T. widersprüchliche Systeme und Bezeichnungen verwendet. Die folgenden Ausführungen beziehen sich überwiegend auf das Klassifikationssystem von SANTISUK (1988), da dieses anhand von Geländeuntersuchungen speziell für Nordthailand und u. a. auch am Doi Inthanon entwickelt wurde und gut differenziert ist.

Oberhalb von 2000 m ü. M. findet sich ein immergrüner epiphyten-, farn- und moosreicher Bergwald mit ca. 20 m hohen Bäumen, hauptsächlich *Quercus glabricupula, Lithocarpus aggregatus, Lithocarpus recurvatus, castanopsis purpurea und Schima wallichii* (SANTISUK 1988: 41). Dieser feuchte Waldtyp wird von SANTISUK (1988) als "Upper Montane Rain Forest" (UMRF), von ROBBINS & SMITINAND (1966: 225) als eine feuchte Variante des "Lower Montane Forest" bezeichnet. Aufgrund des Erscheinungsbildes und der klimatischen Bedingungen - ständig hohe Luftfeuchtigkeit und Nebel (s. 3.4.1) - wird der Waldtyp im folgenden als "Nebelwald" bezeichnet. Er kommt innerhalb Thailands nur am Doi Inthanon vor. Am Steilhang der Westabdachung (s. 3.2.2) sind ferner Rhododendron-Wälder (*Rhododendron delaveyi*) sowie in der Nähe des Gipfels ein artenreiches kleines Moor (*sphagnum moss* bog) vorhanden. Diese Standorte gelten aufgrund ihrer Einmaligkeit innerhalb Thailands als besonders schutzwürdig (s. 6.1 u. 6.2.1).

Unterhalb von 2000 m ü. M. geht der "Nebelwald" in einen dichten, dreistöckigen, mehr als 30 m hohen immergrünen Bergwald über, den typischen "Lower Montane Rain Forest" (SANTISUK 1988). Er wird in der Literatur Thailands und vom Royal Foresty Departement (CHUCHIP 1987) überwiegend als "Hill Evergreen Forest" bezeichnet. Im folgenden wird meist die Bezeichnung "Lower Montane Forest" = LMF verwendet. Dieser Waldtyp weist relativ wenig hölzerne Lianen und hölzernen Unterwuchs auf, zeigt aber eine artenreiche Krautschicht. In der Kronenschicht dominieren *Castanopsis acuminatissima, C. armata* u.a. sowie *Quercus brandisiana* aus der Familie der Fagaceae. Sie sind gemischt mit vielen Arten aus anderen Familien, u. a. Magnoliacaea, Theaceae, Lauracaea, Moraceae (SANTISUK 1988: 32/33). Der LMF findet sich zwischen 1600 und 1800 m ü. M. und bedeckt fast geschlossen die Höhenstufe zwischen 1800 und 2000 m ü. M. im Nationalpark (s. Tab. 1).

Zwischen 1000 und 1600 m ü. M. ist eine etwas trockenere Variante verbreitet (SANTISUK 1988: 33). Aufgrund der starken anthropogenen Einflüsse (s. 3.6) in diesem Bereich sind jedoch nur noch Reste erhalten geblieben, vor allem in kleinen schmalen Tälern. Flächenmäßig dominieren mittlerweile offene Waldgesellschaften des "Lower Montane Oak Forest" (LMOF). Nach SANTISUK (1988: 36) handelt es sich um Sekundärwälder. Denkbar ist auch, daß Primärwälder bei starken Eingriffen derartige Erscheinungsbilder entwickeln. *Castanopsis tribuloides* und *Castanopsis acuminatissima*, die hier dominierenden Arten, gelten als Indikatoren für die anthropogene Beeinflussung. Es kann eine dichte, artenreiche Variante mit einer Höhe von 12 - 20 m und ein offener Typ mit nicht schließendem Kronendach unterschieden werden (SANTISUK 1988: 36/37). Der Typ des offenen LMOF ist vor allem an den Hängen des Khun Klang-Tales und des Lao Kho-Beckens im Westen verbreitet. Auf der Vegetationskarte des Departement of Land Development von 1983 sind die degradierten bzw. sekundären Waldtypen leider nicht ausdifferenziert worden. Vermutlich sind die dichten Varianten dem "Hill Evergreen Forest" zugerechnet und daher als Primärwald angesehen worden (s. 6.1.5).

Unterhalb von etwa 1250 m ü. M. sind zunehmend Kiefern in den Wäldern vertreten (s. Tab. 1). Der als "Pine Oak Forest" (POF) bezeichnete Waldtyp kann nach SANTISUK (1988: 39) ein Stadium sehr starker Degradierung des Lower Montane Oak Forest (LMOF) darstellen. In diesen Fällen treffen regelmäßige anthropogene Störungen durch Feuer, Holzeinschläge, Waldweide und dadurch verstärkte Erosion mit ungünstigen natürlichen Standort- oder Bodenfaktoren zusammen. ROBBINS & SMITINAND (1966:214) weisen darauf hin, daß die Kiefern (*Pinus kesiya* und *Pinus merkusii*) Relikte einer Südwanderung von sino-himalaysischer Vegetation während der pleistozänen Kaltzeiten darstellen und nicht als eine Variante oder ein Subtyp innerhalb des

Tropischen Bergwaldes betrachtet werden sollten. Die räumliche Vergesellschaftung von Pine Oak Forests mit exponierten, anthropogen beeinflußten Standorten, die Grundlage für die These von SANTISUK (1988), kann für das Gebiet des Nationalparks durch die Geländeuntersuchungen bestätigt werden. Die Kiefern-Eichenmischwälder finden sich vor allem auf Oberhängen und Höhenzügen in der Nähe von Dörfern und ehemaligen Bergfeldern. Manchmal kommen auch reine Kiefern-Standorte vor. Die Pine Oak Forests reichen auf der Ostabdachung, im Einzugsgebiet des Mae Klang, bis auf ca. 800 m ü. M. herab (s. Tab. 1).

Im Süden des Nationalparks sind in Lagen zwischen 1100 und 800 m ü. M. auf Höhenrücken und anderen exponierten und trockenen Standorten oft "Pine Dipterocarp-Wälder" (PDF) verbreitet, Kiefern gemischt mit laubabwerfenden Arten (s. Tab.1). In diesem Waldtyp ist vor allem die *pinus merkusii* vertreten, die nach SANTISUK (1988: 54) feuerresistenter ist als die *pinus kesiya*. Vermutlich wird die Verbreitung des Pine Dipterocarp Forest durch die anthropogen induzierten Feuer verstärkt.

Die sehr offenen Wälder mit dominierend Dipterocarpus-Arten (meist *Dipterocarpus obtisufolia*) und gelegentlich vestreuten Kiefern auf den exponierten schmalen Höhenrücken auf ca. 700 - 900 m ü. M. innerhalb des Mae Klang-Einzugsgebietes sind dem halbimmergrünen Vegetationstyp nach ROBBINS & SMITINAND (1966: 213) zuzuordnen, da sie von der Struktur und Artenzusammensetzung teilweise dem laubabwerfenden "Decidous Dipterocarp Forest" ähneln (s. 4.3.6). Die Phase des Laubabwurfs beschränkt sich dabei offensichtlich auf wenige Tage im Januar/Februar bzw. tritt bei den Bäumen zu unterschiedlichen Zeiten auf.

Unterhalb von 700 m ü. M. dominieren an den Hängen überall laubabwerfende Wälder (s. Tab. 1). Nur an perennierenden größeren Bächen und Flüssen kommen immergrüne, bis zu 30 m hohe, artenreiche "Galeriewälder" (ROBBINS & SMITINAND 1966: 213) vor, die SANTISUK (1988: 27) zum Teil als "Seasonal Rainforest" (SRF) bezeichnet.

3.5.2 Laubabwerfende Wälder

Im allgemeinen werden in Nordthailand zwei Formationen von laubabwerfenden Wäldern unterschieden:

- Der "Tropical Mixed Decidous Forest"(=MDF) nach SANTISUK (1988) entspricht weitgehend dem "Moist Mixed Decidous" oder "Tropical Dry Decidous Forest" nach BUNYAVECHEVIN (1983). Die Formation kann artenreiche, dreistöckige Varianten aufweisen und umfaßt auch die Teak-tragenden Wälder. Die Vorkommen liegen meistens in Gebieten bis zu einer Höhe von etwa 800 m ü. M. mit etwa 1000 bis 1500 mm N/a (BUNYAVECHEVIN 1983; SANTISUK 1988).

- Der "Decidous Dipterocarp Forest" nach SANTISUK (1988) wird vielfach auch als "Dry Dipterocarp Forest" (=DDF) oder "Savanna Forest" bezeichnet. Dieser Typ ist artenärmer und weitständiger, kann jedoch ebenfalls Varianten und Subtypen aufweisen.

Der erstgenannten Formation kommt in Nordthailand aufgrund der Teak-Vorkommen eine große wirtschaftliche Bedeutung zu. Im Gebiet des Doi Inthanon ist sie jedoch kaum vertreten. BLOCH (1958: 54/55) weist darauf hin, daß die Teak-Wälder degradierte Formen immergrüner oder halb-immergrüner Wälder darstellen, da der relativ lichtbedürftige Teak sich erst infolge der anthropogenen Auflichtung durchsetzen konnte. Die Teak-Wälder wurden später meist rücksichtslos ausgebeutet (GRANDSTAFF 1980; MISCHUNG 1990: 114). *Tectona grandis* (Teak) und einige Bambusarten innerhalb des Mixed Decidous Forest gelten zudem als Indikatoren für relativ gute Boden- und Standortbedingungen (BUNYAVECHEWIN 1983: 109ff.; SANTISUK 1988: 46). Das Fehlen von Teak-tragenden Wäldern könnte daher auf die meistens relativ ungünstigen Bodenbedingungen an der Ostabdachung des Doi Inthanon und die anthropogenen Einflüsse zurückgeführt werden (s. 4.5 u. 6.1.4).

Charakteristisch für das Untersuchungsgebiet unterhalb von 700 m ü. M. ist ein kleinräumiges Muster unterschiedlicher Subtypen von laubabwerfenden Wäldern, die überwiegend der Formation "Decidous Dipterocarp Forest" (DDF) zuzurechnen sind (ROBBINS & SMITINAND 1966: 211-212; SANTISUK 1988: 51ff., s. auch Tab. 1). An feuchten und verebneten Standorten treten dichtere und artenreichere Varianten sowie Bambus auf. Die Oberhänge und Höhenrücken tragen meist einen sehr offenen Wald, in dem *Shorea obtusa, Shorea siamensis* sowie *Dipterocarpus obtusifolius* und *Dipterocarpus tubercolatus* dominieren (SANTISUK 1988: 51). Generell nimmt die Dichte und Wuchshöhe der Bäume in diesen Wäldern mit der Meereshöhe ab, d. h., die exponierten Standorte auf 350 m Höhe weisen niedrigere und weiter verstreute Bäume als Höhenzüge um 600 m ü. M. auf.

Im Nordosten des Nationalparks zwischen 350 und 800 m ü. M. dominieren von Bambus geprägte Wälder. Dies ist möglicherweise ein Ausdruck der dort häufig tiefgründigen Bodenverhältnisse und der Vorkommen von Kalkstein und kalkhaltigen Böden (s. 4.5). Teak-Wälder waren bzw. wären am ehesten in dieser Gegend zu erwarten. Viele Bambus-Arten gelten zudem auch als Indikatoren für häufige anthropogene Störungen (SANTISUK 1988: 46), so daß die aktuelle Vegetation dort eventuell auch als Folge der starken Nutzung eines ehemals Teak-tragenden Waldes anzusehen ist.

Insgesamt gilt für die laubabwerfenden Wälder, vor allem aber für den sehr offenen DDF, daß am Ende der Trockenzeit der Boden zwischen den weitständigen Bäumen in der Regel völlig unbedeckt ist, denn die in und kurz nach der Regenzeit aufgekommene Gras- oder Krautschicht wird abgebrannt. Nach RABINOWITZ (1990: 102) kann die Bodenbedeckung in einem DDF während der Regenzeit zwar 80 % erreichen, aber "after dry season fires the ground is mostly bare". Dementsprechend ist die Gefahr von Bodenerosion zu Beginn der Regenzeit hier sehr hoch. In diesen Gebieten finden sich viele deutlich sichtbare Erosionsschäden bis hin zur Gully-Bildung (s. 4.5, 5.3.5 u. 6.1.4). Die häufigen Feuer in den laubabwerfenden Waldtypen werden von vielen Autoren übereinstimmend als anthropogen angesehen und gelten mit als Ursache für die allmähliche Degradierung der Wälder auf Kosten der artenreichen, dichten oder gar immergrünen Wälder (BLOCH 1958; RABINOWITZ 1990: 109; ROBBINS & SMITINAND 1966; SANTISUK 1988).

Nach eigenen Befunden gibt es im Osten und Süden, aber auch im Westen des Untersuchungsgebietes Standorte in der Nähe von Siedlungen oder Straßen, in denen nur eine Baumart dominiert. Diese Dipterocarpus-Art mit sehr großen Blättern (*Dipterocarpus obtusifolius)* weist eine Pfahlwurzel auf, die mehr als 2 - 3 m in die Tiefe gehen und bei Trockenheitsstreß noch bodenfeuchte Bereiche erreichen kann. Da die Jungpflanzen dieser Baumart offensichtlich sowohl Trockenheit als auch Feuer gut überstehen, bilden sie die "Kraut- und Strauchschicht" am Ende der Trockenzeit. Andere Arten scheinen weitgehend verdrängt.

Möglicherweise stellen diese Standorte das vorläufige Endstadium der anthropogen induzierten Degradierung dar. BLOCH (1958: 55) betont, daß die zunehmenden Eingriffe verantwortlich sind für "the gradual production of first decidous types (with and without Teak) in the forests, then ultimately of barren gullies and desert-like conditions".

Zusammenfassend läßt sich sagen, daß die Zunahme der Temperaturen und Abnahme der Niederschläge von oben nach unten zu einer Abfolge von dichten, immergrünen Wäldern über offenere Varianten zu laubabwerfenden Wäldern führt. Oberhalb von etwa 1600 m ü. M. ist der artenreiche, dreistöckige tropische Bergwald noch weitgehend erhalten, der ab 2000 m ü. M. in den "Nebelwald" übergeht. Zwischen 1000 und 1600 m ü. M. sind überwiegend sekundäre und degradierte Formen des

"Lower Montane Forest" verbreitet. Dieser ist von etwa 1250 m ü. M abwärts lokal mit Kiefern gemischt. Unterhalb von 700 m ü. M. dominieren an den Hängen die laubabwerfenden Wälder, meist artenarme, niedrigwüchsige und offene Varianten des "Decidous Dipterocarp Forest", die nur an feuchten und/oder verebneten Standorten dichter werden oder mit Bambus-Arten vergesellschaftet sind.

Tab. 1 Potentielle natürliche und aktuelle Vegetation in den verschiedenen Höhenlagen des Nationalparks

Niederschlag (in mm/a)	**Höhenstufe** (m ü. M.)	**Potentielle natürliche Vegetation**	**Aktuelle Degradierte Vegetation**	**Aktuelle Sekundär-Vegetation**
ca. 2400	über 2400	feuchter tropischer Bergwald (Nebelwald)	z.T. degradierter tropischer Bergwald	
ca. 2000	1600-2000	tropischer Bergwald (LMF)	LMF, z. T. degradiert	z.T. sekundäres Gras- u. Buschland
	1300-1600	tropischer Bergwald (LMF)	tropischer Eichenmischwald (LMF)	z.T. Gras- u. Buschland, sekund. LMOF
ca. 1500-2000	1000-1300	LMF, mit Kiefern	LMOF u. Eichenkiefernmischwald (POF)	z.T. reine Kiefernwälder, sekundäre LMOF u. POF, schon PDF
ca. 1200-1500	700-1000	früher evtl. LMF, LMOF, POF, Seasonal Rainforest	POF, LMOF, oft Pine Dipterocarp (PDF), degradierter SRF	Sekundäre POF und PDF, z.T. schon semihumider MDF
ca. 1000-1200	400-700	Moist Mixed Decidous FO (MDF, evtl. mit Teak) oder SRF	trockener MDF, früher evtl. mit mehr Teak u. Dry Dipterocarp Forest (DDF), u. degrad. SRF	Trockener MDF oder DDF, letzterer dominierend, z.T. Bambuswälder
ca. 800-1000	unter 400	z.T. SRF oder MDF-DDF	degrad. DDF, Bambus u. etwas degrad. SRF	DDF, z.T. sehr artenarm

Quellen: Eigene Befunde sowie Auswertung von BLOCH (1958) und SANTISUK (1988) (Abk. s. 3.5 u. Anhang)

Der Übergang vom laubabwerfenden zum immergrünen Wald erfolgt im Bereich zwischen etwa 700 und 1000 m ü. M. in Abhängigkeit von Lokalklima, Boden-, Relief- und sonstigen Standortbedingungen sowie der Art und Intensität der anthropogenen Einflüsse. Hier kommen daher sowohl immergrüne Wälder, mit oder ohne Kiefern, als auch laubabwerfende Waldgesellschaften oder Zwischenformen vor. Die Übergänge zwischen den laubabwerfenden und immergrünen Vegetationstypen sowie den einzelnen Subtypen sind graduell und dynamisch, d. h., sie können sich mit der Zeit verändern. Vermutlich wird die Grenze laubabwerfend/immergrün durch die zunehmende anthropogene Beeinflussung allmählich nach oben verschoben.

Meistens hat sich innerhalb einer Höhenstufe oder eines Hanges ein kleinräumiges Mosaik verschiedener Vegetationstypen und Varianten ausgebildet. Innerhalb eines Talquerschnittes nimmt die Vegetationsdichte in der Regel aufgrund der Feuchtebedingungen nach unten hin zu, auf der Ebene der Höhenstufen aber nimmt die Dichte der Vegetation mit sinkender Meereshöhe ab.

3.6 Nutzungsgeschichte und Nutzungskonflikte

Der größte Teil des Inthanon-Berglandes, etwa 480 km^2, wurde 1972 als Nationalpark ausgeweisen. Der Begriff "Nationalpark" suggeriert, es handele sich um eine unberührte Primärwaldlandschaft. Dies ist jedoch nicht der Fall, wie schon Abschnitt 3.5 gezeigt hat. Vielmehr sind etliche Bereiche wahrscheinlich schon seit Jahrhunderten oder gar Jahrtausenden von Menschen beeinflußt.

Vor allem die unteren Lagen, die Regionen am Rand der Gebirge sind wohl schon sehr lange genutzt, denn diese Randbereiche der Beckenlandschaften stellen die bevorzugten Siedlungsräume der Bewässerungsreis anbauenden Völker seit mehr als 3000 Jahren dar (MARSHALL 1992). Durch Holzeinschlag, Jagd, Waldweide und Feuer erfolgten erhebliche Eingriffe in die Wälder. Daher lichteten sich die Waldgesellschaften auf und ermöglichten die Verbreitung der Teak-Bäume (BLOCH 1958). Sie waren wiederum Anlaß für die Engländer ab dem 18. Jahrhundert und internationale oder nationale Unternehmen in diesem Jahrhundert, die Wälder kommerziell auszubeuten (GRANDSTAFF 1980; MISCHUNG 1990).

Seit einigen Jahrzehnten, vor allem seit der Ausweisung als Nationalpark, erfolgen im Untersuchungsgebiet jedoch offiziell keine kommerziellen Eingriffe in die Wälder mehr. Ackerbauliche Nutzungen wurden beschränkt auf einige Areale in den eng begrenzten Talböden. Eine bedeutende Rolle spielen jedoch immernoch die anthropogenen Feuer, die einen erheblichen negativen Einfluß auf die Wälder und Ökosysteme ausüben (s. 3.5.2 u. 4.5.3).

In Teilbereichen des Untersuchungsgebietes gab es vermutlich eine Besiedlung und ackerbauliche Nutzung durch die Lua oder Lawa, wie Scherben- und Eisenfunde in den Talböden oberhalb von 1000 m ü. M. sowie die Überreste ritueller Bauten auf Bergkuppen zeigen. Den Funden nach waren das Mae Pon-Tal, das Mae Aep-Tal und das Nong Lom-Tal am oberen Mae Klang besiedelt. Die Lua, die als die urprünglichen Bewohner Nordthailands gelten, wurden durch die um 900 bis 1200 n. Chr. eindringenden Mon- und Thaivölker teilweise ins Bergland abgedrängt. Zeitpunkt und Dauer der Lua-Siedlungsphase im Untersuchungsgebiet und anderswo sind jedoch nicht bekannt (CONDOMINAS 1974; MISCHUNG 1990).

Die Höhenlagen etwa zwischen 600 und 1300 m ü. M. sind nun seit 100 bis 200 Jahren, teilweise auch schon länger, von der ethnischen Minderheit der Karen besiedelt. Sie wanderten überwiegend aus Myanmar ein. Die Gebiete am Oberlauf des Mae Tae und des Mae Ya (s. Abb. 2) wurden vermutlich Ende des 18. Jahrhunderts besiedelt. Ab 1895 ließ sich eine neu aus Myanmar geflüchtete Gruppe von Karen im Einzugsgebiet des Mae Klang nieder, auf dem Tha Fang-Höhenzug zwischen dem Klang Luang- und dem Nong Lom-Tal (MISCHUNG 1990). Mittlerweile leben in diesem Territorium etwa 1020 Personen in 182 Haushalten, verteilt auf 6 Dörfer. Insgesamt existieren im Bereich des Nationalparks nun mehr als 20 Karendörfer mit etwa 2900 Personen (DEPARTMENT OF LAND DEVELOPMENT 1989). Die Karen betreiben bzw. betrieben Wanderfeldbau innerhalb bestimmter Territorien, wobei sie feste Rotationssysteme entwickelt hatten (GRANDSTAFF 1980; MISCHUNG 1990). Kleine gerodete Parzellen innerhalb der Wälder wurden 1 - 2 Jahre für die Bergreismischkultur genutzt, bei der bis zu 32 verschiedene Getreidearten, Blätter- und Knollengemüse sowie Gewürzpflanzen angebaut wurden (MISCHUNG 1990). Es schloß sich dann für 10 - 15 Jahre eine Brachezeit an, die eine Regeneration des Bodens und eine Wiederbewaldung der Fläche ermöglichte (s. Fotos 2 u. 3). Die vorhandenen Wälder in diesen Gebieten stellen daher nicht, wie vielfach angenommen, Primär-, sondern überwiegend sekundäre bzw. tertiäre Wälder dar (s. 3.4.1 u. 6.1.5). Sie können stellenweise ähnlich artenreich sein wie Primärwälder (SCHMIDT-VOGT 1991). Ihr Vorhandensein in allen Territorien der Karen bezeugt, daß die Karen stets schonend und nachhaltig mit der Ressource Wald umgegangen sind (GRANDSTAFF 1980; MISCHUNG 1990). Sie betrieben und betreiben daneben Naßreisanbau auf terrassierten Feldern in den Talböden (s. Foto 3). Er spielt im Untersuchungsgebiet oft ökonomisch die bedeutendste Rolle, obgleich dem Bergreisanbau kulturell und rituell die entscheidende Bedeutung zukommt (MISCHUNG 1990).

In den zwanziger Jahren wanderten die weißen Hmong, eine chinesische Volksgruppe aus Südchina, in das Inthanon-Bergland ein. Sie siedelten sich oberhalb des Gebietes der Karen am Mae Klang und weiter im Westen an (MISCHUNG 1990). Die Hmong, sog. "Pioneer-Swiddeners" (GRANDSTAFF 1980), bevorzugten die Nutzung von Primärwaldarealen. Nach deren "Verbrauch" verlagerten sie ihre Siedlungen und Nutzflächen in neue Gebiete. Sie rodeten oft große Flächen und nutzten die Felder meist mehrere Jahre. Aufgrund der sich stark ausbreitenden Unkräuter, wie z. B. Imperata-Gras und Eupatorium-Arten, sowie der häufigen Feuer wurde die Wiederbewaldung in diesen Gebieten vielfach verhindert (SANTISUK 1988). Die Feuer wurden gelegt, um die Zugänglichkeit der Gebiete zu erhalten bzw. die Jagd und Weide zu erleichtern. Weite Bereiche zwischen 1300 und 1600 sowie Teilbereiche bis etwa 1800 m ü. M. sind noch immer waldfrei. Die Hmong betrieben einerseits zunächst ebenfalls Subsistenzwirtschaft (Bergreismischkulturen, Mais), andererseits jedoch den marktorientierten Mohnanbau. Aufgrund der wachsenden Nachfrage auf dem Weltmarkt gewann dieser Sektor zunehmend an Gewicht (MISCHUNG 1990). Als sich in den sechziger Jahren zeigte, daß keine Primärwaldareale mehr zur Verfügung standen, begannen die Hmong ihre Felder länger oder permanent zu nutzen, sie entwikkelten Bergreis-Mohn- oder Mohn-Mais-Rotationssysteme, setzten frühzeitig auch schon Düngung ein und intensivierten allgemein den Anbau von Verkaufsfrüchten. Die gänzlich für den Ackerbau aufgegebenen Flächen wurden vielfach als Weide für Rinder und Wasserbüffel genutzt (MISCHUNG 1990).

Auch die Karen übernahmen teilweise den Mohnanbau. Sie verkauften jedoch vor allem Reis an die Hmong und verdingten sich auf deren Mohnfeldern als Lohnarbeiter, so daß zahlreiche gegenseitige Abhängigkeiten und ökonomisch sinnvolle Beziehungen entstanden. Vielfach kam es jedoch auch zu Flächenkonflikten zwischen Karen und Hmong, vor allem in den Höhenlagen um 1200 und 1300 m ü. M., da die Hmong hier oft ihre Bergreisfelder anlegten, ohne die Territorien der Karen zu berücksichtigen (MISCHUNG 1990).

Nach der Ausweisung als Nationalpark 1972 war das oberste Ziel der Nationalparkverwaltung, den Wanderfeldbau sowie den Mohnanbau abzuschaffen und die waldfreien bzw. degradierten Flächen wieder aufzuforsten. Gleichzeitig wurde in den siebziger Jahren eine Asphaltstraße zum Gipfel angelegt und dort eine Militärstation eingerichtet.

Das etwa 1975 etablierte "Königliche Landwirtschaftsprojekt" sollte helfen, die Landwirtschaft der Hmong umzustellen. Die weit von den Siedlungen entfernten Nutzflächen und zeitweiligen Siedlungen mußten aufgegeben werden. Zur besseren Kontrolle wurden die Nutzflächen um die Siedlungen herum konzentriert. Viele der aufgegebenen Flächen oberhalb von 1600 m ü. M. sind ab Ende der siebziger Jahre von der Nationalparkverwaltung aufgeforstet worden, leider in Form von Monokulturen mit Kiefern. Das "Königliche Projekt" führte neue Verkaufsfrüchte, wie Kartoffeln, Kohl, Erdbeeren und Blumen, sowie Düngung, Pflanzenschutzmittel und Bewässerung ein. Bewässerte Hügelbeete, Gewächshäuser und teilweise auch terrassierte Felder wurden angelegt. Die Hmong übernahmen einige Anbaumethoden recht schnell, vor allem den Kohlanbau, da er zunächst sehr gute Einkünfte brachte. Die Vermarktung erfolgt teilweise über das Projekt, wobei z. B. einige Blumen bis nach Holland exportiert werden. Mittlerweile bringen die Hmong und zunehmend auch die Karen ihre Früchte aber auch selbst zu den umliegenden Märkten, zumal die Straßen und Wege schnell ausgebaut wurden. Die meisten Hmong-Haushalte verfügen nun über eigene Fahrzeuge. Viele Flächen werden seitdem permanent genutzt, wobei 2 - 3 Ernten im Jahr erfolgen. Während der Trockenzeit wird sowohl für den Kohl als auch für die verschiedenen Blumensorten Bewässerung benötigt. Ab Mitte der achtziger Jahren zeigte sich auch der Erfolg: Der Mohnanbau war bis auf zu vernachlässigende Reste abgeschafft. Dabei spielte sicher eine Rolle, daß die Mohnpreise auf dem Weltmarkt inzwischen gesunken waren (MISCHUNG 1990).

Auch die Karen hatten mittlerweile den Wanderfeldbau, ihr ökologisch angepaßtes Nutzungssystem, an den Hängen aufgeben müssen: "Mit der drastischen Verschärfung der Kontrollen um 1986/1987 wurde innerhalb des Nationalparks der Bergreisanbau völlig unterbunden" (MISCHUNG 1990: 146). Sie nutzen daher seit einigen Jahren ebenfalls Flächen in der Nähe der Dörfer bzw. Reisfelder während der Trokkenzeit für den Kohl- und sonstigen Gemüse- bzw. Blumenanbau. Weitere, oft steile Areale, die nahe der Wege und Straßen liegen, werden zunehmend in die permanente Nutzung miteinbezogen (MISCHUNG 1990; WELTNER 1992).

Gleichzeitig wird deutlich, daß die rasche Modernisierung und Intensivierung der Landwirtschaft negative Folgen hat. Die Bodenerosion hat sich enorm verstärkt (s. Fotos 5 u. 7). Durch die Dünge- und Pflanzenschutzmittel werden Boden und Wasser zunehmend verschmutzt. Das führt in Kombination mit der Verknappung des Wassers durch die Bewässerung zu Beschwerden der Tieflandbauern und zu beträchtlichen Konflikten zwischen diesen und den Bergbauern sowie zwischen den Karen und den Hmong (BANGKOK POST 1990; EKACHAI 1990: 164f.). Die nachlassenden Subventionen durch das "Königliche Projekt", die sinkenden Erträge aufgrund der Bodenerosion und die schwankenden bzw. fallenden Preise auf den Märkten haben eine Ausweitung der Nutzflächen zur Folge, um die Verluste auszugleichen. Dadurch wiederum kommt es zu wachsenden Konflikten zwischen den Bergbauern und der Nationalparkverwaltung, da gerade diese Flächen geschützt bzw. wieder aufgeforstet werden sollten. 1992 wurden sehr viele Flächen, teilweise auch Kiefernaufforstungen, abgebrannt, um neue Nutzflächen zu gewinnen, sowohl im Gebiet der Hmong als auch in den Territorien der Karen.

Vor diesem Hintergund der wachsenden Umweltbelastung und der zunehmenden Konflikte wird nun geplant, die Bergbauern teilweise umzusiedeln. Dabei sollen vor allem die höherliegenden Gebiete oberhalb von etwa 1000 m ü. M. der Forstwirtschaft und der Walderhaltung vorbehalten werden (s. 6.1.5).

Das zentrale Problem ist jedoch der fehlende Bodenschutz und der Mangel an Nachhaltigkeit bei der modernen Wirtschaftsweise. Diese Faktoren sind bei der raschen Modernisierung nicht berücksichtigt worden. Die vorher praktizierten Nutzungssysteme, vor allem das Rotationssystem der Karen, waren indessen ökologisch besser angepaßt und nachhaltig (s. 5.2.2 u. auch Foto 3).

Die Veränderungen in der Landwirtschaft der Hmong nach den sechziger Jahren zeigen, daß die Betroffenen selbst sich bewußt sind, daß keine Primärwaldareale mehr zur Verfügung stehen. Sie entwickeln dabei auch Strategien zur Erhaltung von Ressourcen. Zum Beispiel legten die Bewohner des Hmong-Dorfes Mae Ya Noi einen Waldgürtel um ihre Siedlung an, obwohl sie den Wald zuvor selbst weitgehend gerodet hatten (MISCHUNG 1990). Die Karen praktizieren seit den siebziger Jahren eine recht strenge Empfängnisverhütung und Familienplanung, die nicht von staatlichen Stellen angeregt wurde, und seit einigen Jahren auch von den Hmong übernommen wird (MISCHUNG 1990). Dies zeigt, daß den Bergbauern klar geworden ist, daß die begrenzten Ressourcen kein unbegrenztes Bevölkerungswachstum und keine unbegrenzte Ausbeutung vertragen. An dieses Bewußtsein und an die traditionellen Praktiken der Bergbauern sollte angeknüpft werden, um die entstandenen Probleme zu lösen (s. 6.2).

4 Ergebnisse: Die Böden und Bodengesellschaften

4.1 Böden im Bereich oberhalb von 1600 m ü. M.

4.1.1 Die Cambisols der Gipfelregion

Der Untergrund im Gipfelbereich oberhalb von 1800 m ü. M. wird im wesentlichen von grob- bis mittelkörnigen sillimanithaltigen Muskowit-Biotit- bzw. Biotit-Orthogneisen aufgebaut. Typisch sind Aplit- und Pegmatitgänge sowie Vorkommen von Schiefern oder Linsen bzw. Lagen mit Granodioritcharakter (s. 3.2.2). Auffallend ist die Asymmetrie des Reliefs, der steile Abfall zum Tal des Mae Pan nach Westen bzw. nach Nordwesten und die wesentlich schwächer geneigte Abdachung nach Osten. Dieser Bereich ist ebenfalls gekennzeichnet durch eine hohe Reliefenergie und ein ausgeprägtes Rücken- und Kerbtalrelief (s. 3.3).

Der moos- und epiphytenreiche "Nebelwald" ist oberhalb von 1800 m ü. M. fast noch geschlossen erhalten (s. 3.5), abgesehen von Standorten entlang der Straße, oberhalb des Steilabfalles zum Mae Pan und im Bereich der Militär- und sonstigen Regierungsanlagen. Die Dichte der Vegetation und die gemäßigten Temperaturen führen zur flächendeckenden Ausbildung von mächtigen Auflagehorizonten, meist 1 - 3 cm mächtigen L- und 1 - 2 cm mächtigen Of-Lagen, sowie gelegentlich dünnen Oh-Lagen. Es handelt sich um moderartige Humusformen. In der Regel finden sich sehr mächtige Ah-Horizonte und häufig humose AhBv- oder BvAh-Horizonte, die durch Bioturbation bzw. Humusverlagerung, häufig entlang von Wurzelbahnen, entstanden sind. Die pH-Werte liegen in den Profilen zwischen 3,6 im Oberboden und 4,5 im Unterboden. Das Bodentemperatur- und -feuchteregime kann als mesic bzw. perudic eingestuft werden (SCHMIDT-LORENZ 1986: 49).

Oberhalb von 2000 m ü. M. dominieren sandig-lehmige bis tonig-lehmige, skelettfreie, tiefgründig humose, lockere Braunerden, die den humic Cambisols der FAO-Klassifikation (FAO 1988) entsprechen. Die Bv-Horizonte sind relativ homogen braun gefärbt (meist 7,5 YR 4/4-5/6; s. 4.1.4). Oft finden sich Übergangsformen zu "Parabraunerden", d. h. Böden mit einem Tonanreicherungshorizont (Bvt unter dem AlBv oder AhAlBv), die z. T. nach FAO (1988) als cambic Acrisols anzusprechen sind. Ferner treten podsolige Braunerden bzw. Pseudogley-Braunerden mit hydromorphen Merkmalen ab ca. 0,6 m Profiltiefe auf, letztere auf den waldfreien Standorten oberhalb des Steilabfalles zum Mae Pan (s. Beilage). Meist wurde im Gipfelbereich als Cv-Horizont grauweißer oder auch bunter (gelber und rosafarbener), schwach toniger oder schwach lehmiger Sand erbohrt, der Zersatz der anstehenden Gesteine, überwiegend relativ grobkörniger Biotit-Gneis. Dystric humic Cambisols und untergeordnet humic cambic Acrisols bilden die **Bodengesellschaft A1**.

Profil "Top Doi"

Höhenlage: ca. 2560 m ü. M.
Geländeposition: verebneter Kuppenbereich
Neigung: 3 %
Exposition: Süd
Vegetation/Nutzung: "Nebelwald", Pfadnähe
Aufnahmedatum: 10.01.1991

Profilbeschreibung:

L ca. 1,5 cm; Of/Oh ca. 1 cm;

OhAh - 4 cm dunkles dunkelbraun bis schwarzbraun (10 YR 3/1), sehr stark humos, sehr stark durchwurzelt, schwach bindig, kein Sand fühlbar, (Feinsubstanz durch org. Material etc.), leicht feucht;

AhAlBv - 70 cm dunkelbraun (7,5-10 YR 3/2), t'L, mittel bis stark humos, sehr stark durchwurzelt, krümelig, locker, schwach feucht;

Btv - 130 cm braun (7,5 YR 4/4), porös, krümelig, schwach verfestigt, tL, humose Flecken, schwach feucht;

BvCv - 200 cm braun bis hellgelblichbraun, sL, etwas heterogen, sehr viele Glimmerplättchen erkennbar.

Bodentyp: FAO: humic dystric Cambisol.
Humose Braunerde mit Tonverlagerung (Parabraunerde-Braunerde), vermutlich über Biotitgneiszersatz.

In diesem Profil überwiegen die Merkmale der Braunerde und der humose Charakter, obwohl von der Tonzunahme ein Btv-Horizont erkennbar ist, so daß der Boden nach der FAO noch den humic dystric Cambisols zugerechnet wird.

Die Mächtigkeit und Ausprägung der O-Lagen und der stark humosen Ah- und AhBv-Horizonte können kleinräumig stark schwanken. Die steilen Hänge weisen dabei oft ein ausgeprägtes Mikrorelief mit klaren Wülsten und Verebnungen auf. Diese Sachverhalte sowie Bäume mit Säbelwuchs deuten auf kleinräumige Verlagerungsprozesse und Bodenkriechen hin. Aktuelle Erosionserscheinungen, wie Rillen, starker Oberflächenabfluß und fehlende O- und Ah-Horizonte wurden jedoch nicht beobachtet. Die schnelle Regenerationsfähigkeit des humosen Oberbodens läßt offensichtlich kleinräumige Erosionsschäden an den Hängen rasch "verheilen".

4.1.2 Die Catena "Gaeo Mae Pan" mit dem reliktischen Rotlehm (Ferralsol)

Die Catena "Gaeo Mae Pan" (s. Abb. 6) zeigt eine typische Bodenabfolge der A1-Gesellschaft mit unterschiedlichen Formen von Braunerden oder Übergängen zu Parabraunerden in Abhängigkeit von Relief, Mikrorelief und Vegetationsausprägung. Zudem finden sich als Besonderheit auch Profile mit roten, lehmig-tonigen Horizonten im Unterboden (Profile 5 u. 6).

Das Gebiet "Gaeo Mae Pan" liegt östlich des N-S verlaufenden Steilabfalles zum Mae Pan-Tal zwischen 2100 und 2400 m ü. M., westlich der Straße zum Gipfel. Das Gelände dacht auch nach Süden und Osten ab und ist aufgelöst in mehrere schmale Höhenrücken und Kerbtäler, mit oder ohne Wasserläufe, die in der Regel von Nord nach Süd bzw. Nordnordwest nach Südsüdost verlaufen (s. Beilage). Die Gaeo Mae Pan-Catena quert in ca. 2160 m Höhe ü. M. ein Kerbtal. Der Höhenrücken im Nordwesten erreicht hier ca. 2240 m ü. M. (s. Abb. 2 u. Beilage).

Das Profil Nr. 1 (s. Abb. 6) auf dem Höhenrücken zeigt eine Braunerde im Übergang zur Parabraunerde mit einem deutlichen Tonanreicherungshorizont (Btv). In der relativ ebenen Lage kann mehr Wasser infiltrieren, perkolieren und zur vertikalen Tonverlagerung beitragen als an den steilen Hangpartien. Eine ähnliche Situation liegt auch bei Profil Nr. 8 vor. Der Standort bei Profil Nr.1 zeigt dabei eine wesentlich lichtere Vegetation ohne Unterwuchs. Dementsprechend fehlt hier die Humusauflage und der AhBv. Das Profil Nr. 2 weist eine deutliche Akkumulation von organischem Material bergseits einer dichteren Böschung auf. Das Mikrorelief in diesem Bereich weist auf eine kleinräumige Rutschung hin. In der Regel sind die Braunerden im Bereich der Riedel und Hänge 70 bis 90 cm mächtig, unterlagert vom sandigen Gesteinszersatz. Bei Profil Nr. 3, im Bereich der Tiefenlinie, zeigt sich hingegen sandiger Kies im Untergrund, ein fluviales Sediment.

Rote, lehmig-tonige Horizonte unterhalb der Braunerden stellen ein kleinräumig begrenztes Vorkommen dar (Profile 5 u. 6). In der angelegten, ca. 1,7 m tiefen Grube bei Profil Nr. 6 zeigt sich, daß der Übergang vom braunen zum roten Horizont zwischen 45 und 90 cm Tiefe erfolgt; d. h., der braune Horizont greift zungenförmig und entlang von Wurzelbahnen tiefer. Das Profil zeigt folgende Horizontabfolge:

Profil "Gaeo Daeng"

Höhenlage:	ca. 2170 m ü. M.
Geländeposition:	Mittelhang;
Neigung:	35 %
Exposition:	West
Vegetation/Nutzung:	"Nebelwald", Pfadnähe
Aufnahmedatum:	13.03.1991

Profilbeschreibung:

L ca. 1 cm; Of/Oh 2 cm;

Ah	- 5 cm	dunkelbraun (7,5 YR 3/2), sehr stark humos, sehr stark durchwurzelt, t'L, trocken, Glimmerplättchen; porenreich; vereinzelt kleine Quarzbröckchen (Grus); scharfe wellige Grenze;
Bvt1	- 30 cm	braun (7,5 YR 4/4), stein- und grusfrei, stL, schwach humos, sehr stark durchwurzelt, krümelig-bröckeliges bis körniges Makrofeingefüge; stark porös; gradueller welliger Übergang;
Bvt2	- (45-90) cm	braun (7,5 YR 5/6), stark durchwurzelt, stark porös, mitteltoniger Lehm, krümelig-körniges Makrofeingefüge, humose Flecken, zungenförmig und entlang von Wurzelbahnen tiefer reichend; d. h. unregelmäßige klare Grenze;
IIBut1	- 120 cm	rot (5-2,5 YR 4/6), lehmiger Ton, schwach durchwurzelt, körnig bis schwach subpolyedrisch, wenig porös, grusig, stellenweise humose Flecken durch Wurzeln etc.; Quarzitbrocken in ca. 100 cm Tiefe; klar und wellig begrenzt;
III But2	- 230 cm	rot (2,5 YR 4/6), lehmiger Ton, homogen, schwach durchwurzelt;
III But3	- 290 cm	rot (2,5 YR 3/6); lehmiger Ton, feucht;
BvCv	- 340 cm	rötlich, heterogen, marmoriert; toniger Sand; grusig.

Bodentyp: FAO: Cambisol über nitic rhodic Ferralsol.
Braunerde über reliktiktischem Rotlehm über Gneis-Zersatz.

Weitere Profilaufnahmen im Umkreis zeigen, daß die roten tonigen Horizonte relativ schnell auskeilen (s. Abb. 6). Bachabwärts, zum Ende des Riedels hin, läßt sich roter toniger Lehm ca. 15 - 20 m weit verfolgen. An den Aufschlüssen entlang der Straße finden sich keine Anzeichen von rötlichen But-Horizonten, sondern überwiegend 2 - 3 m mächtiger Zersatz, der örtlich noch Gneis-Strukturen zeigt.

Da an der Oberfläche überwiegend Braunerden und Übergangsformen zu Parabraunerden zu finden sind, dominieren rezent offensichtlich Verbraunung und Verlehmung sowie Tonverlagerung als Bodenbildungsprozesse. Infolge der kühlen Temperaturen ist die Rubefizierung vermutlich gehemmt (s. 4.1.4 u. 5.2.1).

Dementsprechend ist davon auszugehen, daß es sich beim Profil "Gaeo Daeng" um ein mehrschichtiges Bodenprofil handelt, wobei die braunen Horizonte den rezenten Boden darstellen, der reliktische Rotlehmhorizonte überlagert. Die fossilen roten Horizonte bzw. Sedimente entstammen offensichtlich einer wärmeren Klimaphase. Möglicherweise wurden die Rotlehmreste in pleistozänen Interglazialen gebildet, in denen das Klima wärmer war als heute, oder im Präquartär (s. 4.3.4 u. 5.3).

Diese Interpretation läßt erwarten, daß die vermutete Schichtgrenze zwischen den braunen und den roten Horizonten sich durch starke Sprünge in den Fe_o/Fe_d und den SiO_2/Al_2O_3-Indexwerten ausdrückt.

Tab. 2 Ausgewählte bodenchemische Analysenwerte des Profils "Gaeo Daeng": Cambisol über nitic rhodic Ferralsol

Horizont	Fe_2O_3	Fe_o	Fe_o/Fe_d	SiO_2/Al_2O_3	S-Wert	T-Wert	V-Wert	AK mmol/z/ 100 g Ton	pH
Ah	n.b.	2,27	0,25	n.b.	5,3	62,05	8,5	33,8	3,6
Bvt1	5,56	5,12	0,18	2,6	1,5	14,8	10,1	31,4	3,9
Bvt2	7,42	4,34	0,14	3,3	0,16	23,9	0,7	51,3	4,1
?IIBut1	18,98	5,13	0,11	2,0	0,06	12,5	0,5	20,5	4,2
?IIIBut2	29,04	6,64	0,03	1,56	0,07	8,5	0,9	13,4	4,2

n.b. = nicht bestimmt

Die Fe_d-Werte sind abgesehen vom Ah-Horizont sehr hoch. Die Aktivitätsgrade (Fe_o/Fe_d-Indexwerte) weisen zwischen dem Bvt2 und dem But1 eine deutliche Abnahme auf. Zwischen dem But1 und dem But2 zeigt sich ein gewisser Sprung, so daß der But2 als wesentlich intensiver verwittert angesehen werden kann. Der Bvt2 stellt einen Übergangshorizont dar, in dem rezent Bodenbildung stattfindet. Auch der relativ hohe Aktivitätsgrad im IIBut1 kann darauf zurückgeführt werden, daß er rezent wohl durch Tonverlagerung überprägt wird.

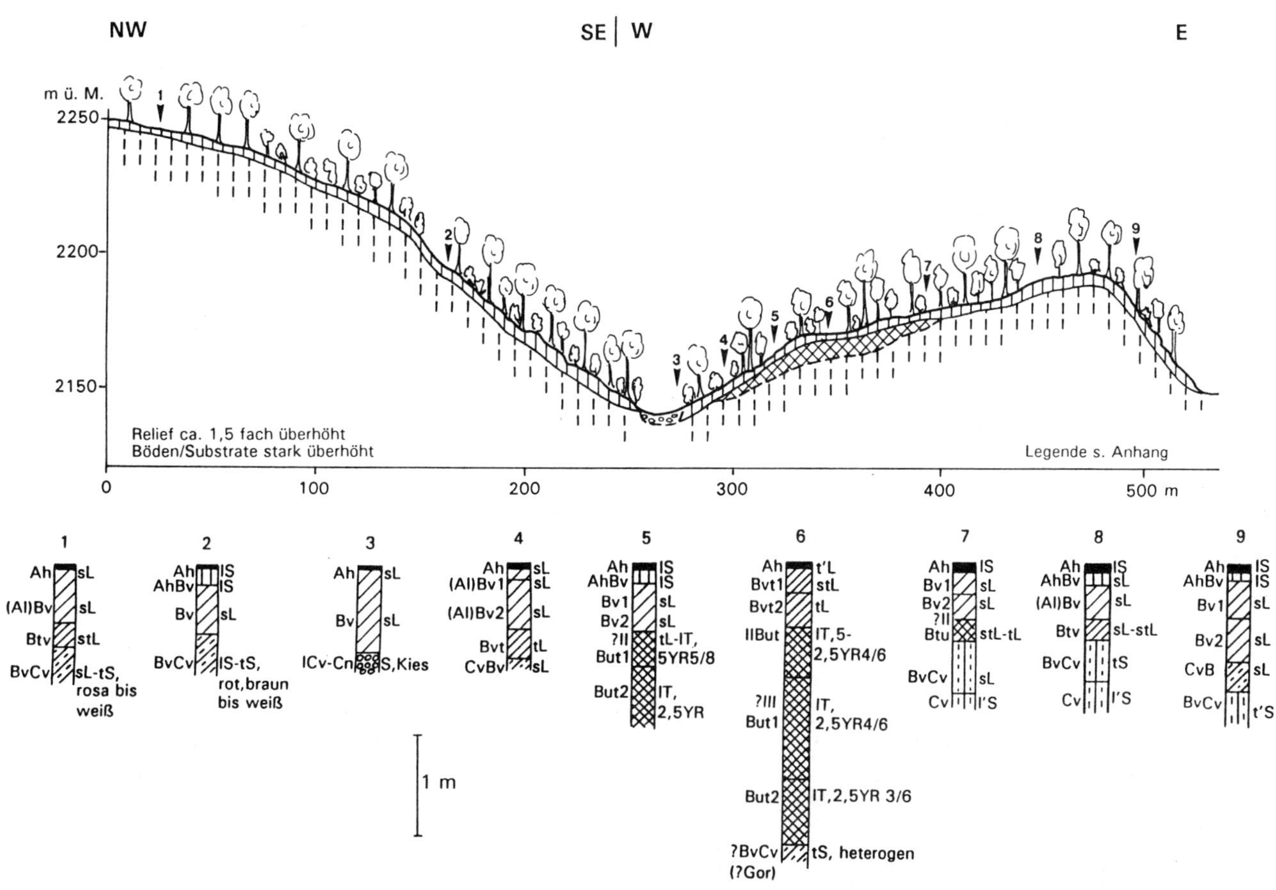

Abb. 6 Catena "Gaeo Mae Pan": Bodengesellschaft A1 mit dominierend Cambisols und dem Profil "Gaeo Daeng": Cambisol über nitic rhodic Ferralsol

Die SiO_2/Al_2O_3-Indexwerte weisen zudem auf eine Schichtgrenze zwischen dem 3. und dem 4. Horizont, also zwischen dem Bvt2 und IIBut1 hin, d. h., die roten But-Horizonte sind intensiver verwittert und stärker desilifiziert als die darüberliegenden Horizonte Bvt2 und Bvt1. Auch die deutliche Abnahme der Werte der Austauschkapazität der Tonfraktion zwischen dem 3. und 4. und nochmals zwischen dem 4. und 5. Horizont sowie die Abnahme des SiO_2/Al_2O_3-Wertes zwischen dem 4. und 5. Horizont deuten auf Schichtgrenzen zwischen dem Bvt2 und dem IIBut1 sowie zwischen dem II But1 und III But2 hin.

Die drei Vorkommen von fossilen Rotlehmen unter braunen Horizonten, die bei den Untersuchungen oberhalb von 2000 m ü. M. aufgefunden wurden, stellen jeweils ähnliche topographische Standorte am Ende von schwach bis mittel geneigten Riedeln bzw. Verebnungen dar. Alle Vorkommen sind sehr kleinräumig begrenzt. Dieses Verbreitungsmuster der fossilen Rotlehme könnte mit folgender Reliefgenese erklärt werden: Die Standorte gehören zu einer Hochfläche, auf der in einer tektonisch stabilen Phase des Tertiärs oder einer Warmzeit des Pleistozäns Rotlehmbildung stattfand. Später, noch im Tertiär oder im Pleistozän, kam es zu einer starken Hebung des gesamten Bereiches und evtl. zur Kippung der Fläche nach Süden bzw. Südosten. Daher lagen die betreffenden Standorte nun im unteren Bereich eines geneigten Hanges, der weiter nach Südosten in eine Fläche auf ca. 2100 m Höhe ü. M. überging, wo heute noch ein Flächenrest erkennbar ist (s. Beilage). Das vom Oberhang im Westen und Nordosten abgespülte rote Bodenmaterial akkumulierte sich stellenweise an Hangfuß oder auf der Fläche. Im Pleistozän kam es vor allem zu linearen Erosionsprozessen infolge der klimatischen Wechsel. Auch bei der dadurch bedingten Auflösung in Riedel und Täler konnten sich dort, wo viel Rotlehmmaterial akkumuliert worden war, Reste erhalten.

4.1.3 Die Braunerden über Rotlehmen zwischen 1600 und 2000 m ü. M.

In der Höhenlage zwischen 1600 und 2000 m ü. M. finden sich zwei Hauptreliefeinheiten, Areale mit Rücken- und Kerbtalrelief in der Höhenlage oberhalb von 1600 m ü. M. (s. Gebiete 3.1 u. 3.2 in Abb. 2) sowie eine Gipfelflur bzw. ein Flächenniveau in etwa 1600 m ü. M. (s. 4.2). In den erstgenannten Zonen dominieren die Gneise, in der zweiten die Granite. Etwa zwischen der 1700- und der 1600 m-Isohypse erfolgt der Gesteinswechsel von den Biotit-Gneisen mit Granodioritcharakter und Glimmer- und Biotitschiefervorkommen zu den Graniten.

Hier finden sich stärkere Differenzierungen der Vegetation. In vielen Arealen ist der typische, höherwüchsige, sehr dichte und dreistöckige immergrüne Bergwald (UMRF) verbreitet. Viele Teilbereiche, vor allem unterhalb von 1800 m ü. M., sind vor etlichen Jahrzehnten abgeholzt und zeitweilig zum Mohnanbau genutzt worden. Sie sind in der Regel jetzt mit Imperata-Gras und dichtem Busch bedeckt oder mit Kiefern aufgeforstet worden. Mit sinkender Meereshöhe nimmt also der anthropogene Einfluß zu.

Es dominieren Bodenprofile, die oft moderartige Humusauflagen und stark humose, braune, krümelige Horizonte aufweisen, wie die Böden der Gipfelregion (A1-Gesellschaft). Jedoch zeigen sich in der Regel noch im 1m-Bereich im Liegenden rote oder rotbraune, meist tonreichere Bt- bzw. But-Horizonte.

Häufig erreichen die braunen Oberböden mit der Horizontabfolge (L/Of)-Ah-AhBv-Bv eine Mächtigkeit von ca. 35 - 55 cm, manchmal aber auch deutlich mehr. Die stark humosen Ah-Horizonte weisen im bodenfeuchten Zustand meist MUNSELL-Farbwerte um 7,5 YR 3/2 (dunkelgraubraun) auf, die AhBv-Horizonte 7,5 YR 4/4 (dunkelbraun) und die Bv-Horizonte 7,5 YR 5/6 (braun). Als Bodenart im Ah dominiert feinsandiger lehmiger Sand bis sandiger oder schwach toniger Lehm, in den Bv- Horizonten sandiger Lehm oder sandig-toniger Lehm. Das Gefüge ist meist krümelig und locker sowie porenreich.

Die roten Horizonte weisen als Bodenart tL, stL oder sT-lT auf. Dabei nimmt entweder der Sandgehalt innerhalb der roten Horizonte mit der Tiefe zu oder aber, was häufiger vorkommt, der Tongehalt steigt (s. Abb. 7, 8 u. 10). Im erstgenannten Fall wird damit der Übergang zum BuCv und dem grusigen Gesteinszersatz (Regolith) angedeutet. Im zweiten Fall liegt eine sehr tiefgründige Bodenentwicklung vor, bei der erst im tieferen Unterboden das Tonmaximum erreicht wird. Häufig zeigen die Unterböden ein subpolyedrisches blockiges Gefüge (s. Abb. 7 u. 10). Es finden sich aber auch rote bzw. rotbraune Horizonte mit lockerer und erdig-krümeliger Struktur, die oft kolluvial beeinflußt sind (Abb. 10).

Die wohl häufig zweischichtigen Profile (s. 4.1.4) werden als Braunerden über Rotlehmen bzw. Roterden angesprochen, im System der FAO (1988) als Cambisols über Acrisols, Ferralsols oder Nitisols. Sind die Profile nicht zweischichtig, werden sie als Braunerden-Rotlatosole bezeichnet, nach der FAO (1988) als cambic Acrisols bzw. Cambi-Acrisols.

Die Bodenkomplexe sind vergesellschaftet mit kleinräumigen Vorkommen von wenig differenzierten Profilen, wie Braunerden (Cambisols) oder Rotlatosolen (Acri-, Ferral-

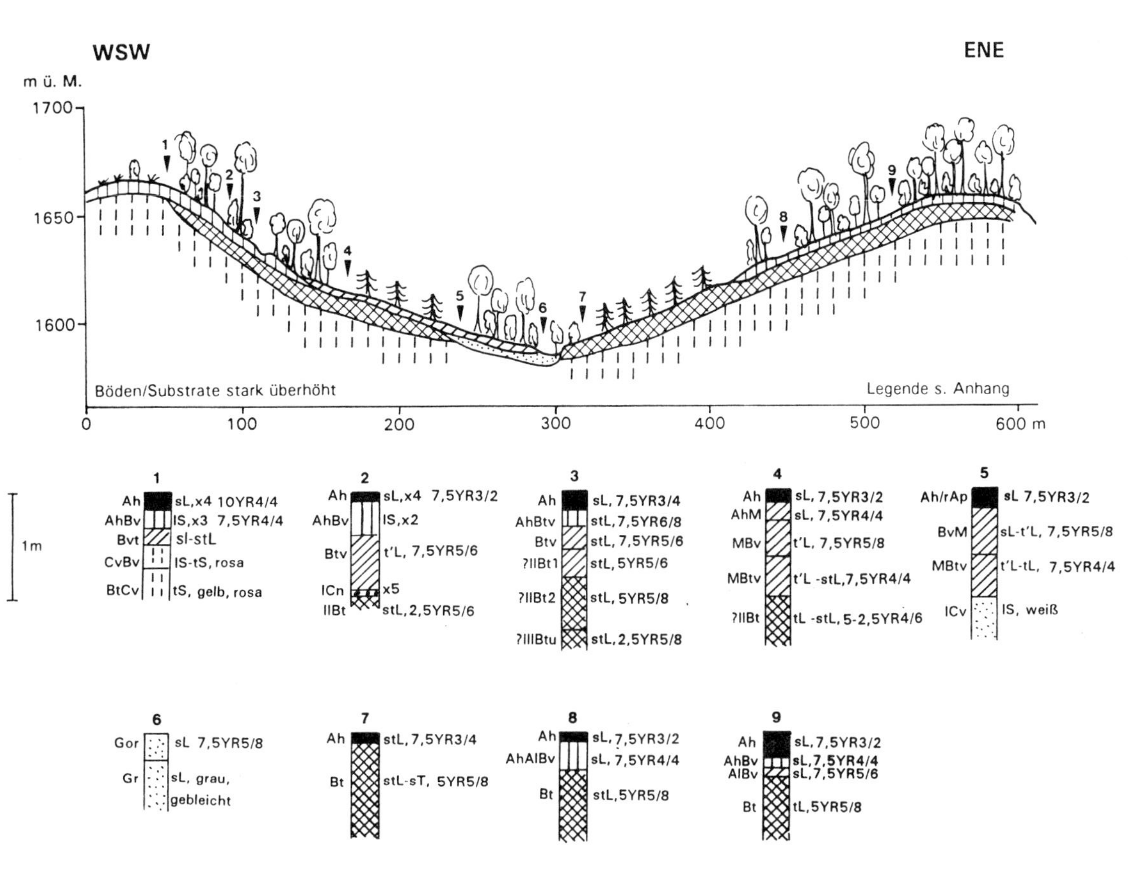

Abb. 7 Catena "West": Bodengesellschaft A2 mit dem Profil "Wald-West" (Profil 3): Braunerde-Rotlatosol

und Nitisols), sowie gelben oder weißen Profilen aus lehmigem oder tonigem Sand, die meist den Gesteinszersatz (Regolith) darstellen. Dieses Bodenmosaik wurde zur **Bodengesellschaft A2** zusammengefaßt.

Die A2- Bodengesellschaft ist sowohl südwestlich und nordöstlich der Straße (s. Gebiete 3.1 u. 3.2 in Abb. 2) als auch weiter südlich im Bereich des ehemaligen Flächenniveaus bis zum Sattel vor dem Doi Hua Sua verbreitet.

Insgesamt wechseln die Bodenprofile in ihren Horizontabfolgen und -mächtigkeiten stärker und kleinräumiger als bei der Gesellschaft A1, in Abhängigkeit von Reliefposition, Reliefgenese und Vegetation bzw. Nutzungsgeschichte. Auf exponierten Standorten wie an Oberhängen, auf Kuppen und den schmalen Kämmen finden sich manchmal stark erodierte Profile, bei denen braune oder auch rote Horizonte weitgehend oder völlig fehlen. In den Tiefenlinien zeigen sich nicht nur zum Teil starke hydromorphe Merkmale, sondern auch gröber texturierte Ausgangsmaterialien, vermutlich infolge von Akkumulation sandiger, fluvial tranportierter Sedimente bzw. Abtransport des Feinmaterials (s. Abb. 7 u. 8).

Die insgesamt verstärkten anthropogenen Eingriffe äußern sich

- im vereinzelten Fehlen von Auflage- und Ah-Horizonten bzw. der Geringmächtigkeit von humosen Oberböden,

- in der Durchmischung der oberen Bodenhorizonte durch Rodungs- und Bearbeitungsmaßnahmen sowie

- in kolluvialer Überdeckung.

Die kolluviale Bedeckung ist örtlich sehr mächtig und vermutlich mehrschichtig (s. 4.2.1 u. Abb. 10). Sehr deutlich wird die anthropogene Beeinflussung auch in der Catena "Grasland" (s. Abb. 8). Das braune und rote Bodenmaterial wurde vom Oberhang erodiert und bei Profil 5 in einer Verebnung am Mittelhang akkumuliert.

Die Ah- und AhBv-Horizonte der Profile 2 und 3 in Abb. 8 weisen auf eine recht gute Regeneration des humosen Oberbodens hin (s. 5.2.2 u. 6.1.1). Ferner sind die AhBv-Horizonte wohl auch durch den ehemaligen Hackbau beeinflußt (fossile und reliktische Ap-Horizonte). Die Häufigkeit der AhBv-Horizonte sowohl unter Wald als auch unter der Sekundärvegetation spricht m. E. jedoch für deren rezente Entstehung unter dichter Vegetation.

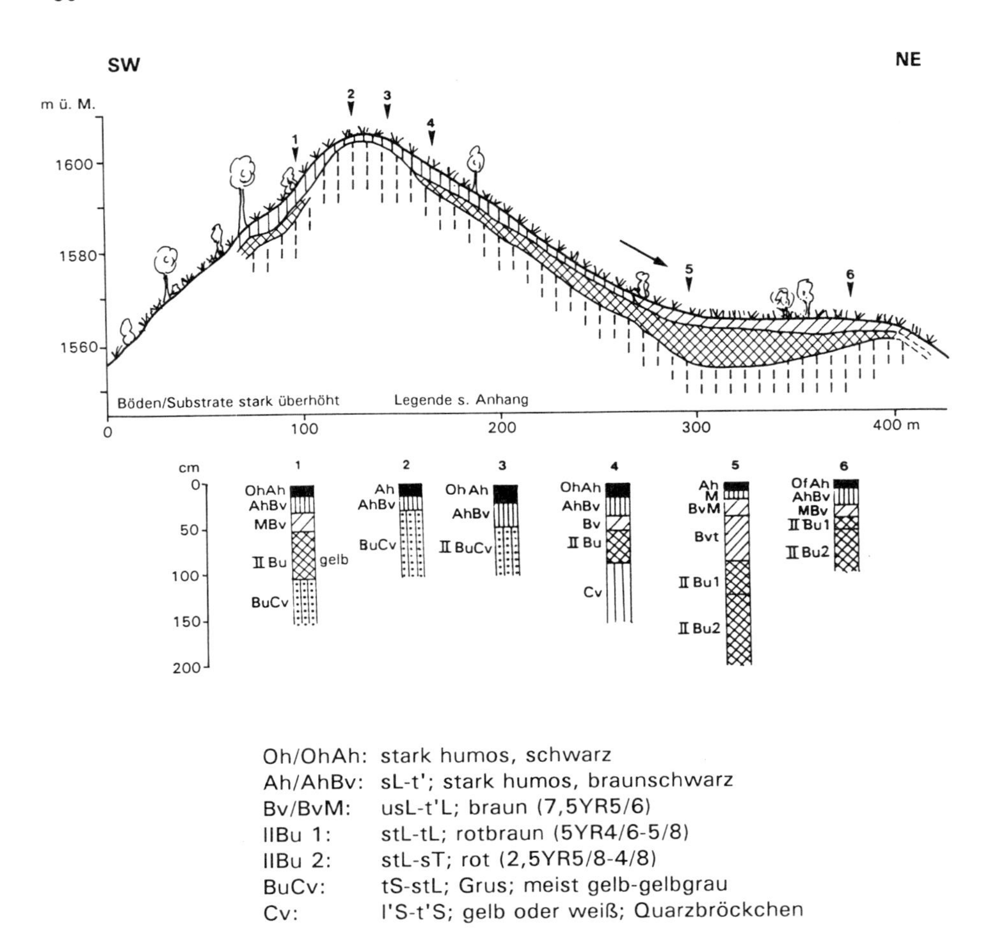

Abb. 8 Catena "Grasland": Kolluviale Prozesse innerhalb der Bodengesellschaft A2

4.1.4 Die Bodengesellschaften und ihre Genese oberhalb von 1600 m ü. M.

Das gemeinsame Merkmal der Bodengesellschaften A1 und A2 ist das flächendekkende Dominieren und die relative Homogenität der braunen humosen Oberböden. Sie zeigen eine recht einheitliche Braunfärbung, offensichtlich weitgehend unabhängig von den Horizonten im Liegenden, unterschiedlich gefärbten Cv-Horizonten im Gipfelbereich bzw. fossilen roten Bodenhorizonten und auch ein relativ ähnliches lockeres, porenreiches und krümeliges Gefüge.

Tab. 3 Ausgewählte Parameter des Profils "Gaeo Sam": Basenarme Braunerde (dystric Cambisol)

Horizont	Bodenart	Fe_2O_3	Fe_d	Fe_o/Fe_d	SiO_2/Al_2O_3	S- Wert	T- Wert	V- Wert	AK mmol/z/ 100 g Ton
Ah	sL	n.b.	2,17	0,25	n.b.	1,8	42,2	4,27	103,25
Bv1	sL	3,6	1,7	0,35	8,32	0,43	25,0	1,71	114,7
Bv2	sL	3,0	1,33	0,3	7,31	0,15	21,1	0.73	93,63

n.b. = nicht bestimmt

Die SiO_2/Al_2O_3-Werte als relative Indikatoren der Verwitterungsintensität liegen bei Proben aus braunen Horizonten über roten Horizonten meistens über den SiO_2/Al_2O_3-Werten der roten Horizonte im Liegenden, d. h., die letzteren sind intensiver verwittert (s. Tab. 2 u. 4 sowie Abb. 40). Zwei braune Horizonte von einem Cambisol-Profil im Gipfelbereich (s. Tab. 3) sowie die gelbbraunen Horizonte von Cambisol- bzw. Arenosol-Profilen in tieferliegenden Gebieten dagegen weisen sehr viel höhere SiO_2/Al_2O_3-Werte auf, in der Regel deutlich über 5 (s. Abb. 40). Die vergleichsweise niedrigen SiO_2/Al_2O_3-Werte der braunen Horizonte in den Profilen "Gaeo Daeng" und "Wald-West" deuten also auf eine "mittel" intensive Verwitterung hin (s. Abb. 40).

Trotz der "mittel" intensiven Verwitterung findet im oberflächennahen Bereich offensichtlich keine Rubefizierung statt. Rezent dominiert wohl die Bildung von braunfärbenden Eisenoxiden, wie Goethit und Limonit. Der Zusammenhang zwischen Feuchtigkeit und Trockenheit des Klimas bzw. des Bodenwasserhaushaltes und der Hämatit- bzw. Goethit-Bildung bzw. der Verteilung der Eisenoxide und den Bodenfarben wird teilweise noch kontrovers diskutiert. SCHWERTMANN (1971) geht von einer Umwandlung des Hämatits zu Goethit aus, wenn die Verhältnisse feuchter werden und der Gehalt an organischer Substanz steigt. VEIT & FRIED (1989) schließen eine "In-situ-Verbraunung" von Rotlehmen allerdings aus. SEMMEL (1988: 18) führt die braunen Bodenfarben überwiegend auf eine Abnahme der Temperaturen zurück. WIRTHMANN (1987: 158) betont, daß die Hämatitbildung bei guter Drainage und hohen Temperaturen dominiert. Nach Untersuchungen von BRONGER & BUHN (1989) in Indien dagegen kann bei feuchteren Bedingungen Goethit zu Hämatit umgewandelt werden.

Unbestritten ist aber, daß bei Abnahme der Temperaturen die Rotfärbung gegenüber der Braunfärbung in den Böden zurücktritt (FELIX-HENNINGSEN et al. 1989; SCHMIDT-LORENZ 1986; SEMMEL 1988; WIRTHMANN 1987). Die Verbraunung kann daher in diesem relativ kühlen und feuchtem Klima oberhalb von 1600 m ü. M.

als rezent dominierender Bodenbildungsprozeß angesehen werden. Die Rubefizierung ist gehemmt. Eine weitere wichtige Rolle spielen in den rezenten Böden darüber hinaus auch die Bioturbation und vor allem die Lessivierung sowie stellenweise Pseudovergleyung, Vergleyung oder Podsolierung.

Das Vorkommen von Profilen mit roten Unterböden, die unterhalb von 2000 m ü. M. flächendeckend dominieren (Bodengesellschaft A2) und oberhalb gelegentlich und eng begrenzt vorkommen, impliziert folgende Fragen zur geomorphologischen Interpretation:

Handelt es sich,

1. um zweischichtige Profile, wobei die roten Unterböden Relikte von Paläoböden darstellen, die von jüngeren Decksedimenten bzw. hillwash überlagert werden (EMMERICH 1988; FRIED 1983; GREINERT 1992; SEMMEL 1988) oder um

2. eine ausschließliche sekundäre Verbraunung, d. h. eine Umwandlung von Hämatit zu Goethit infolge der Klimaveränderung, wie es beispielsweise SCHWERTMANN (1971) für weite Bereiche postuliert?

Wie ist die Genese der braunen Sedimente zu erklären, wenn der 1. Punkt zutrifft?

Insgesamt finden sich oft Anzeichen, die für die Zweischichtigkeit, aber auch solche, die dagegen sprechen.

SCHWERTMANN (1971) betont, daß bei einem Wechsel hin zu kühlerem und feuchterem Klima das Hämatit durch den steigenden Gehalt an organischer Substanz infolge langsameren Abbaus reduziert, komplexiert und zu Goethit umgewandelt wird. Solche Klimaveränderungen kamen im Untersuchungsgebiet innerhalb des Quartärs mehrfach vor (BOONSENER 1986; HASTINGS & LIENGSAKUL 1983; s. auch 3.4.2).

Wird eine sekundäre Verbraunung der Böden angenommen, so muß diese mit steigender Meereshöhe bzw. zunehmender Vegetationsdichte intensiver werden. In der Tat ist im Gipfelbereich die Verbraunung tiefgehender und flächendeckend, d. h., die mächtigen Braunerden könnten als völlig verbraunte Profile gedeutet werden. Der oft sehr diffuse und graduelle Übergang von braun zu rot im Gelände, ohne deutliche Sprünge in Bodenart oder Gefüge sowie den bodenchemischen Kennwerten und das weitgehende Fehlen von "stone lines" kann ebenfalls durch die allmähliche Verbraunung eines Substrates erklärt werden, die von oben nach unten fortschreitet. Die generell vorherrschende Tonzunahme nach unten hin ist dann als Ergebnis von Lessivierung bzw. lateraler subterraner und oberflächlicher Tonabfuhr und Tonaufschwemmung anzusehen (BREMER 1979, 1989: 375; WILHELMY 1974).

Im Profil "Wald-West" (s. Tab. 4) sind keine eindeutigen Schichtgrenzen abzuleiten wie beim Profil "Gaeo Daeng" (s. Tab. 2). Die SiO_2/Al_2O_3-Werte zeigen keine großen Sprünge. Die Sprünge in den Aktivitätsgraden lassen indessen eine Grenze zwischen dem 4. und 5. Horizont vermuten.

Tab. 4 Ausgewählte Parameter des Profils "Wald-West": Braunerde-Rotlatosol, vermutlich über fossilem Rotlatosol (Cambi-Acrisol)

Horizont	Bodenart	Fe_2O_3	Fe_d	Fe_o/Fe_d	SiO_2/Al_2O_3	S-Wert	V-Wert	T-Wert	AK mmol/z 100 g Ton	pH	Humus (in %)
Ah	sL	n.b.	2,56	0,214	n.b.	n.b.	n.b.	n.b.	n.b.	4,32	9,7
AhBtv	stL	5,1	2,38	0,23	2,56	0,145	0,57	25,4	60,6	4,33	n.b.
?But	stL	5,37	2,78	0,19	3,01	n.b.	n.b.	n.b.	n.b.	4,4	n.b.
?IIBtu	stL	2,69	n.b.	0,14	n.b.	0,145	1,24	11,2	27,2	4,32	n.b.
?IIIBtu	stL	5,31	2,8	0,046	2,69	0,125	2,6	4,8	13,84	4,337	n.b.
?IVBtu	stL	4,67	2,79	0,023	2,43	0,15	2,85	4,38	12,57	4,33	n.b.

n.b. = nicht bestimmt

Die sehr deutliche Abnahme der Austauschkapazität der Tonfraktion weist daraufhin, daß nach unten hin die Kaolinite dominieren, während z. B. der hohe Wert im 2. Horizont auf Dominanz von Dreischichttonmineralen hindeutet, vermutlich durch frischere Beimengungen.

Für die Annahme der Zwei- oder Mehrschichtigkeit spricht indessen, daß der Farbwechsel manchmal recht abrupt erfolgt oder/und mit einem starken Wechsel von Bodenart und Gefüge verbunden ist oder Steinlagen auftreten (s. Abb. 7 u. 8). Derartige Phänomene werden von vielen Autoren als Hinweise auf einen Schichtwechsel interpretiert. Als eindeutige Beweise gelten dabei unterschiedliche Ton- und Schwermineralgarnituren in den jeweiligen Schichten (AHNERT 1983; BIBUS 1983; BREMER 1989; FRIED 1983; EMMERICH 1988; GREINERT 1992; SEMMEL 1988). Derartige Untersuchungen waren im Rahmen dieser Forschungsarbeit jedoch nicht möglich, so daß nur die Geländebefunde und die bodenchemischen Analysen zur Überprüfung der Schichtigkeit herangezogen werden können.

Wird ein genereller Schichtwechsel zwischen den braunen und den roten Böden bzw. Bodensedimenten angenommen, so ist zu fragen, wie das obere Sediment entstanden ist. Häufig werden die Oberflächensedimente als das Ergebnis von Abtragungs- und Akkumulationsprozessen während pleistozäner, geomorphologisch aktiver Phasen im kleinräumigen oder auch regionalen Maßstab gesehen (FRIED 1983; EMMERICH 1988; GREINERT 1992; VEIT & FRIED 1989; ROHDENBURG 1983; SEMMEL et al. 1979; SEMMEL 1986). Da diese Sedimente auch auf Wasserscheiden vorkommen, wird oft eine äolische Genese angenommen, bzw. diese auch bestätigt (FRIED 1983; GREINERT 1992).

Auch im Untersuchungsgebiet kommen die braunen Horizonte, wenn auch oft geringmächtiger als sonst, in Reliefpositionen vor, die keine kolluviale oder fluviale Zufuhr erlauben, so daß eine äolische Komponente nicht völlig auszuschließen ist (s. Abb. 7, 8 u. 10).

Äolische Sedimente pleistozänen und holozänen Alters, wie windverfrachtete Sande und lößähnliche Substrate, wurden bisher im Nordosten von Thailand im Bereich des Khorat-Plateaus und an dessen westlicher Grenze sowie im nördlichen Zentralthailand an verschiedenen Standorten gefunden (BOONSENER 1987; DHEERADILOK 1987 u. a.). Die ariden Phasen im späten Pleistozän und während des Holozäns werden für ganz Thailand postuliert (s. 3.4.2). Daher erscheint es möglich, daß auch im nordwestlichen Thailand während der Hochglaziale im Himalaya und in der kühltrockenen Phase im Holozän vor 3500 bis 2000 Jahren BP äolische Prozesse und Ablagerungen vorkamen. KIRSCH (1991c) findet in etlichen Bodenprofilen im Einzugsgebiet des Mae Chan im Norden von Chiangrai erhöhte Schluffgehalte in den Oberböden eindeutig schichtiger Profile, die er auf möglicherweise äolische Herkunft zurückführt, zumal andere Lieferprozesse aufgrund der Geländepositionen ausgeschlosssen sind.

Generell war und ist jedoch die Aridität im Bereich des Inthanon-Berglandes im Pleistozän und heute viel geringer ausgeprägt als in Nordostthailand. Vermutlich waren die äolischen Prozesse daher weniger intensiv und etwaige Sedimente sind in den jeweils anschließenden feuchten Phasen aufgrund der höheren Reliefenergie stärker verlagert und überprägt worden, so daß sie nun nicht mehr als äolische Sedimente zu erkennen sind.

Hohe Schluffgehalte bei den braunen Horizonten und eine generelle Schichtgrenze zwischen braunen und roten Horizonten lassen sich im Untersuchungsgebiet nicht nachweisen. Daher kann auch nicht von einer flächendeckenden, homogenen Schicht im Sinne eines pleistozänen bzw. holozänen Decksedimentes ausgegangen werden, wie es z. B. EMMERICH (1988) und GREINERT (1992) für weite Bereiche in Brasilien annehmen. Dennoch ist zu vermuten, daß die oberen Bodenhorizonte bzw. die braunen Cambisols stets eine gewisse äolische bzw. atmosphärische Komponente enthalten. Diese frischen Beimengungen stammen aus dem allgemeinen atmosphärischen, trockenen und nassen Niederschlag, von lokalen Windverfrachtungen in der Trockenzeit sowie von Vulkanausbrüchen. Die Werte der Austauschkapazität der Tonfraktion und die SiO_2/Al_2O_3-Werte sind in den Oberböden jeweils deutlich höher, weisen also auf eine weniger intensive Verwitterung hin (s. Tab. 2, 3 u. 4 sowie Abb. 40). Auch BRONGER & BRUHN (1989) führen die höhere Basensättigung und die Dominanz von Montmorillonit in den Oberböden einiger untersuchter Profile in Indien auf die "Verjüngung" durch atmosphärischen Staub zurück.

Viele Bodenprofile sind dennoch mehrschichtig, d. h., es finden sich reliktische Rotlatosole unter den Braunerden, die wiederum in sich geschichtet sind.

Die unterschiedliche Häufigkeit der roten, reliktischen Böden bzw. Bodensedimente in der Gipfelregion bzw. in den A2-Gebieten impliziert, daß die A2-Gebiete eine andere geomorphologische Entwicklung erfahren haben als die Gipfelregion. Denkbar ist folgende Genese: Im Gipfelbereich oberhalb von 2000 m ü. M. wurden die reliktischen Rotlehme vermutlich stärker abgetragen, weil das Gebiet in einer relativ jungen Phase nochmals und insgesamt stärker gehoben wurde. Daher lag anschließend oft der Zersatz (Regolith) an der Oberfläche, aus dem sich unter Beimengungen aus kolluvialen, fluvialen und äolisch-atmosphärischen Prozessen und primärer wie sekundärer Verbraunung die Cambisols entwickelten. In den A2-Gebieten dagegen war die Abtragung der Rotlehme weniger intensiv, blieb örtlich ganz aus oder setzte erst später ein, da sie weniger stark gehoben wurden (s. 5.4). Aufgrund der wärmeren Temperaturen mit abnehmender Meereshöhe ist ferner die Verbraunung weniger intensiv. Zudem könnte zum Teil mit der hier stärkeren anthropogenen Überprägung erklärt werden, daß die braunen Horizonte oft geringmächtiger sind.

Die festgestellten Phänomene können m. E. nicht durch die eine oder die andere der diskutierten Theorien vollständig erklärt werden. Vielmehr müssen alle Interpretationsmöglichkeiten und die damit verknüpften Prozesse kombiniert werden.

Zusammenfassend lassen sich folgende Aussagen treffen:

- Die braunen, meist stark humosen Oberböden sind überwiegend das Ergebnis der rezenten Bodenbildung. Dabei stellen Klima und Vegetation die entscheidenden bodenbildenden Faktoren dar, die hier zum verminderten Abbau organischer Substanz bzw. hohen Humusanteilen und damit zur Verbraunung führen. Zudem kommt es aufgrund der starken Niederschläge auch zur Tonverlagerung und stellenweise zur Podsolierung bzw. Pseudovergleyung.

- Vermutlich findet vielfach auch eine sekundäre "Verbraunung" ehemals roter Böden statt. Der Einfluß der Verbraunung, ob primäre oder sekundäre Bodenbildung infolge der Klimawechsel, nimmt dabei mit der Meereshöhe ab.

- Wahrscheinlich sind viele Profile mit braunen Ober- und roten Unterböden zwei- oder mehrschichtig, d. h., sie spiegeln eine Veränderung der bodenbildenden Faktoren wider.

- Ein flächendeckendes Sediment äolischer, fluvialer oder kolluvialer Genese ist nicht nachzuweisen. Vermutlich findet sich jedoch bei allen braunen, oberflächennahen Böden eine äolisch-atmosphärische Komponente.

- Die Bodengesellschaft A2 erweist sich heterogener als die Bodengesellschaft A1, denn im Gipfelbereich überlagert der starke Einfluß von Klima und Vegetation mit der Dominanz der Verbraunung andere differenzierende Einflüsse. Letztere wachsen mit abnehmender Meereshöhe, insbesondere die räumliche Differenzierung von Gestein, Relief und Reliefgenese sowie Vegetation und Nutzung.

4.2 Die "Plinthit-Latosole" und die "Plinthit-Lignit"-Catena als Besonderheiten im 1600 m-Flächenniveau

Das Gebiet, welches im Westen und Norden vom Khun-Klang- und Klang-Luang-Tal, im Osten vom Tal des Mae Aep, im Südosten durch den etwa 1880 m hohen Doi Hua Sua (Tigerkopfberg) und im Süden durch den steilen Abfall zum Mae Pon begrenzt wird, stellt sich überwiegend als eine Gipfelflur in der Höhenlage um 1600 m ü. M. dar (s. Abb. 2 u. Beilage). Der nördliche und westliche Bereich ist gekennzeichnet durch ein ausgeprägtes Rücken-und-Kerbtalrelief. Die schmalen Höhenzüge - abgerundete Kämme - sind durch kleine Kerbtäler gegliedert, in denen nur teilweise perennierende Gewässer vorhanden sind.

Die Zerschneidung ist teilweise stärker ausgeprägt als die topographischen Karten bzw. die Abb. 9 vermuten lassen, da die Einschneidung der Täler oft nur 15 - 20 m beträgt und daher nicht dargestellt ist. Im Südwesten schließt sich eine ca. 1,5 km^2 große zusammenhängende Verebnung im Niveau um 1600 - 1620 m ü. M. an. Hier finden sich breite, flache Muldenbereiche, die zum Teil nach Norden hin in Kerbtäler übergehen (s. Abb. 9).

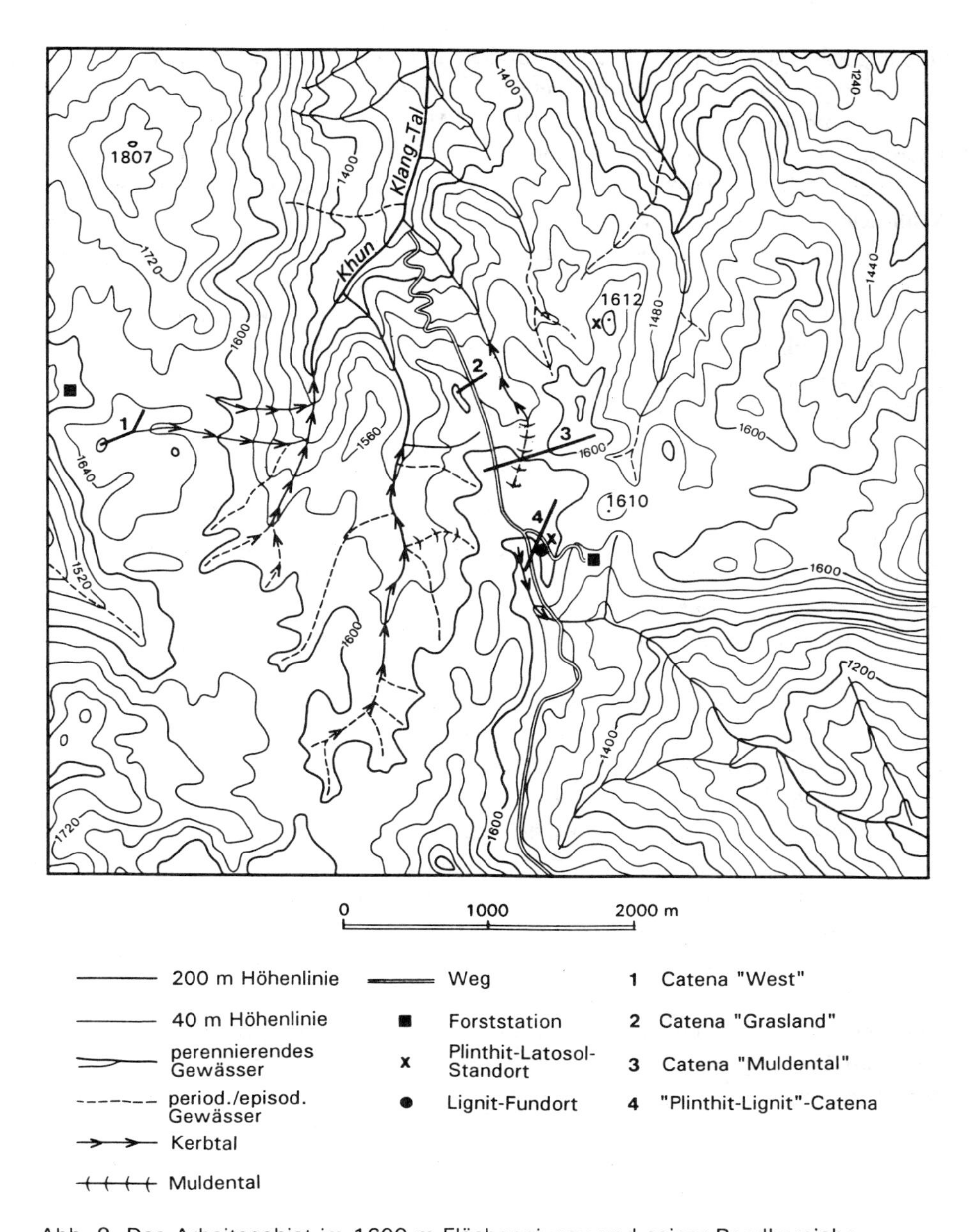

Abb. 9 Das Arbeitsgebiet im 1600 m-Flächenniveau und seiner Randbereiche

Der gesamte Bereich, Gipfelflur und Verebnung, wird als Relikt einer ehemaligen Abtragungsfläche bzw. Altfäche i. S. von BÜDEL (BREMER 1989: 131; BÜDEL 1977) interpretiert, die vor allem im Norden sehr stark zerschnitten und aufgelöst wurde. Auf der geomorphologischen Karte von WONGTANGSWAD (1976) ist dieses Gebiet ebenfalls als "plateau moyenne altitude 1600 m" kartiert und den Erosionsformen zugeordnet. CREDNER (1935), MACHATSCHEK (1955) sowie KIERNAN (1990) und KUBINIOK (1992) deuten auch im übrigen nordwestthailändischen Bergland Gipfelfluren und relative Verebnungen als Reste ehemals weitgespannter Altflächen bzw. peneplains. Die Flächenbildung wird in Nordthailand ins Mesozoikum bis Tertiär gestellt, oft durch Phasen intensiver Tektonik unterbrochen bzw. beendet. Auf gehobenen Schollen setzte die Zerschneidung der Flächen ein, die später vermutlich durch die plio-pleistozänen und quartären Klimawechsel verstärkt wurde (BAUM et al. 1972; HAHN et al. 1986; CREDNER 1935; KUBINIOK 1990 u. 1992; SIRIBHAKDI 1988; s. auch 3.2.1).

Es stellt sich die Frage, ob die vermutete Genese sich in den Böden widerspiegelt und somit bestätigt werden kann. Zu erwarten sind Vorkommen von intensiv verwitterten Paläoböden, wie tiefgründige Rotlehme und evtl. lateritische Böden (BREMER 1989: 377). Das rezente Relief läßt vermuten, daß zumindest im verebneten Bereich auch die braunen Böden besser erhalten sind.

Das 1600 m-Flächenniveau ist überwiegend entwaldet und mit dichtem Gras- und Buschland bedeckt. Reste des tropischen Bergwaldes sind beschränkt auf einige Kerbtäler und Tiefenlinienbereiche der Mulden. Ein großer Teil der Verebnung ist vor ca. 8 - 10 Jahren aufgeforstet worden. Vereinzelt finden sich kleine Parzellen, die offensichtlich in der Regenzeit ackerbaulich genutzt werden (s. Abb. 10). Der gesamte Bereich wurde in den dreißiger bis fünfziger und sechziger Jahren sehr intensiv zum Mohn- und Maisanbau genutzt, anschließend jedoch weitgehend der Brache überlassen bzw. teilweise als temporäre Viehweiden genutzt (s. 3.6). Insgesamt unterlagen mehr als 90 % der Fläche im Arbeitsgebiet "1600 m-Flächenniveau" (s. Abb 9) etliche Jahrzehnte der Nutzung. Dies drückt sich vermutlich in einer weitverbreiteten anthropogenen Überprägung der Böden aus. Flächenmäßig dominieren braune, stark humose Böden, die rote Horizonte überlagern. Daher wird der Bereich der A2-Gesellschaft zugeordnet. Es finden sich jedoch Unterschiede hinsichtlich des Bodenmosaikes im Vergleich zu den Gebieten 3.1 und 3.2 (s. Abb. 2) sowie einige besondere Standorte, die auf Unterschiede im rezenten Relief, der Reliefgenese und der Nutzungsgeschichte zurückgeführt werden.

Im Kerbtalbereich treten häufig stark erodierte Profile an den Weganschnitten auf, die

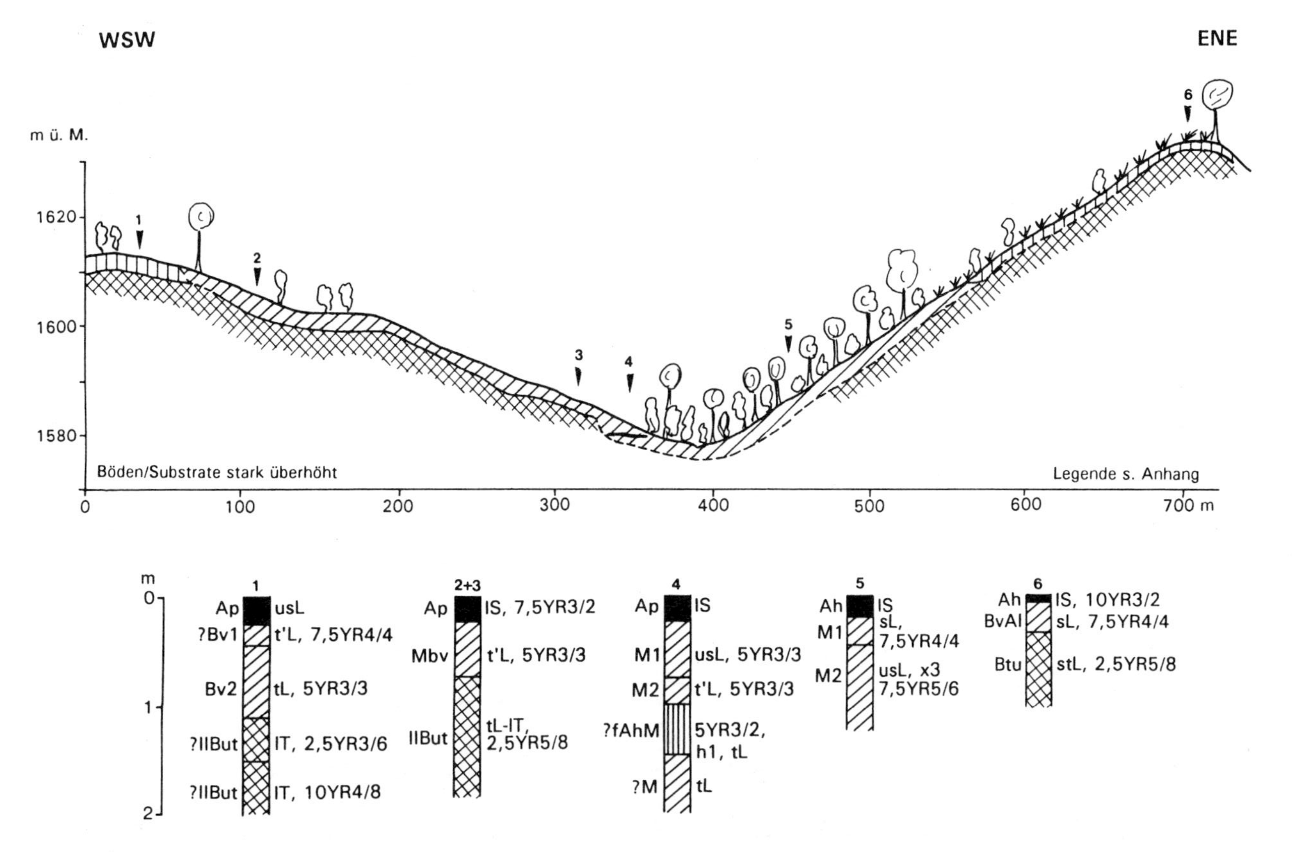

Abb. 10 Catena "Muldental": Mächtige Kolluvien im Bereich des 1600 m-Flächenniveaus

oft nur geringmächtige Ah- oder Bv-Horizonte über weißem, gelblichem oder rötlich bis rosa-farbenem Gesteinsgrus zeigen. An vielen anderen Oberhängen, auf den Kämmen und den höhergelegenen Randbereichen der Verebnung unter Gras- und Buschvegetation kommen jedoch überwiegend die typischen Braunerden, z. T. kolluvial beeinflußt, oder Braunerden über Rotlehmen vor (s. Abb. 8 u. 10). Vereinzelt finden sich auch Profile, die eine Gelbfärbung im Unterboden aufweisen (s. Profil 1, Abb. 8). Der hohe Steingehalt im 2. und 3. Horizont dieses Profiles deutet darauf hin, daß es sich um verlagertes Material handelt und eine Schichtgrenze zum 4. Horizont (II Btu) vorliegt. Derartige Hinweise sind selten (s. 4.1.4). Der Unterboden ist deutlich gelb im Gegensatz zu den sonst üblichen roten Horizonten und stellt vermutlich einen erodierten reliktischen Gelblehm dar. Ähnliche Profile mit gelben Bu- bzw. Btu-Horizonten finden sich nur noch auf der Wasserscheide im Norden des Nationalparks (s. 4.4.1) und an einem Aufschluß an einer Verebnung im Gipfelbereich. Dieses Verbreitungsmuster läßt vermuten, daß die Gelbfärbung überwiegend bei Profilen auf ehemaligen Flächen entwickelt wurde und sich daher auf deren Resten eher erhalten hat. Ferner kann ein gewisser Zusammenhang zwischen den zum Teil sillimanithaltigen und daher Al-reichen Ausgangsmaterialien des Gipfelbereiches (s. 3.2.2) und der Gelbfärbung von Böden angenommen werden (SCHRÖDER 1992).

Zudem fallen erhebliche Verlagerungen und Akkumulationen von Bodensedimenten auch im Bereich der Verebnung auf, so daß nur vereinzelt eindeutig Rotlehme in den Unterböden zu finden sind. Die Catena "Muldental" (s. Abb. 10) zeigt deutlich, daß viele Oberböden einen starken "Mischcharakter" aufweisen, d. h., die Farben und Bodenarten scheinen Mischungen aus den ursprünglich braunen und roten Böden zu sein. Bei den Profilen 3 - 5 sind die mächtigen Kolluvien leicht durch die Muldenlage in Kombination mit der anthropogen verstärkten Bodenerosion zu erklären. Die Reliefposition des Profils 1 im höchstgelegenen Randbereich der Verebnung vor dem steileren Hang zu einem Kerbtal (s. Abb. 9) läßt eine so mächtige kolluviale Bedeckung jedoch unwahrscheinlich erscheinen. Von daher ist zu vermuten, daß neben anthropogenen Einflüssen auch bio- und zoogene Prozesse eine Rolle in den braunen Oberböden spielen.

4.2.1 Das "Plinthit-Latosol"-Profil

Etwa 800 m südlich, am ansteigenden Weg zu einer Kuppe vor dem Steilhang zum oberen Mae Pon-Tal (s. Abb. 9) finden sich am Wegrand zahlreiche "Lateritkrustenbruchstücke": Es handelt sich um überwiegend schwärzlichgelbe, z. T. schwarz-, orange-, rot-, gelbgefleckte, meist kantige und unregelmäßig begrenzte, massive sekundäre sesquioxidreiche, verfestigte Bildungen. Sie weisen jedoch nicht den pisolithisch-konkretionären, kugelig-klumpigen (nodular) und roten Charakter der typischen Lateritkrusten bzw. Krustenbruchstücke auf, die aus vielen Gegenden der Welt beschrieben werden (z. B. zerst BUCHANAN 1807 in Indien, zit. in OLLIER & GALLOWAY 1990; GREINERT 1992: 72). Letztere sind auch in den Ebenen und Becken Thailands verbreitet (DHEERADILOK 1987; PENDLETON 1962; PRESCOTT 1966).

Der Fundort beschränkt sich auf 50 - 60 Meter entlang des Weges im Kuppenbereich. Das 100 m weiter nordwestlich an der tieferliegenden Wegkreuzung bis in 110 cm Tiefe aufgeschlossene Braunerde-Rotlatosol-Profil zeigt keine Pisolithe oder sonstige Konkretionen. Auch die tiefere Bohrung fördert keine Anzeichen auf sekundäre Sesquioxidbildungen zutage. Das Profil 6 der Plinthit-Lignit-Catena (s. Abb. 11), etwa 100 m nordnordöstlich des Fundortes in der ebenen und stark verbuschten Kiefernaufforstung weist die typische Horizontabfolge Ah-AhBv-Bv(braun!)-IIBtu-BuCv auf. Nur im Südwesten finden sich Krustenbruchstücke in den oberen Horizonten der Profile an dem steilen Hang (s. Abb. 11).

Um das begrenzte Vorkommen zu untersuchen, wurde in ca. 30 m Entfernung östlich des Weges eine etwa 1,5 m tiefe Aufgrabung angelegt, in der eine 2 m-Bohrung erfolgte (s. Profil "Plinthit-Fläche"):

Die intensive rötlichgelbe Färbung des Profiles maskiert zum Teil die Horizont- und Schichtgrenzen bei der Geländeaufnahme. Die Buk-Horizonte zeigen keine kontinuierliche Kruste, sondern überwiegend nur eine Anreicherung von kantigen Bruchstücken und deuten somit auf Herkunft durch Verlagerungsprozesse hin. Unter dem Buk2 folgt mit scharfer Begrenzung ein sandig-steiniger Bereich, so daß hier ein Schichtwechsel, eine Diskordanz angenommen werden muß. Auffällig sind vor allem die gelben "Sandsteine", die im 5. Horizont örtlich eine Steinlage bilden. Sie zeichnen sich durch eine plattige, schichtige Struktur mit zum Teil rotorangenen Streifen (Fe-Bändern) aus. Auch hier finden sich Verbackungen durch Eisen- und Mangan-Oxide. Möglicherweise handelt es sich um fluvial transportierte und geschichtet abgelagerte Sande, die später zum Teil lateritisch verfestigt wurden. Da nach allen verfügbaren Quellen die 1600m-Fläche in Graniten entwickelt ist und auch in den höherliegenden Gebieten keine Sandsteine kartiert wurden (s. 3.2.2), ist zu vermuten, daß der Flächenrest im Tertiär mit einem weit größeren Einzugsgebiet verbunden war. Das bedeutet wiederum, daß erhebliche Reliefveränderungen seitdem stattgefunden haben. Das Material im Liegenden, überwiegend nur als Bohrkern erhalten, kann als vermutlich geringmächtiger Btu über einer "Fleckenzone" im Übergang zum verwitterten Anstehenden interpretiert werden.

Profil: "Plinthit-Fläche"

Höhenlage:	ca. 1610 m ü. M.
Geländeposition:	Hochfläche
Neigung:	1 %
Vegetation/Nutzung:	Kiefernaufforstung, stark "verbuscht" (Eupatorium, Farn), nahe Trampelpfad
Aufnahmedatum:	12.03.1991

Profilbeschreibung:

Ah (rAp)	- 20 cm	dunkelrötlichbraun, stark humos, stark durchwurzelt, lS, trokken, bröckelig, z. T. subpolyedrisch, vereinzelt kleine Krustenbruchstücke, scharf und relativ glatt nach unten begrenzt;
II Buk1	- 80 cm	lS, gelblichrot, fleckig (schwarz, gelb), hoher Anteil von Krustenbruchstücken sowie Pisolithen, z. T. plattiges oder subpolyedrisches Gefüge, dicht gelagert, mäßig durchwurzelt, trokken, graduell übergehend in
II Buk2	- 110 cm	rötlichgelb, sehr hoher Anteil (ca. 50 - 60 %) von Krustenbruchstücken und Pisolithen, jedoch keine durchgehende Kruste, Feinboden: lS, schwach durchwurzelt; scharfe, unregelmäßig verlaufende Grenze zu
III lCv	- 130 cm	gelb (7,5 YR 6/8), u'mS, Einzelkorngefüge, lose und locker, keine sekundären Bildungen, steinig;
IV lCvBuk	- 140 cm	"stone line", überwiegend längliche, z. T. plattige, rotgestreifte gelbe Sandsteine sowie Quarze u. a., z. T. durch Fe- und Mn-Oxide verbacken;
?V Btu	- 220 cm	gelblich rot, t'L-tL, blockig bis subpolyedrisch;
?BtuCv	- 350 cm	sehr heterogen, z. T. roter lehmiger Ton, z. T. weißlichgraue Sandlinsen.

Bodentyp: FAO: xanthic skeletic Ferralsol.
Mehrschichtiger Plinthit-Gelblatosol.

Die Gehalte an Gesamteisen (Fe_2O_3) sind wie erwartet ausgesprochen hoch, auch im Ap und im lCv-Horizont höher als 10 % (s. Tab. 5). In den Buk-Horizonten betragen die Werte mehr als 20 bzw. über 44 %. Diese Werte bestätigen eindeutig, daß es sich um Sesquioxid-Anreicherungszonen handelt, vor allem auch bei der "stone line" (lCvBuk). Auch die Fe_d-Werte betragen zum Teil ein Vielfaches der sonst ermittelten Werte und liegen zwischen 8 % und 17 %. Die sehr hohen Eisenwerte können u. U. verantwortlich sein für eine gewisse Aggregierung von Tonpartikeln zu vorwiegend Schluff- sowie Sandgröße (ARDUINO et al. 1989; COLOMBO et al. 1991), so daß der sehr niedrige Ton- und der hohe Schluffanteil bei der Korgrößenanalyse ohne Eisenzerstörung verständlich wird (s. 4.3.3). Die SiO_2/Al_2O_3-Werte, als Indikatoren für die relative Verwitterungsintensität bzw. Desilifizierung, zeigen, daß sowohl in den oberen Buk-Horizonten als auch in der "stoneline" (lCvBuk) jeweils sehr niedrige Werte (1 und kleiner) vorherrschen, während im dazwischengeschalteten lCv-Horizont ein Wert von 3,475 erreicht wird. Hier liegen also eindeutige Schichtwechsel vor. Da auch die AK der Tonfraktion vom 4. zum 5. Horizont einen starken Abfall aufweist, wird die Schichtgrenze erneut bestätigt.

Tab. 5 Ausgewählte bodenchemische Parameter des Profils "Plinthit-Fläche": Mehrschichtiger Plinthit-Gelblatosol (xanthic skeletic Ferralsol)

Horizont	Fe_2O_3	Fe_d	Fe_o/Fe_d	SiO_2/Al_2O_3	S- Wert	T- Wert	V- Wert	AK mmol/z/ 100 g Ton	pH
Ah/Ap	16,6	8,3	0,03	2,55	12,2	39,6	30,8	110,2	5,3
IIBuk1	45,6	18,0	0,009	1,03	0,5	10,1	4,75	60,8	6,2
IIBuK2	44,0	15,5	0,007	0,7	0,1	7,8	1,6	41,8	6,5
III lCv	10,4	6,7	0,003	3,47	0,06	2,2	2,8	58,1	6,4
IVlCvBuk	21,9	12,2	0,005	0,26	0,06	3,8	1,6	12,1	6,4

Die Werte der AK der Tonfraktion weisen in allen anderen Proben im Hangenden, erstaunlicherweise auch in den Buk-Horizonten, eher auf einen relativ geringen Anteil von Kaoliniten bei den Tonmineralen hin, so daß eine Ansprache als intensiv verwitterter "Buk" von diesem Parameter her in Frage gestellt werden könnte. Möglicherweise deuten diese Ergebnisse auf jüngere, "nicht-lateritische" Beimengungen und illitische Verwitterung hin. Ferner könnten die zu erwartenden Kaolinite in den Aggregaten der Schlufffraktion "versteckt" sein (ARDUINO et al. 1989; COLOMBO et al. 1991). Die Werte der Austauschkapazität des Feinbodens, die Summen der austauschbaren Basen und die Werte der Basensättigung sind mit Ausnahme des Oberbodens (rAp) als ausgesprochen gering zu bezeichnen. Auch in anderen Profilen des Untersuchungsgebietes finden sich häufig S-Werte unter 1, meist in tonig-lehmigen roten But- und Bu-Horizonten.

Die bodenchemischen Analysenwerte ergeben insgesamt ein nicht in allen Punkten eindeutig erklärbares Bild. Unbestreitbar liegen jedoch Schichtgrenzen und unterschiedliche Schichten mit lateritischen Anteilen vor. Das heißt, es handelt sich um ein polygenetisches und mehrschichtiges Plinthit-Latosol-Profil.

Nach OLLIER & GALLOWAY (1990) und OLLIER (1991) gilt wohl für alle Profile mit Laterit- und Eisenkrusten, daß diese keine In-situ-Bildungen darstellen, wie früher oft angenommen wurde (z. B. PRESCOTT 1966: 26). Die Eisenkrusten-Zone besteht vielmehr aus verlagertem Krustenmaterial und zeigt eine deutliche Diskordanz zur Bleich- oder Fleckenzone im Liegenden. Dieselben Autoren unterscheiden:

- rezente und subrezente Bildungen von Eisenkrusten an Hangfüßen und in Tälern sowie

- reliktische Krusten auf Hochflächen und an Kämmen bzw. Stufenrändern, die auf eine Reliefumkehr hindeuten.

BREMER (1989: 377ff.) geht davon aus, daß Plinthite (Laterite) rezent wohl kaum in größerem Umfang entstehen würden, da ihre Bildung lange Zeiträume mit feucht-warmen Klima und gleichbleibende, ausgeglichene Reliefbedingungen ohne Zertalung benötigt, was in den letzten 2 Mio. Jahren kaum gegeben sei. Nach den Befunden von BOONSENER (1987), DHEERADILOK (1987), LÖFFLER et al. (1983), NUTALAYA et al. (1989), UDOMCHAKE (1989) u. a. ist jedoch unbestritten, daß lateritische Eisenkrusten in den Becken- und Flachlandschaften Thailands während des Pleistozäns entstanden, da sie an vielen Standorten von pleistozänen Sedimenten über- und unterlagert und jeweils den feucht-warmen Phasen des Pleistozäns zugeordnet werden. Sie gehören damit offensichtlich zur Gruppe der "subrezenten" Bildungen nach OLLIER & GALLOWAY (1990). Die Vorkommen von reliktischen Eisenkrusten an Standorten mit Reliefumkehr weisen zudem darauf hin, daß nur kleinräumig in ehemaligen Tiefenlinien Lateritisierung stattfand und nicht flächendeckend, wie oft vermutet wurde. Auch BREMER (1989: 379f.) betont, daß es nicht mehr haltbar erscheint, häufig streifenförmige Vorkommen von Krusten auf die gesamte Fläche zu übertragen.

Das beschriebene Profil am Rande der Kuppe entspricht sowohl in Lage als auch in der Schichtigkeit den Befunden von OLLIER & GALLOWAY (1990) bzw. OLLIER (1991) für reliktische Eisenkrusten. An einem weiteren schmalen Höhenzug wurde eine weiteres, auf ca. 1,5 m Breite beschränktes Vorkommen mit Eisenkrustenbruchstücken gefunden, hier direkt unterhalb eines geringmächtigen Ah-Horizontes in einer roten lehmigen Matrix, die nach unten hin gelblicher und sandiger wird (s. Abb. 9).

Als weiterer Beleg für eine ausgedehnte Fläche und erfolgte Reliefumkehr gilt das kleinräumige Auftreten von gerundeten Quarzkiesen in einer roten lehmig-tonigen Matrix unterhalb eines typischen Bv-Horizontes auf einer schmalen Zwischenwasserscheide.

Wird diese Theorie auf das Untersuchungsgebiet übertragen, ergibt sich etwa folgende Landschaftsgenese im Bereich der 1600 m-Fläche: Zur Zeit der Bildung der Eisenkrusten war das Flächenniveau wesentlich ausgedehnter und überzogen mit einem mäandrierenden System von Bächen und Flüssen, die z. T. auch aus weiteren Entfernungen Material lieferten (Schotter, Sande). In deren Randbereichen bzw. im Schwankungsbereich des Wasserspiegels entstanden kleinräumig Sesquioxidanreicherungen, die teilweise auch damals schon verlagert worden sein können. Später erfolgte eine weitgehende Abtrennung der Fläche vom Gipfelbereich durch die tiefe Einschneidung des Khun-Klang-Tales entlang der tektonischen Schwächezone zwischen dem Gneis und den Graniten bzw. infolge der Hebung des Gipfelbereiches bzw. der relativ zum Gipfelbereich schwächeren Hebung der 1600 m-Fläche. Das Entwässerungssystem stellte sich auf die neuen lokalen Erosionsbasen ein. Die Zerschneidung setzte vom Rand der nun weitgehend isolierten Scholle ein. Dabei wurden die Bereiche mit Eisenkrusten bzw. deren Verlagerungsprodukten teilweise herauspräpariert, die Reliefumkehr war vollzogen.

4.2.2 Die "Plinthit-Lignit"-Catena

Südwestlich des beschriebenen Plinthit-Latosol-Profiles auf der Kuppe finden sich wie schon erwähnt am 35 - 60 % geneigten Ober- und Mittelhang Profile, die zum Teil zahlreiche kleine Krustenbruchstücke sowie vereinzelte Pisolithe aufweisen (s. Abb. 11). Dieser Bereich ist bis einschließlich des Gegenhanges mit immergrünem Bergwald bestockt, überwiegend stark degradiert, stellenweise mit ausgesprochen dichtem Unterwuchs.

Im Profil 4 (s. Abb. 11) am westlichen Wegrand zeigen sich unter dem Ah drei unterschiedliche braune bis rote Horizonte, die Lateritkrustenbruchstücke enthalten. Erst ab 2,5 m unter der Geländeoberfläche folgt dann ein vermutlich krustenbruchstückefreier roter Bt-Horizont. Am konvexen Oberhang, etwa 25 - 30 m weiter, bei 40 % Hangneigung finden sich die Krustenbruchstücke wiederum im braunen, lehmig-sandigen Oberboden und im roten lehmig-tonigen Unterboden (s. Abb. 11). Weiter hangabwärts nehmen die braunen Horizonte an Mächtigkeit zu, die neben vielen Pisolithen und Krustenbruchstücken auch zahlreiche andere Steine enthalten.

Am Weg, der vom Taleinschnitt entlang des Hanges von Norden nach Süden verläuft und die Catena (s. Abb. 9) im Mittelhangbereich quert, zeigte sich an den teilweise vorhandenen Wegaufschlüssen, daß am Mittelhang die Bodenfarbe von rot nach braun wechselt, wegabwärts, nach etwa 70 m jedoch wieder zu rot übergeht. Im braunen Bereich, in überwiegend sandig-lehmigen bis sandigen Horizonten finden sich wiederum zahlreiche kleinere Krustenbruchstücke, Pisolithe und andere Steine, die in den roten lehmig-tonigeren Zonen fehlen. Innerhalb der braunen Zone ist in einer Breite von ca. 3 m an der Untergrenze des Wegaufschlusses ein schwarzes, plattig-schiefriges, zum Teil glänzendes Substrat organogener Genese, vermutlich Lignit, aufgeschlossen:

Profil "Lignit"

Höhenlage: ca. 1580 m ü. M.
Geländeposition: Oberhang-Mittelhang
Neigung: oberhalb des Weges 40 %, unterhalb 60 %
Exposition: West
Vegetation/Nutzung: degradierter Bergwald
Aufnahmedatum: 22.03.1991

Profilbeschreibung:

Of	5 cm	Wurzelfilz, deutlich begrenzt;
Ah	- 10 cm	dunkelbraun, lfS, steinig, sehr stark durchwurzelt, "pulvrig", stark humos, deutlich begrenzt;
?MBv	- 45 cm	braun, sL, stark steinig, Krustenbruchstücke, krümelig bis bröckeliges Gefüge, mäßig durchwurzelt, schwach humos; deutliche, aber unregelmäßige Grenze zu
?Mbu	- 110 cm	braunrot bis gelblichrot, sL, viele schwarze Flecken (Lignit?), viele Krustenbruchstücke, schwach durchwurzelt, z. T. bröckelig bis subpolyedrisches Gefüge oder massiv, dichtgelagert;
C (organogen)	- 140 cm +	Bitumat oder Lignit, schwarz, plattig bis schiefrig, teilweise glänzend, leicht brechbar, weich (aber nicht durchteufbar).

Bodentyp: FAO: skeletic Regosol.
"Plinthit-Kolluvium" über Lignit.

Die bodenchemischen Analysenwerte weisen darauf hin, daß die Horizonte im Hangenden des Lignites große Anteile von verlagerten Plinthit-Latosol-Material enthalten, da die Eisenwerte sehr hoch sind (s. Tab. 6). Die Fe_d-Werte betragen ca. 5 %, die Fe_2O_3-Werte 8 - 10 %, die Fe_o/Fe_d-Indexwerte sind sehr niedrig. Die Proben aus dem MBv und dem MBu zeigen auch niedrige S-Werte, T-Werte und V-Werte.

Es handelt sich um einen ausgesprochen nährstoffarmen Standort. Die AK-Werte der Tonfraktion fallen mit der Tiefe, sie liegen dabei insgesamt etwas tiefer als bei den oberen Buk-Horizonten des Plinthit-Latosol-Profiles. Neben Kaoliniten als Tonminerale sind auch weitere Drei-Schicht-Tonminerale vorhanden. Der Wert der AK der Tonfraktion im MBv-Horzont mit über 33 mmol/z/100 g Ton ist ein Hinweis darauf, daß noch jüngere, weniger verwitterte Anteile enthalten sind. Der braune Bereich im Hangenden des Lignits stellt folglich die kolluviale Verfüllung einer ehemaligen Tiefenlinie bzw. Verebnung am Hang dar, mit Material aus dem Plinthit-Latosol-Vorkommen sowie von den braunen Oberböden der Umgebung (s. Abb. 11).

Tab. 6 Bodenchemische Parameter von Horizonten im Hangenden des Lignites

Horizont	Fe_d	Fe_o/Fe_d	Fe_2O_3	SiO_2/Al_2O_3	S- Wert	T- Wert	V- Wert	AK mmol/z/ 100 g Ton	pH (KCL)	Humus (in %)
Mbv	4,98	0,039	8,5	3,44	0,276	13,2	2,13	33,1	4,66	2,54
Mbu	5,31	0,032	10,2	2,7	0,207	6,15	3,43	24,2	5,31	0,046

Bei einer Probe des Lignites im Liegenden wurde vom Niedersächsischen Landesamt für Bodenforschung 1992 eine ^{14}C-Datierung (Labor-Hv 17831) durchgeführt. Sie ergibt ein konventionelles ^{14}C-Alter von 6475+/-205 Jahre. Bei Verdoppelung der Standardabweichung, um mögliche Unsicherheiten durch Probeentnahme und Verunreinigungen besser zu berücksichtigen, liegt das "wahre" Alter mit einer Wahrscheinlichkeit von 95,5 % im Bereich 6475+/-410 Jahre. Dieses Ergebnis wird von GEYH (1992) als zuverlässig angesehen, da eine 50 %-ige Kontamination mit **rezenten** Wurzeln als unwahrscheinlich gilt.

Dieses sehr junge, holozäne Alter des Lignites impliziert, daß innerhalb von etwa 6000 Jahren erhebliche Veränderungen im Relief sowie den lokalklimatischen und hydrologischen Verhältnissen stattgefunden haben.

Das Alter des Lignites kann in etwa korreliert werden mit anderen organischen Funden in Nordost- und Zentralthailand, die auf eine wärmere und feuchtere Phase als heute im Zeitraum von 8000 bis 5000 BP hindeuten (HASTINGS & LIENGSAKUL 1983; NUTALAYA et al. 1989; THIRAMONGKOL 1987; UDOMCHAKE 1989; s. auch 3.4.2). Die Pollenanalysen von HASTINGS (in HASTINGS & LIENGSAKUL 1983), die

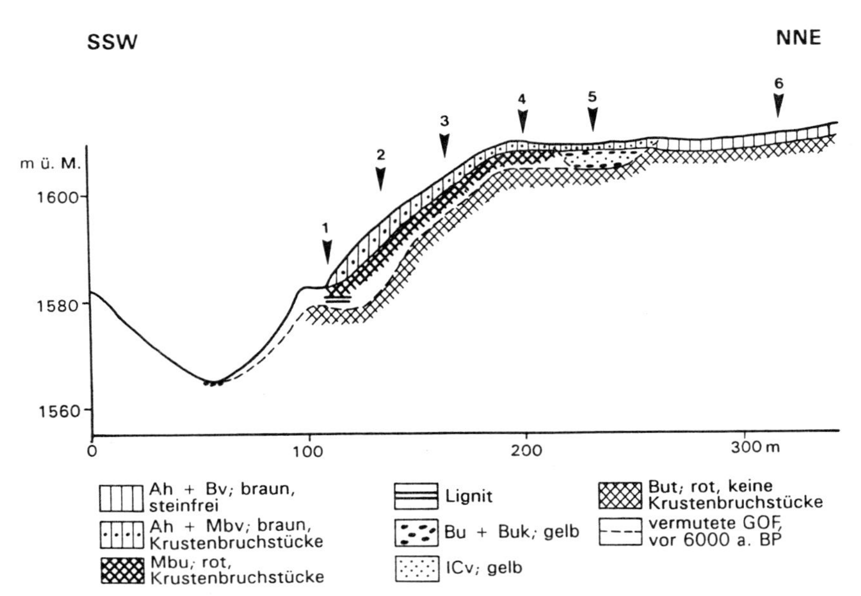

Abb. 11 Die "Plinthit-Lignit"-Catena: Holozäne Hangprozesse am Rand des 1600 m-Flächenniveaus

anhand von Proben aus dem Moor am Gipfel des Doi Inthanon gewonnen wurden, zeigen jedoch ein etwas anderes Bild. Vor etwa 4300 a BP fand hier ein Vegetationswechsel statt, der einen Wechsel von einem ausgeprägt saisonalen zu einem immerfeuchteren Klima repräsentiert. Der Vegetationswechsel erfolgte mit etwa 1000 jähriger Verspätung aufgrund des Klimawechsels durch den mittelholozänen Anstieg des Meeresspiegels 5200 a BP (HASTINGS & LIENGSAKUL 1983). Demnach wäre für die Zeit der "Lignit-Entstehung" von einer wesentlich stärkeren Saisonalität des Klimas auszugehen, wobei vermutlich die Trockenzeit hier im Bereich des 1600 m-Niveaus im Osten und damit im Regenschatten (Monsun!) des fast 1000 m höheren und feuchteren Gipfels noch stärker ausgeprägt war.

Die starke Saisonalität kann zu einer potentiell intensiveren geomorphologischen Aktivität führen. Unbestreitbar gab es aber auch genügend Vegetation und Feuchtigkeit, um in einer Hohlform oder einer Verebnung am Hang organisches Material zu akkumulieren. Die anschließende Überdeckung und Verschüttung, die zur Lignit-Bildung führte, steht vermutlich in Zusammenhang mit kurzfristigen katastrophalen Ereignissen.

Deren geomorphologisch bedeutsame Rolle wird zunehmend erkannt (FORT 1987; NUTALAYA et al. 1989). Auch neotektonische Bewegungen, die in Thailand an vielen Stellen nachgewiesen wurden, kommen als Auslöser in Betracht (BAUM et al. 1970; TIRAMONGKOL 1987; SIRIBHAKDI 1988 u. a.). Möglicherweise haben nach einer ungewöhnlich starken Dürre, verbunden mit Waldbränden und einer Zerstörung der Vegetationsdecke, sehr hohe Niederschäge zu einer starken Erosion im gesamten Bereich geführt, wobei die Tiefenlinie am Hang völlig zugeschüttet wurde und ein konvexes Hangprofil entstand (s. Abb. 11). Das Material stammt überwiegend aus dem Plinthit-Latosol-Vorkommen und den ehemaligen Oberböden aus den Randbereichen hangaufwärts. Wahrscheinlich zog von dort eine Tiefenlinie zum Kerbtal, die aber zeitweilig abgedämmt war. Im oberen und unteren Bereich des Kerbtales überwog der Abtrag und Abtransport von oberflächlichen Böden, so daß häufig die roten Horizonte der Acri- und Nitisols freigelegt wurden.

Eine solche lokale Verschüttung, ein reliefverändernder Prozeß während des Quartärs, ist im Doi Inthanon-Bergland keine Seltenheit. Sehr häufig kam es zu Erdrutschen, Bergstürzen, Schlamm- und Schuttströmen oder anderen Massenbewegungen (WELTNER 1992 sowie 4.4, 4.5 u. 5.3), die oft auf Neotektonik zurückzuführen sind. Ungewöhnlich erscheint jedoch, daß eine Überdeckung mit einigen Metern von Bodenmaterial und eine Zeit von ca. 6000 Jahren ausreicht, um Lignit zu bilden. Andere Lignit- bzw. Braunkohlevorkommen in Thailand, im Mae Moh-Becken in semikonsolidierten Schluff- und Tonsteinen, werden dem Tertiär zugeordnet, wobei die tertiären Sedimente durch Tektonik und Vulkanismus im Quartär verstellt sind. Die Basalte weisen ein K-Ar-Alter von 0,6 bis 0,8 Mio. Jahren auf (RATANASTHIEN 1987; s. auch 3.2). Auch in den allgemeinen geologischen Lehrbüchern werden die Lignite und Weichbraunkohlen in der Regel ins Tertiär gestellt. Nach WOLF (1988: 720) werden bei Temperaturen unter 50° C für eine geringe Inkohlung doch mindestens 0,1 bis 1 Mio. Jahre angesetzt.

Fraglich bleibt, ob am Standort die Voraussetzungen für eine Lignit-Entstehung in so kurzer Zeit gegeben waren. Unter Umständen handelt es sich nicht um Lignit, sondern um oxidiertes organisches Material, wie Prof. GEYH (1993) vermutet. Denkbar ist m. E. ferner, daß eine Kontamination mit mittelholozänen Wurzeln erfolgt ist: Vielleicht entstand der Lignit im Tertiär bzw. einer warm-feuchten Phase des Pleistozäns in einer Depression auf der Altfläche. Vor etwa 6000 - 6800 Jahren fand dann eine Freilegung des Lignites und die Kontamination mit organischem Material sowie die Verlagerung statt. **Die ^{14}C-Datierung** wäre dementsprechend ein **Hinweis auf das Alter der Verlagerung.**

Sowohl die roten Böden als auch das Kolluvium aus den ursprünglich braunen Oberböden und den verlagerten Buk-Horizonten mit Krustenbruchstücken wurden anschließend durch Humusbildung, bioturbate Humuseinlagerung, "Entmischung" mit relativer Anreicherung grober Bestandteile in der Tiefe sowie durch Tonverlagerung und Verbraunung überprägt.

Insgesamt zeigt sich im Gebiet "1600 m-Fläche" folgendes:

- Die Interpretation als Relikt einer größeren, vermutlich mesozoischen oder tertiären ausgedehnten Fläche wird durch kleinräumige lateritische Vorkommen u. ä. bestätigt.

- Bei der späteren Zerschneidung infolge der tektonischen Bewegungen, die im Pleistozän durch die Klimawechsel verstärkt wurde, sind die eisenverkrusteten Standorte an Kuppenrändern und Kämmen herauspräpariert worden (Reliefumkehr).

- Das Bodenmosaik erweist sich als sehr kleinräumig wechselnd, teilweise auch im verebneten Bereich. Der "Lignit" sowie die häufigen Boden- und Substratwechsel und die mehrschichtigen Profile deuten daraufhin, daß räumlich differenzierte, geomorphologisch bedeutsame Prozesse während bzw. nach der Heraushebung und Zerschneidung der Altfläche stattgefunden haben. Das holozäne Alter des Lignites bzw. des Verlagerungsproduktes des Lignites bestätigt, daß diese Prozesse auch im Holozän erfolgten.

- Die starken anthropogenen Einflüsse haben zu kleinräumig wechselnden Erosions- und Akkumulationsprozessen geführt und das Bodenmosaik örtlich erneut verändert.

4.3 Die roten Böden der mittleren Höhenlagen zwischen 700 und 1600 m ü. M.

Als Beispiel für die Bodengesellschaften in den mittleren Höhenlagen werden die Befunde aus dem Schwerpunktgebiet "Oberer Mae Klang" erläutert, dem Einzugsgebiet des Mae Klang und seiner Vorfluter oberhalb von 700 m ü. M. (s. Abb. 12). Der Untergrund wird an den Hängen überwiegend von Granit und Granodiorit gebildet, wobei häufig kleine Vorkommen von Gneisen, Glimmerschiefern und Marmor sowie Varietäten des Biotit-Granites und Pegmatit- sowie Aplitgänge auftreten. Die Grenze zu den Gneisen verläuft westlich des Khun Klang-Tales (s. Abb. 4). Die Hänge und Höhenzüge, die die Täler Khun Klang im Südwesten, Lao Kho im Nordwesten sowie

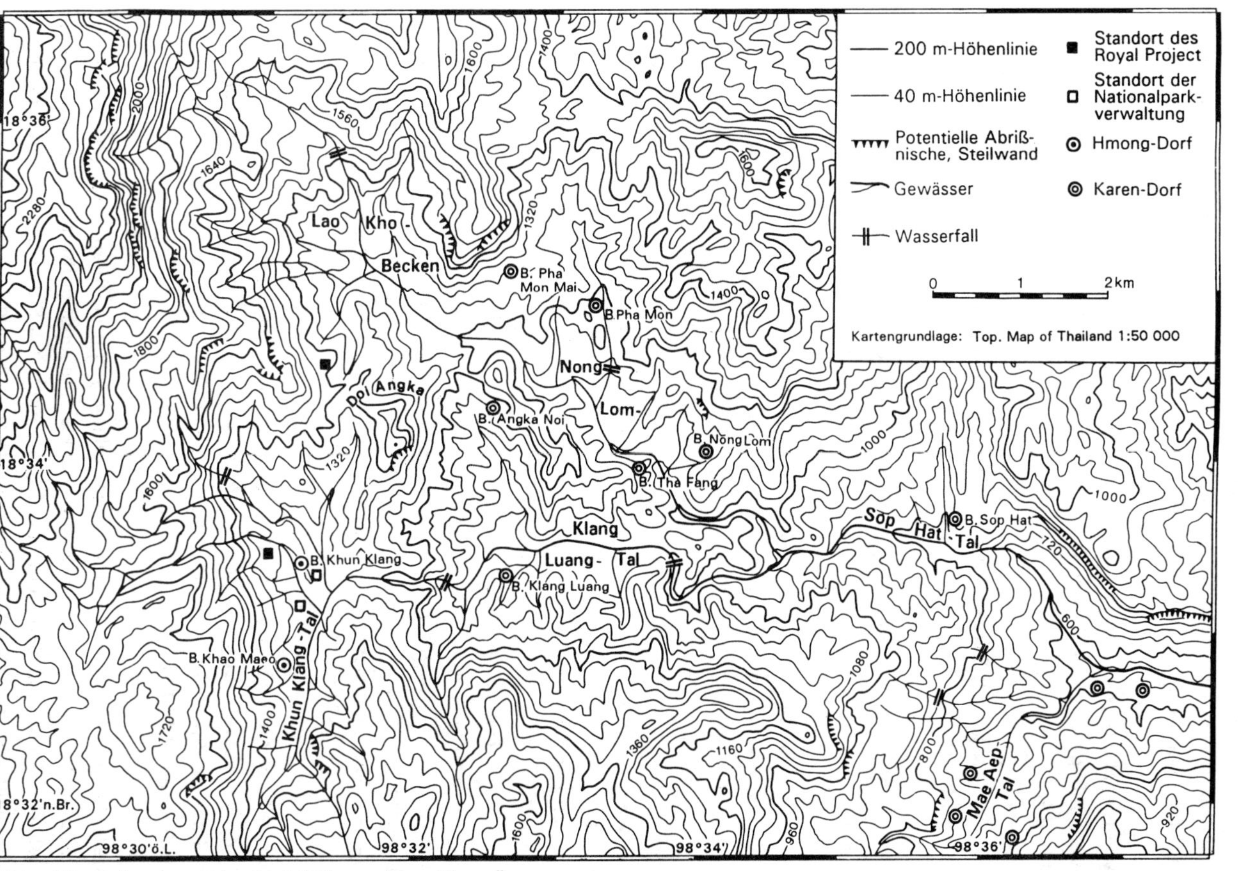

Abb. 12 Schwerpunktgebiet "Oberer Mae Klang"

Nong Lom im Nordosten und Klang Luang im Südosten umgeben, sind intensiv linear zerschnitten und in sich gegliedert (s. 3.3 u. Abb. 12). Dabei lassen sich stark generalisiert folgende Relieftypen unterscheiden:

- Typ "Riedel": Bereiche mit überwiegend 0,2 bis 1 km langen Riedeln mit meist kürzeren und gestreckten Hängen, wobei die Riedel teilweise Gipfelfluren bilden (s. Abb. 14).

- Typ "Stufenhänge": Bereiche mit getreppten Hangnasen und dazwischengeschalteten Kerbtälern oder Mulden (s. 4.3.5)

- Typ "Komplexhänge": Bereiche mit komplexen Hängen unterhalb von Steilhängen (s. 4.4).

Das Gebiet stellt einen Siedlungsschwerpunkt sowohl der Hmong als auch der Karen innerhalb des Nationalparks dar. Die Vielfalt an landwirtschaftlichen Nutzungsformen, überwiegend sekundären Vegetationstypen und deren Verbreitungsmuster spiegelt dabei die jeweilige Kultur und Geschichte der beiden Ethnien wider (s. 3.6). Der Einflußbereich der Hmong in und um das Khun Klang-Tal sowie das Lao Kho-Becken oberhalb von 1280 m ü. M. zeigt viele permanent genutzte Felder (Kohl, Blumen, Mais, Kartoffeln), Gras- und Buschland sowie Aufforstungsflächen an den Hängen. Im Bereich der Talböden finden sich Felder, zahlreiche Gewächshäuser des "Königlichen Landwirtschaftsprojektes" sowie die Anlagen der Nationalparkverwaltung (s. Abb. 12). Die Hänge im Bereich der Karen, um das Nong Lom- sowie das Klang Luang-Tal, sind überwiegend bewaldet, da das bis vor einigen Jahren praktizierte Mischkultur-Brache-Rotationsverfahren eine Wiederbewaldung der genutzten Parzellen erlaubte (s. Fotos 2 u. 3). Die Rodung von Wald, auch die der Sekundärwälder, wurde seit Mitte der achtziger Jahre von der Nationalparkverwaltung jedoch verboten.

Mittlerweile werden daher auch Hänge am Rande der Dörfer permanent genutzt. Auf den Reisterrassen in den Talböden werden in der Trockenzeit Zwischenfrüchte wie Kohl, Paprika, Erdbeeren und Blumen angebaut, um den Verlust der Bergreisfelder auszugleichen (WELTNER 1992: 131 sowie 3.6).

An den Hängen dominieren tiefgründige, relativ steinfreie braunrote, gelbrote sowie rote Böden. Ferner finden sich zahlreiche kleinere und größere Vorkommen unterschiedlicher Böden und Sedimente (s. 4.3.5). Auch das Spektrum der roten Böden ist groß und umfaßt Profile mit ausgeprägter Horizontierung innerhalb von 1 - 2 m Profiltiefe sowie solche mit mehr als 1,5 m mächtigen roten homogenen Horizonten. Die unterschiedlichen Typen können nach der FAO-Klassifikation (FAO 1988) den Acrisols, Nitisols und Ferralsols bzw. Zwischenformen zugeordnet werden. Dieses Bodenmosaik wurde zur **Bodengesellschaft B1** zusammengefaßt.

4.3.1 Acrisols

An den steileren, überwiegend konvexen Hangpartien finden sich meistens die gelbroten, vertikal differenzierten Profile der Acrisols. In der Regel sind die Ah- bzw. Ap-Horizonte aus lehmigem Sand oder sandigem Lehm, graubraun oder hellbraun, trokken, hart und im Gefüge eher bröckelig als krümelig. Dies sind Hinweise auf den geringeren Humusgehalt und stärkere Austrocknung infolge von Nutzung und Vegetationsdegradierung. Die Horizonte darunter zeigen häufig ein rötliches Gelb und ein kohärentes Gefüge. In 40 bis 60 cm Tiefe schließt sich ein gelblichroter oder roter Btu-Horizont an, der einen höheren Tongehalt aufweist als die Horizonte darüber, mit kohärentem oder einem Riß-, Prismen- oder Polyedergefüge. Stellenweise ist auch der Gesteinsgrus (Regolith) aufgeschlossen, der meistens weiß ist, manchmal auch gelbe oder rosafarbene Partien oder größere Granitblöcke (Wollsäcke) aufweist. Oft sind auf den Steinen rote Toncutane zu sehen. Als Beispiel für ein typisches gelbrotes Profil sei folgender Aufschluß beschrieben:

Profil "Kurvenhang"

Höhenlage: ca.	1460 m ü. M.
Geländeposition:	konvexer Mittelhang
Neigung:	25 %
Exposition:	West
Vegetation/Nutzung:	z. T. Böschung; darüber Kohlfeld; Weganschnitt
Aufnahmedatum:	10.01.1990

Profilbeschreibung:

A	- 20 cm	10 YR 6/4 (hellgelblichbraun), schwach humos, lS, mäßig durchwurzelt, krümelig bis bröckelig, schwach grusig bis steinig (Quarzbröckchen), trocken, klar begrenzt;
BvAl	- 45 cm	7,5 YR 7/6 (rötlich gelb), sandiger Lehm, grusig, schwach durchwurzelt, teilweise kohärentes Gefüge, teilweise Rißgefüge, trocken, mittel verfestigt, gradueller Übergang;

But	- 140 cm	5 YR 5/8 (gelblich rot), stL, mehr Quarzbröckchen, mittel bis stark verfestigt, Riß- bis Prismengefüge, zum Teil kohärent, wenig Poren, sehr schwach durchwurzelt, Toncutane und Glimmerplättchen erkennbar, klar aber unregelmäßig begrenzt;
Cv	- 190 cm	weiß, t' Grus, sehr stark grusig-steinig, Quarzbröckchen, Granitbruchstücke u. größere Wollsäcke, viele Glimmerplättchen sowie Toncutane auf den Steinen.

Bodentyp: FAO: Haplic Acrisol.
Gelbroter Acrisol über Granitzersatz.

Der graduelle Übergang hinsichtlich Farbe, Gefüge, Verfestigungsgrad und Bodenart vom rötlichgelben zum gelblichroten tonreicheren Horizont läßt vermuten, daß keine Schichtgrenze vorliegt. Die erkennbaren Toncutane und die Zunahme des Tongehaltes weisen darauf hin, daß Tonverlagerung stattfindet. Da jedoch zudem auch Verwitterung in Form der Ferralitisierung sowie Rubefizierung eine Rolle spielen, werden derartige Horizonte in der Regel als But- oder Btu-Horizonte angesprochen. Das Hangende stellt zumindest teilweise einen Elluvialhorizont dar, der in den meisten Profilen als BvAl- oder AlBv-Horizont bezeichnet wird (s. 2.2 sowie Abb. 14 u. 16). Die überwiegend sehr kleinen Quarzbrocken in allen Horizonten und der erkennbare Anteil an Glimmer auch im roten Btu-Horizont deuten in dem Profil an, daß vermutlich infolge von Verlagerungen neues, frischeres Material mit aufgenommen oder Quarzadern und Pegmatitgänge aufgearbeitet wurden.

Derartige Profile mit deutlicher Horizontierung, Zunahme des Tongehaltes mit der Tiefe, gelbroten und roten Farben sowie niedriger Austauschkapazität und niedriger Basensättigung entsprechen den Acrisols der FAO (1988); vgl. auch SCHMIDT-LORENZ (1986). Sie werden im folgenden generell als Acrisols bezeichnet, da die deutschen Begriffe Parabraunerde oder Rotlehm m. E. den Charakter dieser Böden nicht genügend wiedergeben.

Insgesamt sind die Acrisols recht heterogen. Neben Schwankungen in Horizontmächtigkeiten und -abfolge lassen sich erhebliche Unterschiede in Bodenart und Farbe feststellen: Manche weisen als Bodenart im But nur sandigen Lehm oder sandig-tonigen Lehm auf, mit Tongehalten zwischen 20 und 30 %, andere dagegen zeigen Tongehalte über 40 % oder 50 %, d. h. Bodenarten wie toniger Lehm oder lehmiger bzw. schwach sandiger Ton.

4.3.2 Ferralsols und Nitisols

Einige Profile werden nicht den Acrisols zugerechnet, da keine deutliche Tiefenfunktion des Tongehaltes vorliegt. Diese werden als Rotlehme oder Roterden bezeichnet, die den Nitisols oder Ferralsols der FAO (1988) entsprechen. Diese Bodenprofile sind überwiegend auf Verebnungen innerhalb des Relieftypen "Riedel" bzw. "Stufenhang" verbreitet (s. 4.3.4 u. 4.3.7). Als Beispiel für einen mächtigen Rotlehm sei folgendes Profil beschrieben:

Profil "Khun Klang"

Höhenlage:	ca. 1310 m ü. M.
Geländeposition:	konvexer Unterhang eines N-S verlaufenden Spornes
Neigung:	11 % nach S; 25 % nach SW
Exposition:	Süd bzw. Südwest
Vegetation/Nutzung:	permanente Felder, vereinzelt Obstbäume; Weganschnitt
Aufnahmedatum:	31.05.1990

Profilbeschreibung:

Ap	- 30 cm	dunkelrötlichbraun (5 YR 3/4), sandig-toniger Lehm, mittel bis stark durchwurzelt, stark humos, krümelig-bröckelig, vereinzelt kleine Quarzbröckchen u. a. Steine; deutlich und gerade begrenzt;
But	- 180 cm	tiefrot (2,5 YR -10 R 5/8), durchgehend schwach sandiger Ton, sehr vereinzelt weiße kleine Quarzbröckchen, schwach verfestigt, etwas plastisch, körniges Kohärenz- bis polyedrisches Rißgefüge, mittel porös, schwach durchwurzelt; Toncutane.

Bodentyp: FAO: rhodic ferralic Nitisol.
Rotlehm.

Hinsichtlich des Gefüges ist das Profil eine Mischform zwischen Latosol und Plastosol im Sinne der AG BODENKUNDE (1982: 225) bzw. SCHEFFER & SCHACHTSCHABEL (1976: 357f.) und SCHRÖDER (1992: 115ff.). Für dieses Profil wird daher in Anlehnung an SEMMEL (1982) der Begriff Rotlehm verwendet.

Der SiO_2/Al_2O_3-Wert liegt hier im But unter 2, die pot. AK der Tonfraktion bei 10,3 (s. Tab. 7). Das bedeutet, der Horizont ist eindeutig als intensiv verwittert anzusehen. Da jedoch nicht alle chemischen Analysen bzw. teilweise nur bedingt vergleichbare Werte vorliegen, die als Kriterien der FAO (1988: 25) zur Identifizierung eines "ferralic"-B-Horizontes herangezogen werden, ist eine eindeutige Ansprache als Ferralsol nicht möglich. Der But dieses Profiles kann aufgrund des niedrigen SiO_2/Al_2O_3-Wertes jedoch als reliktisch angesehen werden (s. 2.2 u. 5.2.1).

Tab. 7 Ausgewählte Parameter des Profils "Khun Klang": Rhodic ferralic Nitisol

Horizont	pH	P_2O_3	K_2O_3	Fe_2O_3	SiO_2/ Al_2O_3	S- Wert	T- Wert	V- Wert	KAK mmol/z/ 100g Ton	U/T
Ap	4,4	4,56	4,4	n.b	n.b.	3,03	15,5	19,5	29,4	0,47
But	5,6	n.b.	n.b.	6,2	1,8	2,21	6,4	34,3	10,3	0,12

n.b. = nicht bestimmt

Die weiteren Analysendaten zeigen, daß es sich um einen relativ nährstoffreichen Standort handelt: Die Werte des pflanzenverfügbaren Phosphors und Kaliums betragen jeweils mehr als 4 %, vermutlich infolge von Düngungsmaßnahmen. Die S-Werte in beiden Horizonten liegen über 2 %, die Basensättigung beträgt im Ap knapp 20 %, im But 34 %. In anderen roten Horizonten werden dagegen oft nur S-Werte um 1 bzw. V-Werte um 10 % erreicht. Möglicherweise drückt sich darin eine basischere Variante im Gesteinsuntergrund aus, ein kleinräumiges Vorkommen von Granodiorit oder ähnlichen intermediären Gesteinen.

Damit sind viele Bedingungen für die Ansprache als Nitisol (FAO 1988) erfüllt. Nitisols sind nach SCHMIDT-LORENZ (1986: 84f.) Böden, die sich von Ferralsols durch einen besseren Nährstoffhaushalt sowie höheren Tongehalt unterscheiden und aus basischen bis intermediären Gesteinen entstanden. Daher wird das Profil als rhodic ferralic Nitisol bezeichnet.

Im Ap sind vermutlich jüngere, frischere Beimengungen enthalten, denn der Wert der Austauschkapazität der Tonfraktion deutet hier auf Vorhandensein von anderen Tonmineralen als Kaolinite hin. Ferner findet sich ca. 150 m weiter nördlich (s. Abb. 13) an einem Weganschnitt ein brauner sandig-lehmiger Boden über Gesteinszersatz, ein vermutlich erodierter Standort mit jüngerer Bodenbildung (Profil A). Ein brauner Boden überlagert in dem angrenzenden konkaven Bereich die dort vorhandenen Rotlehme (Profile B u. C). Stellenweise finden sich hier erhöhte Steingehalte, ein Hinweis auf Einfluß durch grobes Material vom oberflächennahen Regolith mit zahlreichen Quarzadern von Profil A.

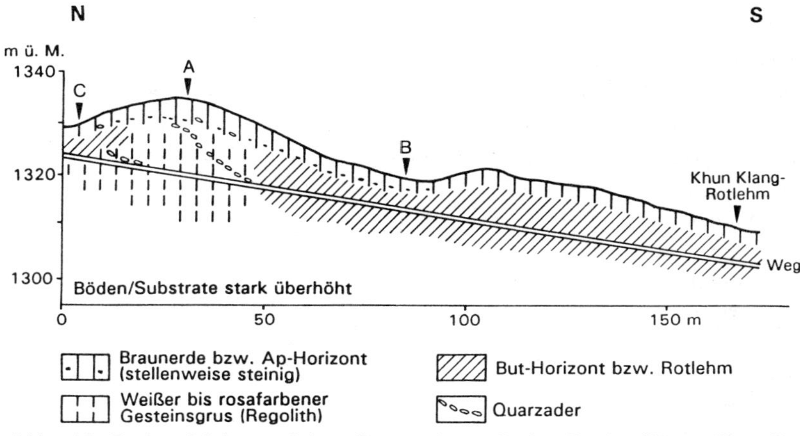

Abb. 13 Bodenabfolge auf dem Sporn oberhalb des Profils "Khun Klang" (1310-1320 m ü. M.)

Auch der Bereich des Rotlehmprofiles "Khun Klang" ist oberflächennah vermutlich von Verlagerungsprozessen aus Profil A und anderen Standorten hangaufwärts oder auch durch fluviale Prozesse "beliefert" worden (Nähe zum Gewässer; s. Abb. 15), obgleich eindeutige Hinweise auf eine Schichtung im Gelände fehlen.

4.3.3 Erdige Rotlatosole

Ferner finden sich mächtige, tiefgründige rote Profile mit geringem Tongehalt, höheren Porenvolumen und Humusgehalten. Die Profilwände zeigen neben dem großen Anteil an kleinen, mittleren und groben Poren, den Aggregatzwischenräumen sowie Bioporen, insgesamt ein lockeres stabiles Aggregatgefüge. Es läßt sich nach FURUKAWA et al. (1979) am ehesten mit der Kombination der Begriffe "crumb" (krümelig) und "granular" (körnig) beschreiben. Die Begriffe "blocky" (blockig, bröckelig), "angular" (eckig, polyedrisch) und "prismatic" (prismatisch) sind eher den Absonderungs- und Fragmentgefügen zuzuordnen (AG BODENKUNDE 1982: 114ff.). Das krümelig-körnige Gefüge stellt dagegen ein Aggregatgefüge mit hohem Wasserspeichervermögen dar, bei dem die Ton- und Schluffaggregate durch Fe-Oxide stabilisiert werden (SCHEFFER & SCHACHTSCHABEL 1976: 136).

Die Bodenarten schwanken zwischen schwach tonigem Lehm und sandig-tonigem Lehm, mit Tongehalten zwischen 20 und 45 %. Der Schluffgehalt (meist um 15 %) ist mitverantwortlich für den "softigen" Charakter der Böden. Dabei wird vermutlich durch die Aggregierung von Tonpartikeln zu Schluffgröße infolge der hohen Gehalte an Fe-Oxiden der "Schluffgehalt" erhöht (ARDUINO et al. 1989; COLOMBO et al. 1991; s. auch 4.2.1). Bei einer Probe aus einem Rotlatosol-Profil wurde zur Überprüfung dieses Phänomens eine Korngrößenanalyse mit und ohne Eisenzerstörung durchgeführt: Nach der Eisenzerstörung nimmt der Mittel- und Feinschluffgehalt von 13 auf 6,1 % ab (s. Tab. 8).

Tab. 8 Schluffgehalte (in %) der Rotlatosol-Probe "Ha Djet" mit und ohne Eisenzerstörung

	Grob-Schluff (2)	Mittel-Schluff (3)	Fein-Schluff	Summe (2+3)	Schluff gesamt
ohne Fe-Zerstörung	3	4,3	8,7	13	16
mit Fe-Zerstörung	3,2	2,2	3,9	6,1	9,3

Diese Profile weisen in der Regel 15 - 50 cm mächtige dunkelrötlichbraune humose Ah und AhBv-Horizonte auf. Auch der rote, porenreiche krümelige Btu-Horizont ist oft noch humos bzw. enthält viele Wurzeln und humose Flecken infolge von starker biologischer Aktivität. Der Unterboden zeigt in den Aufschlüssen gelegentlich eine Tonzunahme mit der Tiefe und Übergänge zu subpolyedrischen Rißgefügen. Manchmal sind die Profile steinfrei, weisen gelegentlich jedoch erhöhte Stein-, Grus- bzw. Glimmeranteile auf. Letztere Merkmale deuten auf Verlagerungen, frische Beimengungen und weniger intensive Verwitterung hin (s. Profil 15 in Abb. 40). Sehr häufig kommen kleinere und größere Areale dieser roten Böden unter degradierten und sekundären Eichen-Kiefern-Mischwäldern oder Aufforstungsflächen in verschiedenen Geländepositionen in den Höhenlagen zwischen 1000 und 1400 m ü. M. vor (Profil 9 in Abb. 16 u. Profil 6 in Abb. 20). Am stärksten verbreitet sind sie an den Hängen oberhalb des Nong Lom-Tales (s. Abb. 12). An den Standorten unter Wald stellt der AhBv einen Übergangshorizont zwischen Ah und Btu dar.

Im folgenden Profil an einem steilen Hang ist der AhBv-Horizont vergleichsweise geringmächtig ausgebildet:

Profil "Pha Mon"

Höhenlage:	ca. 1180 m ü. M.
Geländeposition:	konvexer Mittelhang; Relieftyp Riedel
Neigung:	oberhalb des Weges 34 %, unterhalb ca. 60 %

Exposition: West-Südwest
Vegetation/Nutzung: sekundärer Pine Oak Forest; Weganschnitt
Aufnahmedatum: 05.04.1991

Profilbeschreibung:

(Im Wald stellenweise F-Mull oder mullartiger Moder; L aus Nadel- und Blattstreu, ca. 0,5 cm; Of/Oh);

Ah	- 6 cm	dunkles dunkelrötlichbraun (5 YR 3/3-2,5/1), stark humos, sehr stark durchwurzelt, lS-sL, stark porös, krümelig-pulvrig, trocken, klar und gerade begrenzt;
AhBv	- (18) cm	dunkelrötlichbraun, lS-sL, schwach bis mittel humos, sehr stark durchwurzelt, stark porös, krümelig, klar aber unregelmäßig begrenzt, da zungenförmig und entlang von Wurzelbahnen tieferreichend;
Btu1	- 75 cm	rot (2,5 YR 4/8), mittel bis stark durchwurzelt, stark porös, krümelig-körnig, toniger Lehm, mittelgrusig (?Granit- und ?Gneisbruchstücke), humose Flecken, graduell-diffuser Übergang;
Btu2	- 210 cm	rot, mitteltoniger Lehm, schwach durchwurzelt, krümelig-körnig bis schwach subpolyedrisches Rißgefüge, etwas weniger porös, dennoch "soft", mittelgrusig.

Bodentyp: FAO: rhodic humic Nitisol.
Braunerde-Rotlatosol über vermutlich Granitzersatz.

Unbestreitbar spielen die starke Durchwurzelung, hohe biologische Aktivität und Bioturbation eine entscheidende Rolle in den Profilen, auch in den tieferen Horizonten, sowohl bei der Verteilung der organischen Substanz als auch für das hohe Porenvolumen und den Aufbau der Aggregatgefüge (SCHRÖDER 1992: 62). Auf die hohe bio- und zoogene Aktivität deuten auch die häufigen Ameisen- bzw. Termitenbauten in der Nähe hin. Nach LEE & WOOD (1971: 104f.) können bestimmte Termitenarten sowohl zur Aggregierung von Partikeln zur Schluffgröße beitragen als auch zur Inkorporierung von Humus, Erhöhung des Porenvolumens und der Wasserhaltekapazität. Zudem bewirken die hohen Gehalte an Eisenoxiden und deren Aggregierungsverhalten vor allem auch im Unterboden den günstigen Effekt auf Aggregatstabilität, Porenvolumen und Durchlässigkeit (GOLDBERG 1989). Gehalte an pedogenen dithionitlöslichen Eisenoxiden von mehr als 2 % können ferner auch eine Verringerung der Erodibilität dieser Böden bedeuten (SINGER et al. 1979).

Die Einordnung dieser Böden in die FAO-Klassifikation gestaltet sich schwierig: Nach SCHMIDT-LORENZ (1986: 85f.) wird ein stabiles Gefüge infolge hoher Fe-Gehalte und guter Drainage bei hoher nutzbarer Feldkapazität den Nitisols, bei geringer nFK eher den Ferralsols zugesprochen. Für erstere wird jedoch bei der FAO (1988: 25) ein Schluff/Ton-Verhältnis-Wert unter 0,2 verlangt, was jedoch in diesen Profilen meist über 0,4 liegt. Für letztere müssen die Tongehalte über 30 % betragen sowie eine "moderate strong or strong angular blocky structur" vorhanden sein (FAO 1988: 32). Dies ist in den Profilen jedoch häufig nicht der Fall. Die manchmal makroskopisch festellbaren hohen Glimmeranteile bzw. hohen Steingehalte schließen ferner aus, daß die Kriterien zur Ansprache als "ferralic" B-Horizont erfüllt werden (FAO 1988: 25). Insgesamt entsprechen die vorgestellten Profile somit doch am ehesten den Beschreibungen von SCHMIDT-LORENZ (1986: 85f.) für Nitisols. Als deutsche Bezeichnung bietet sich in Anlehnung an GREINERT (1992) die Kombination Braunerde-Rotlatosol an (s. 2.2).

Da Hinweise auf Schichtgrenzen - wie Steinlagen - bei den Profilen meistens fehlen, wird nicht generell wie bei GREINERT (1992) von einer Schichtigkeit ausgegangen. Stellenweise vorhanden gewesene Schichtgrenzen werden m. E. dabei ohnehin durch die pedogen-biogenen Prozesse überprägt.

4.3.4 Bodenabfolgen am Beispiel der Catenen "Luang", "Khun Klang" und "Nong Lom"

Die Catena "Luang", die das Klang Luang-Tal von Nord nach Süd quert (s. Abb. 12), gehört zum Relieftyp Riedel. Dieser ist hier sehr deutlich ausgebildet, mit schmalen Riedeln, die sich 60 - 100 m über den Talboden erheben. An den Hängen zeigen sich typische gelbrote Acrisols (s. Abb. 14).

Im Profil 8, auf der schmalen Kuppe, ist im Unterboden ein weiterer noch röterer und tonigerer Btu festzustellen. Dies weist auf einen Übergang zum Bodentyp Niti- oder Ferralsol hin. Der Oberboden im Profil 7 am Unterhang weist unter dem Ah aus lehmigem Sand einen sehr lehmigen Horizont auf (t'L), der auf kolluvialen Einfluß zurückzuführen ist. Im Profil 3, im Bereich der Terrassierung, findet sich unter dem 45 cm mächtigem Ap-Horizont ein rötlichgelber sandig-toniger Lehm. Dies deutet darauf hin, daß vermutlich ein typischer Acrisol durch die Terrassierung und den Reisanbau überformt wurde. Die Profile 4 - 6 mit den überwiegend sandigen Horizonten, die nach unten hin gröber werden, repräsentieren den Bereich der quartären Verfüllung (s. Abb. 14).

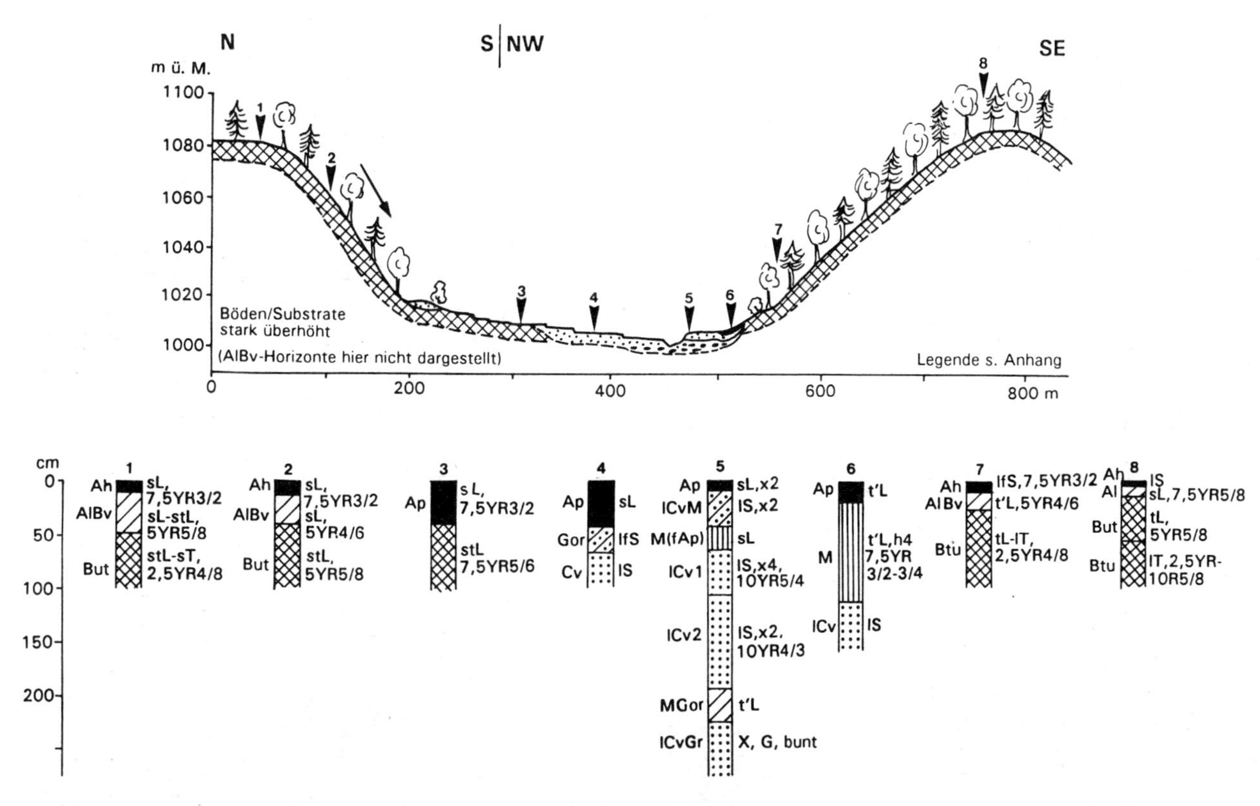

Abb. 14 Catena "Luang": Bodengesellschaft B1 im Relieftyp Riedel

Die Catena "Khun Klang" zeigt eine stärker differenzierte Relief- und Bodenabfolge, wobei Teilbereiche dem Relieftyp "Stufenhang" zugeordnet werden können. Profil 1 (s. Abb. 15), westlich eines Kerbtales auf 1520 - 1540 m Höhe ü. M., weist in allen vier Horizonten hohe Steingehalte auf. Aufgrund des hohen Skelettanteils vor allem im 3. und 4. Horizont ist zu schließen, daß es sich um verlagerte Bodensedimente und somit um ein geschichtetes Profil handelt. Im Profil 2 am konvexen Oberhang der Hangnase fehlen rote lehmig-tonige Btu-Horizonte. Die starke Erosion kann hier auf die exponierte Lage, die starken anthropogenen Einflüsse durch die ehemalige Siedlung und den Mohnanbau sowie auf den Pfad an der Hangnase zurückgeführt werden. Ferner ist zu vermuten, daß im Bereich dieser Kuppe eine Quarzitbank ausstreicht, die einen Härtling darstellt, der ohnehin nur eine relativ geringmächtige Boden- und Verwitterungsdecke trug. Das Profil 3 am Mittelhang stellt einen typischen Acrisol dar. Der langgestreckte, schmale Sporn, der weiter nach Südsüdost zieht, zeigt im Bereich der Siedlung Ban Khun Klang und der Gebäude des "Königlichen Landwirtschaftprojektes" durchgehend rote lehmig-tonige Böden an der Oberfläche. Am Rande des Sporns ist Profil 4 mit einem mächtigen roten lehmigen Ton über Gesteinszersatz, hier Granit, aufgeschlossen. Jenseits der sandigen Talverfüllung mit einem Gleysol (Profil 5), am Hang eines von Nordnordwest nach Südsüdost verlaufenden Spornes, ist örtlich der tiefrote Rotlehm "Khun Klang" aufgeschlossen (Profil 6 in Abb. 15 sowie 4.3.1). Profil 7, am Unterhang gelegen, zeigt einen sehr mächtigen differenzierten Oberboden. Die Unterhangposition und die Mächtigkeit der sandig-lehmigen Horizonte lassen vermuten, daß eine kolluviale Bedeckung vorliegt, da der Hang stark genutzt war. Am konvexen Oberhang ist der Oberboden geringmächtiger.

Die Catena "Nong Lom" (s. Abb. 16) beginnt auf dem Kamm des Tha Fang-Höhenzuges und quert das Nong Lom-Tal. Es handelt sich um den Relieftyp "Stufenhang", wobei die Siedlungen Ban Tha Fang und Ban Nong Lom auf den Verebnungen der Hangnasen liegen (s. Abb. 12). Das Profil 1 sowie die Profile 2 und 7 im Bereich der Dörfer sind stark erodiert. Die Ah-Horizonte sind geringmächtig und bestehen aus rötlichem Bu-Material. Die Profile 3 und 6 an den Hangfüßen weisen dagegen eine mehr oder weniger starke kolluviale Bedeckung auf. Im Nordosten, oberhalb des Dorfes Ban Nong Lom, versteilt sich der Hang auf über 70 % und zeigt stellenweise unverwittertes Anstehendes (Biotit-Granit-Gneis mit starken Quarzadern), vermutlich ein Pegmatit-Gang. Dabei haben die Mechanismen der differenzierenden Verwitterung die Freilegung und Erhaltung der Felsfläche gefördert (BREMER 1989). Hier ist nur stellenweise ein sehr skeletthaltiger, ca. 50 cm mächtiger Boden vorhanden (Profil 8). Das Profil 9, im relativ flachem Hangbereich oberhalb des Steilhanges, unter einer Sekundärwaldvegetation mit ca. 6 - 8 m hohen Bäumen und dichtem Unterwuchs, zeigt einen mächtigen, stark humosen Ah- sowie einen dunkelrötlichbraunen humo-

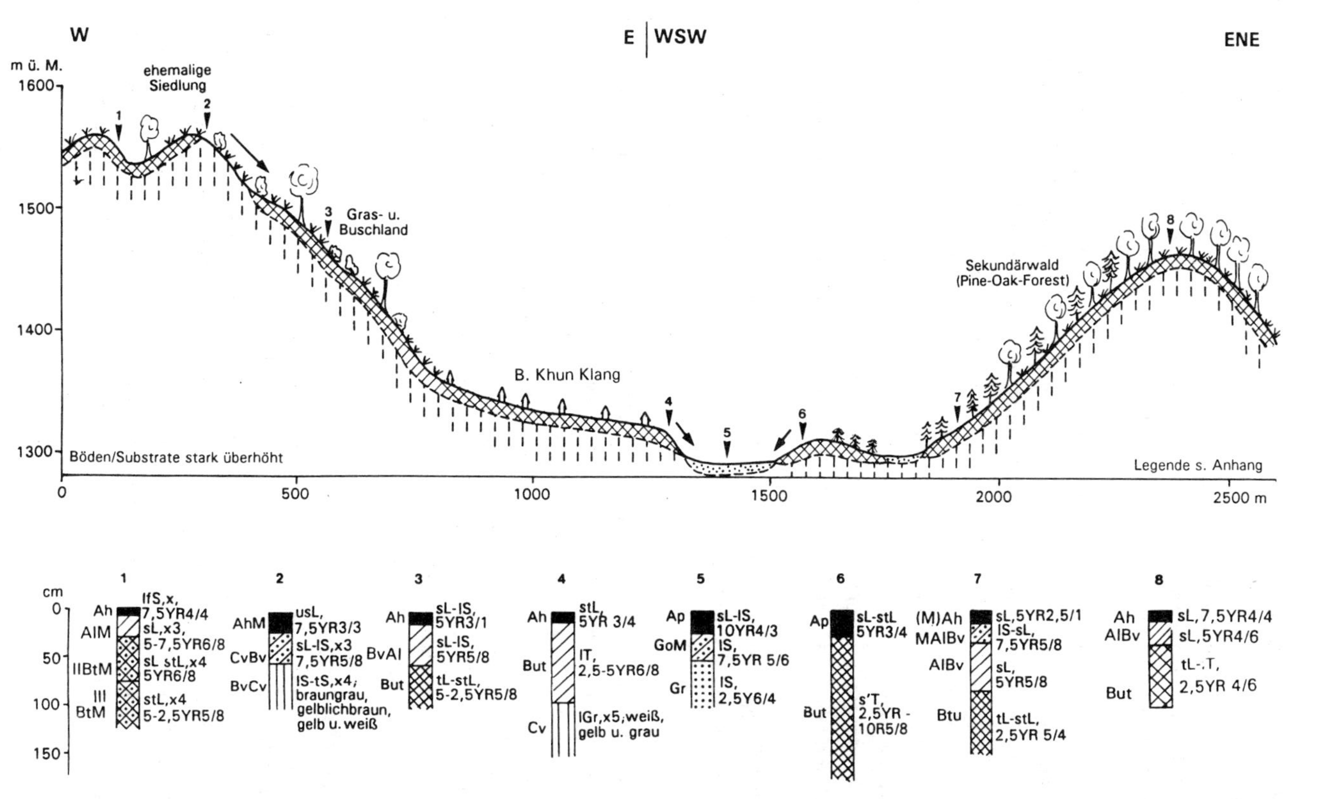

Abb. 15 Catena "Khun Klang": Bodengesellschaft B1 mit dem Profil "Khun Klang" (Profil 6)

sen AhBv-Horizont. Das junge Alter der Bäume weist daraufhin, daß dieses Areal wohl vor ca. 8 - 10 Jahren gerodet und für den Anbau der Bergreismischkultur genutzt worden war. Derartige mächtige humose Oberböden finden sich häufig im bewaldeten Bereich, unter verschiedenen Stadien der Sukzession. Dies zeigt, daß sich der humose Oberboden offensichtlich innerhalb weniger Jahre regeneriert.

Das Nong Lom-Tal ist hier beckenartig verbreitet. Etwa 100 m weiter südlich fließen drei Bäche zusammen und bilden jenseits eines deutlichen Gefälleknickes ein Engtal (s. Abb. 12). Die Bäche sind im Beckenbereich jeweils 2 - 6 m tief in die überwiegend sandigen Talboden-Sedimente eingeschnitten. Unterhalb des Dorfes Ban Nong Lom wird ein Bereich mit roten, tonig-lehmigem Untergrund innerhalb des Talbodens sichtbar (s. Abb. 16). Dabei handelt es sich vermutlich um die Fortsetzung der Hangnase, auf der die Catena verläuft. Derartige Bereiche können auch als ehemalige Flächenreste interpretiert werden (s. 4.3.7). Diese Situation ist ähnlich der in der Catena "Luang" und zeigt, daß die Talböden sehr komplex zusammengesetzt sind (s. 5.3.5).

Die Bodenabfolgen zeigen eine Abhängigkeit vom Relieftyp, Relief und Mikrorelief bzw. vielmehr der Reliefgenese sowie von Vegetation, Nutzung und Nutzungsgeschichte.

An Unterhängen oder an sonstigen konkaven Partien finden sich oft kolluvial beeinflußte Profile. An konvexen und steilen Hangpartien und an genutzten Standorten sind die Oberböden oder Profile oft verkürzt. Die Abtragung ist dabei besonders stark, wenn die Faktoren Nutzung (aktuell bzw. historisch) sowie starke Exposition des Standortes zusammentreffen. Die Dichte der Vegetation wirkt sich positiv auf Humusgehalt und Mächtigkeit der Oberböden aus. Dabei ist festzustellen, daß die Böden sich bei einigen Jahren der Brache schnell regenerieren, vor allem im Rotationssystem der Karen (WELTNER 1992; s. auch Abb. 16).

Die Bodenabfolgen an den kurzen, meist gradlinigen Hängen des Typs "Riedel" sind homogener als in den Bereichen des Typs "Stufenhang" oder in komplex gestalteten Reliefbereichen. Ferner zeigt sich die Tendenz, daß auf den Riedeln und auf den Verebnungen oder langgestreckten Spornen in der Nähe der Becken die But-Horizonte mächtiger und toniger werden, bis hin zum Khun Klang-Rotlehm. An diesen verebneten Standorten handelt es sich eher um Niti- oder Ferralsols, an den Hängen dagegen um Acrisols. Dies wird darauf zurückgeführt, daß die Verebnungen und Riedel jeweils Reste sehr alter Reliefeinheiten mit Reliktböden darstellen (s. 4.3.7 u. 5.3.2).

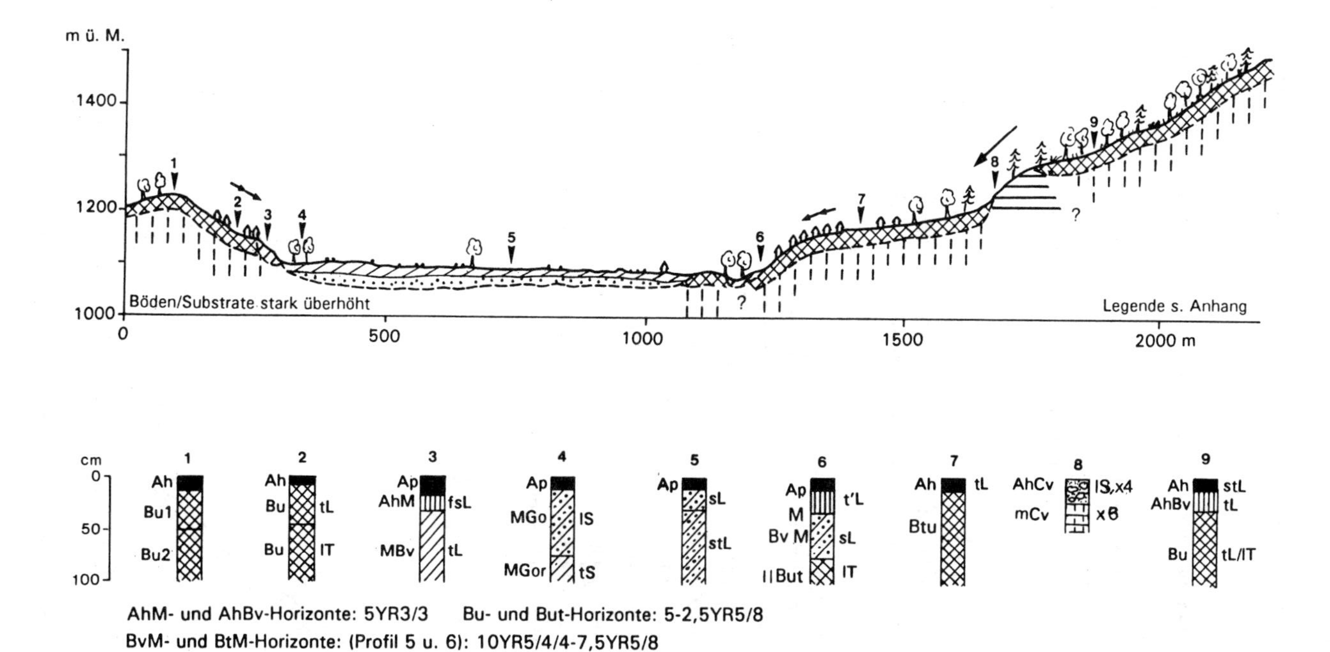

AhM- und AhBv-Horizonte: 5YR3/3 Bu- und But-Horizonte: 5-2,5YR5/8

BvM- und BtM-Horizonte: (Profil 5 u. 6): 10YR5/4/4-7,5YR5/8

Abb. 16 Catena "Nong Lom": Bodengesellschaft B1 im Relieftyp Stufenhang

4.3.5 Kleinräumige Vorkommen von braunen Böden am Beispiel des "Khun Klang"-Tales

Generell finden sich viele Hänge mit kleinräumigen Bodenwechseln und Vorkommen von braunen oder gelben Böden, die nicht den bisher beschriebenen Bodenabfolgen entsprechen. Dies ist sehr häufig in den Bereichen zwischen den Hangnasen beim Relieftyp "Stufenhang" und beim Relieftyp "Komplexhang" der Fall. Als Beispiel sei die Verbreitung von roten und braunen Böden an den Hängen des Khun Klang-Tales näher beschrieben.

Das Khun Klang-Tal umfaßt das überwiegend schmale Süd-Nord verlaufende Tal des Mae Klang zwischen der zerschnittenen 1600 m-Fläche im Osten und den bis zu 1700 und 1800 m reichenden Steilhängen im Westen, die die Bruchstufe zwischen den Gneisen und den Graniten darstellen (s. Abb. 4 u. Abb. 12). Die Hänge sind stark gegliedert, sowohl horizontal wie auch vertikal, mit Verschachtelung verschiedener Hangformen. Am "Kurvenhang" (s. Abb. 17) wechseln kleinräumig vertikal und horizontal konvexe, konkave und verebnete Hangbereiche sowie mulden- und kerbtalförmige Tiefenlinien. Am ostexponierten Hang sind zahlreiche Verebnungen zwischen 1300 und 1400 m ausgebildet, unterhalb des linear zerschnittenen Steilhanges mit Hangnasen und Mulden. An den überwiegend konvexen 15 - 60 % geneigten Hangpartien finden sich dominierend Acrisols (s. Abb. 17) sowie stellenweise erodierte Profile mit Ah-Cv-Horizontabfolge (Regolith). In den verebneten oder konkaveren 5 - 20 % geneigten Bereichen, die meist ackerbaulich genutzt sind, zeigen die Profile oft eine 30 - 40 cm mächtige braune humose kolluviale Bedeckung.

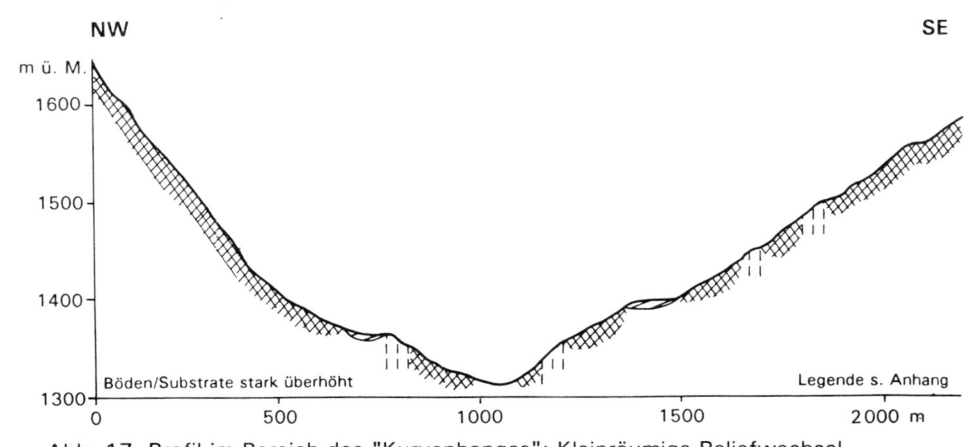

Abb. 17 Profil im Bereich des "Kurvenhanges": Kleinräumige Reliefwechsel

Auf der deutlich ausgeprägten Verebnung in ca. 1400 m Höhe ü. M. und in 1360 m Höhe auf dem ostexponiertem Gegenhang treten stellenweise gröber texturierte, braune bis gelbbraune Böden mit hydromorphen Merkmalen im Unterboden auf (s. Abb. 17).

Im Bereich der Verebnung am Gegenhang zeigt sich ein sehr kleinräumiger Bodenwechsel (s. Abb. 18).

Das Profil 1 zeigt einen roten Unterboden (Signatur 3 = Bu u. But). Das Profil 2, im tiefliegenden Bereich der Verebnung, weist zwei gelbbraune BvM-Horizonte (Signatur 4 u. 5) unter dem Ap (Signatur 2) auf. Im Liegenden folgt ein ?fAp (Signatur 6) und ab 1,2 m unter der Geländeoberfläche ein Gro- und ein Gr-Horizont (Signatur 7 u. 8). Im Profil Nr. 3 zeigt sich unter dem Ap und dem MBv (Signatur 9) in ca. 1,2 m Tiefe ein gelblichroter Horizont, ein fossiler But (Signatur 3). Im Profil 4 findet sich unter dem Ap nur ein brauner MBv, hier stark grusig-steinig. In Profil 5 zeigt sich ein dunkelrötlichbrauner Ap und MBv (Signatur 9) über einem roten, lehmigen Bu-Horizont (Signatur 3). Im verebneten Bereich südöstlich der o. g. Bodenabfolge finden sich meist Böden wie im Profil 2 mit stark hydromorphen Merkmalen.

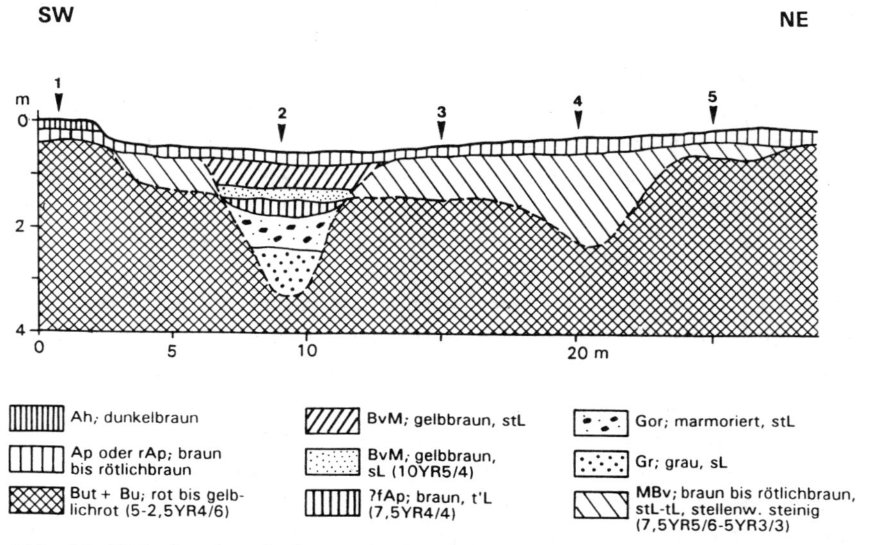

Abb. 18 Kleinräumiger Bodenwechsel auf einer Verebnung in 1360 m ü. M.

Dieser kleinräumige Bodenwechsel auf fast ebenem Gelände weist auf ein ausgeprägtes Prärelief und mehrere Phasen von Zerschneidung und Sedimentation hin. Zunächst wurden vermutlich muldenförmige Tiefenlinien mit dem MBv-Sediment verschüttet. Später entstand die Tiefenlinie, die Profil 2 quert. Hier fand vermutlich die Verfüllung in mehreren Phasen statt. Im Unterboden (Gor- und Gr-Horizont) zieht noch heute der Interflow in südöstlicher Richtung entlang. Die Substrat- und Bodenwechsel in den Verebnungen stellen dementsprechend überwiegend Ergebnisse von Verlagerungsprozessen dar, die von den Hängen her erfolgt sind (s. Abb. 17).

Ähnliche Prozesse spielen auch bei einem anderen Phänomen die entscheidende Rolle: In den überwiegend konkaven, örtlich jedoch auch sehr höckrig-welligen Zonen zwischen zwei Spornen bzw. Hangnasen finden sich oft gelblichbraune sandig-lehmige Profile mit einem erhöhten Glimmerplättchen- und Skelettanteil. Als Beispiel sei die Situation am ostexponierten Hang südwestlich der 1360 m-Verebnung in ca. 1430 - 1450 m Höhe ü. M. erläutert (s. Abb. 20). Profil A1 bei etwa 45 % Neigung oberhalb einer konvexen Hangnase zeigt einen roten Acrisol unter einem relativ mächtigen gelblichbraunen sandig-lehmigen Oberboden. Im Bereich mit ausgeprägtem Mikrorelief, schräg oberhalb einer Tiefenlinie und 70 m nördlich von Profil A1, findet sich in etwa gleicher Höhenlage ein brauner bis hellbrauner, sehr steiniger Boden mit hohem Glimmeranteil, in dem 15 - 30 cm mächtige Lagen von lehmigem Sand und sandigem Lehm miteinander wechseln (Profil B1). Wiederum höhenlinienparallel, in ca. 80 m Entfernung, tritt im Bereich der nächsten Hangnase erneut der typische rote Acrisol auf (Profil C). 50 m unterhalb von Profil A1, im etwas flacheren Bereich der Hangnase findet sich ebenfalls ein Acrisol (Profil A2). Im Bereich zwischen den Hangnasen, ca. 30 m unterhalb des Profiles B1 und in der Nähe der Tiefenlinie, zeigt sich ein gelbbraunes Profil (B2) mit etwas lehmigerem und steinfreierem Oberboden als Profil B1, wobei mit der Tiefe der Stein- und Glimmeranteil steigt und das Substrat heller und gröber wird (schwach lehmiger Sand).

Die Profile B1 und B2 mit hohen Steingehalten und das ausgeprägte Mikrorelief (s. Abb 20) weisen daraufhin, daß hier offensichtlich Rutschungs- oder Schlammstrommassen in einem ehemaligen Mulden- oder Kerbtal sedimentiert wurden. In der Tiefenlinie herrschte dabei stellenweise mehr Erosion als Akkumulation, so daß vermutlich der In-situ-Gesteinszersatz unter dem geringmächtigeren Kolluvium oberflächennah ansteht, wie es Profil B2 im Unterboden andeutet. Die Acrisol-Profile (A1, A2 u. C) lassen vermuten, daß die Bereiche der Hangnasen ältere Reliefeinheiten darstellen, die eventuell nur im Oberboden durch die Zufuhr von sandigem Material beeinflußt wurden (Profil A1).

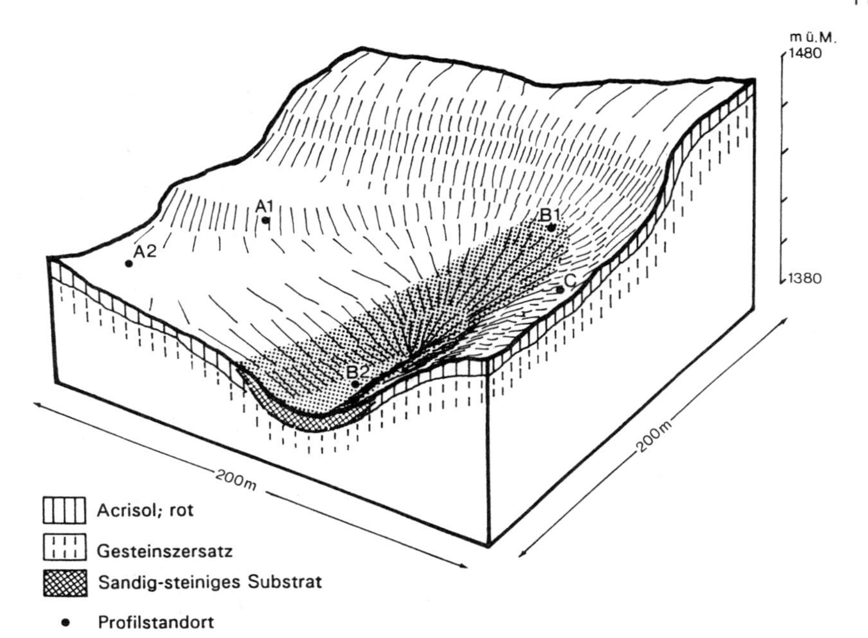

Abb. 19 Sandig-steinige Substrate in konkaven Arealen zwischen zwei Hangnasen (schematisches Blockdiagramm)

Derartige Phänomene zeigen sich sehr häufig im Untersuchungsgebiet, vor allem in den mittleren Höhenlagen. Offensichtlich ist es oft zur kleinräumigen Überdeckung bzw. Verschüttung von ehemaligen Kerb- oder Muldentälchen zwischen zwei Hangnasen gekommen, denn hier finden sich meistens die hellbraunen oder gelblichbraunen, grobtexturierten Böden mit erhöhten Grus- und Steingehalten. Gelegentlich treten derartige Böden aber auch auf kleinen Vollformen auf (Sporne, die nur wenige Zehnermeter bis etwa 150 m Länge aufweisen). Diese Böden stellen Substrate aus verlagertem Regolithmaterial, die korrelaten Sedimente von lokal begrenzten Rutschungen, Erdschlipfen bzw. Schutt- und Schlammströmen dar. Die jeweiligen Liefergebiete, die ehemaligen kleinen Abrißnischen an den Hängen, lassen sich aufgrund der aktuell meist dichten Vegetationsbedeckung nicht erkennen. Nehmen die hellen oder braunen verlagerten Sedimente bzw. die darin entwickelten Böden eine größere Fläche ein (mehr als 1000 m^2), wird diese den C-Gesellschaften zugeordnet (s. 4.4 u. Beilage).

Die kleinräumigen Substrat- und Bodenwechsel finden sich an den Hängen des Khun Klang-Tales besonders häufig, da hier unterhalb der Bruchstufe zwischen Gneisen

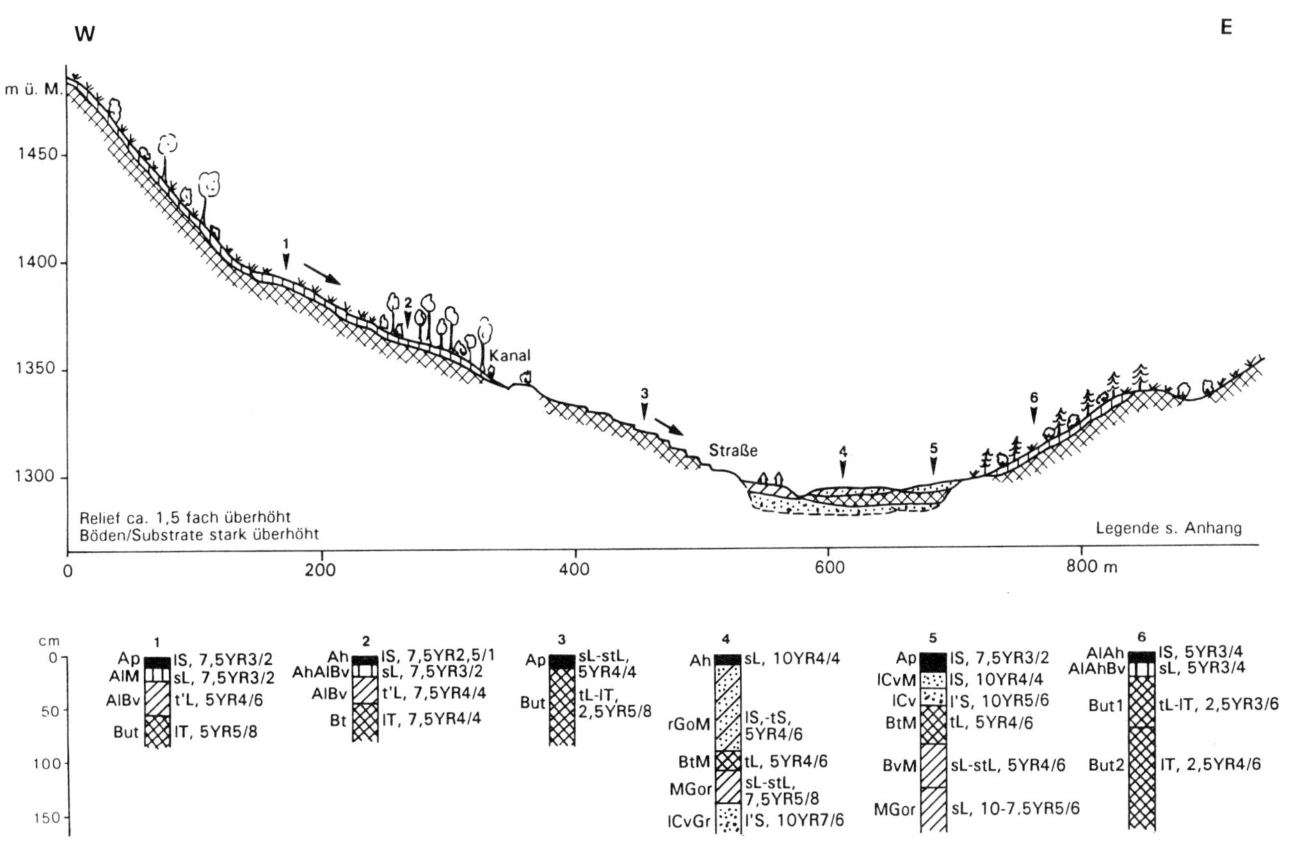

Abb. 20 Catena "Khao Maeo": Brauner und roter Acrisol in der Bodengesellschaft B1 sowie komplexer Talboden

und Graniten besonders viele Rutschungen zu verzeichnen sind. Hier fand zum Beispiel im Oktober 1988 eine größere Rutschung statt, bei der die Straße teilweise zerstört wurde (s. 5.1.2). Generell gilt, je heterogener und komplexer die Hangformen, umso häufiger sind die Boden- und Substratwechsel (s. Beilage).

Aber auch in anderen Gebieten finden sich rote Hangnasen (meist im Farbbereich um 2,5 YR) mit dazwischengeschalteten braunen Bereichen (5 YR-10 YR). Diese Abfolge ist manchmal entlang der Wege an den Mittelhängen aufgeschlossen, z. B. im Nong Lom-Tal oder im Mae Aep-Tal (s. Abb. 12). Nicht immer ist mit dem Farbwechsel ein Substratwechsel verbunden. Handelt es sich eher um einen graduellen Farbwechsel, ohne Änderung der Bodenart, stellt er vermutlich eine pedologische Differenzierung aufgrund der Veränderungen von Relief, Hydrologie und Vegetation dar. In der Regel nehmen Vegetation und Bodenfeuchtigkeit zu den Tiefenlinien hin und in den konkaven Arealen zu, selbst wenn kein perennierendes Gewässer vorhanden ist. Die Mineralisierung von organischer Substanz wird dadurch etwas verlangsamt, die Tendenz zur Verbraunung nimmt zu (SCHWERTMANN 1971; SEMMEL 1988; s. auch 4.1.4). Dies zeigt sich an einem Hang nördlich des Dorfes Khao Maeo (s. Abb. 21). Im Bereich eines Waldrestes, in der Nähe einer ca. 2 m tief eingeschnittenen Runse und einer weiteren Hangquelle weist das Bodenprofil 2 bei gleicher Bodenarten- und Horizontfolge eindeutig braunere Farben auf als das Profil 1 im trockeneren Graslandbereich oberhalb.

Zusammenfassend läßt sich feststellen, daß entlang eines Hanges in der horizontalen und in der vertikalen Abfolge die Bodenfarbe von rot in konvexen Bereichen zu braun in den konkaven Partien wechselt. Dies ist oft mit einem Substratwechsel verbunden, der auf kleinräumige Akkumulation von Rutschungsmassen zurückzuführen ist oder auf die veränderten Bodenbildungsbedingungen durch Zunahme der Feuchtigkeit.

4.3.6 Die Bodengesellschaft der roten Böden unterhalb von 1000 m ü. M. am Beispiel des Gebietes "Sop Hat"

Viele weitere Areale im Nationalpark zwischen 600 und 1000 m ü. M. zeigen eine flächenmäßige Dominanz von roten Böden. Stellenweise sind die Bodengesellschaften jedoch anders ausgeprägt als die bisher beschriebene Bodengesellschaft B1 (4.3.1 - 4.3.4). Als Beispiel sei die Bodengesellschaft im Bereich "Sop Hat" erläutert (s. Abb. 12), einem Teilbereich des Mae Klang-Einzugsgebietes in der Höhenlage zwischen 600 und 1000 m ü. M.

Unterhalb der Höhenzüge im Nordwesten und im Süden des Gebietes, die bis zu 1400 m ü. M. reichen und meist stark linear zerschnitten und gestuft sind, setzen sowohl nördlich als auch südlich des Mae Klang bei ca. 920 m ü. M. deutliche Verebnungen ein, die sich hangabwärts zum Mae Klang bzw. zum Mae Aep hin in langgestreckte mehr oder weniger parallele Riedel auflösen (s. Abb. 12).

Die Verebnungen um 900 m ü. M. wurden und werden teilweise noch landwirtschaftlich genutzt, wobei Reisanbau auf terrassiertem Gelände überwiegt, obwohl die Areale recht weit entfernt von den Siedlungen liegen. Die terrassierten Talböden und Hangfüße in den größeren Tälern mit perennierenden Gewässern in der Nähe der Siedlungen, der Straße und der Wege dienen nun auch dem Zwischenfruchtanbau in der Trockenzeit.

Die schmalen Kämme und meist 20 bis 50 % geneigten Hänge sind überwiegend mit Wald bestockt, der jedoch u. a. durch massiven Holzeinschlag und Waldweide an vielen Standorten degradiert ist. Die Luft- und Satellitenbilder zeigen oft sogar vegetationslose Streifen auf den schmalen Rücken der Riedel, da dort Pfade verlaufen, die von Mensch und Vieh genutzt werden. Auffallend ist, daß im konvexen Kamm- und Oberhangbereich etlicher Riedel im Süden der Straße sowie auf den Mittel- und Oberhängen und auf den Riedeln in unmittelbarer Nähe des Dorfes Ban Sop Hat nördlich der Straße eine offene, weitständige Ausprägung des Pine Dipterocarp Forest, örtlich sogar der halbimmergrüne Dipterocarp Forest, verbreitet ist (s. 3.5.1). Diese Vegetationsform ist in ihrem Erscheinungsbild und hinsichtlich der mangelhaften Bodenbedeckung dem laubabwerfenden Dry Dipterocarp Forest sehr ähnlich, der unterhalb von 600 m ü. M. an den Hängen dominiert (s. Fotos 4 u. 8). An den Hängen südlich der Straße stocken dagegen oft sehr viel artenreichere und dichtere Waldgesellschaften mit Bambus an den Unterhängen.

Auf den Verebnungen um 900 m ü. M. finden sich oft Bereiche mit gelben und braunen sandig-lehmigen bis sandig-tonigen Böden (Cambisols, Arenosols, Acrisols). Dabei handelt es sich vermutlich, ähnlich wie in den in Abschnitt 4.3.5 beschriebenen Bereichen, um korrelate Sedimente von Massenbewegungen oder fluvialer Sedimentation aus dem Hinterland. Solche Böden treten auch in den Kerbtälern auf.

Auf den höherliegenden Arealen innerhalb der Verebnungen sind rote Böden verbreitet, die hangabwärts im Relieftyp "Riedel" eindeutig dominieren. Dies ist hier aufgrund der geringmächtigen oder fehlenden Oberböden oft schon von der Oberfläche her erkennbar. Die roten Böden auf den Kämmen und Hängen der Riedel sind meist ausgesprochen tonreich, tiefrot (10 YR bis 2,5 YR 5/8) und in der Trockenzeit sehr hart. Oft enthalten die roten Horizonte über 50 % Ton. Offensichtlich stellen diese niti- bzw. ferralsolähnlichen Profile die Regel in diesem Gebiet des Relieftyps "Riedel" dar, vor allem auf den Rücken der Riedel.

Die Oberböden weisen überwiegend folgende Merkmale auf:

- Geringmächtigkeit oder/und

- ausgesprochen helle, fahle Farben (10 YR 5/3 bis 10 YR 8/3) und deutliche Begrenzung zum roten Unterboden.

Die geringmächtigen Oberböden, nur zwei bis fünf Zentimeter mächtige Ah-Horizonte ohne AhBv-Horizonte, sind entweder tonreich und rötlich (5 YR) oder ebenfalls hellfarben (10 YR 6/3). Im ersten Fall ist offensichtlich schon rotes But-Material im Oberboden vorhanden, d. h., die Profile sind vermutlich durch Bodenerosion verkürzt. Die häufig nur geringe Vegetationsbedeckung liefert offensichtlich wenig organisches Material und weniger Feinwurzeln und führt gleichzeitig zu verstärktem Oberflächenabfluß und Abspülung, verstärkt durch die vermutlich geringe Infiltrationskapazität der tonreichen Unterböden.

An einigen exponierten Standorten, die starken anthropogenen Einflüssen unterliegen bzw. unterlagen, haben sich diese Prozesse und Faktoren gegenseitig verstärkt und zur Degradierung geführt. Die Oberböden sind völlig abgetragen worden, so daß die roten Tone an der Oberfläche liegen (s. Foto 4). In einem Fall handelt es sich um den Rücken, auf dem ca. 35 Jahre lang das Karen-Dorf Ban Sop Hat lag, welches etwa 1984/85 in das Tal verlegt wurde. Seitdem hat sich die Vegetation kaum regeneriert: Der Rücken im Bereich der ehemaligen Siedlung und die steilen Hänge sind bis auf die weitständigen Dipterocarpacaen-Bäume vegetationslos. Das Mikrorelief und die Freilegung der Wurzeln zeigen, daß starke Bodenerosionsprozesse ablaufen. Ein ähnliches Erscheinungsbild bieten auch einige andere Rücken im Bereich der Trampelpfade und starker Viehweide. Es handelt sich um stark degradierte Standorte. Nur die Dipterocarpus-Arten mit den langen Pfahlwurzeln, die Wasser in mehr als 3 m Tiefe unter der Geländeoberfläche erreichen, setzen sich in diesen edaphisch trockenen Gebieten durch.

In den vorher beschriebenen Gebieten oberhalb von 1000 m ü. M. hatte sich die Vegetation in der Regel sehr viel schneller regeneriert. Das heißt, die Zunahme der Temperaturen und der Verdunstung und die Reduzierung der Niederschläge insgesamt mit abnehmender Meereshöhe spielen in diesem Zusammenhang eine entscheidende Rolle: Diese klimatische Veränderung wirkt sich negativ auf die Regenerationsfähigkeit der Vegetation aus.

Neben den geringmächtigen Oberböden finden sich oft solche Profile, die Oberböden mit 3 - 10 cm mächtigen hellgrauen (10 YR 8/3-5/3) Ah-Horizonten und 10 - 40 cm mächtigen BvAl-Horizonten mit grauen, hellgelblichbraunen oder sehr hellrötlichgelben Farben aufweisen und zum roten Unterboden deutlich begrenzt sind. In der Regel sind die Ah-, oft auch die AlBv-Horizonte grobtexturiert, d. h. lehmige Sande bis sandige Lehme. Manchmal weisen die Horizonte deutlich stärkere Steingehalte auf. Die letzteren Merkmale sprechen für eine Zweischichtigkeit dieser Profile (s. Profil 17 in Abb. 40). An einigen Standorten handelt es sich um Kolluvien bzw. stellenweise um fluvial transportierte lehmige, sandige oder schluffige Substrate, die aus dem Hinterland stammen, besonders in Unterhangpositionen.

Die hellen Farben und die Tonarmut der Oberböden können darüber hinaus an vielen Standorten auch Folge der Bodenerosionsprozesse sein. Diese sind mit sehr starker lateraler Abfuhr von Ton bzw. Ton-Humus- und Ton-Eisen-Komplexen verbunden, so daß die Oberböden hier sozusagen Lateral-Eluvialhorizonte darstellen (BREMER 1989: 375; WILHELMY 1974: 192). Ferner ist auch die vertikale Ton- und Eisenverlagerung nicht ausgeschlossen, vor allem auf den flacher geneigten Standorten.

Die Vergesellschaftung von Böden, die sich vor allem durch die Geringmächtigkeit bzw. Humusarmut und Hellfarbigkeit der Oberböden sowie der Dominanz sehr toniger Rotlehme von der Gesellschaft B1 unterscheidet, wird zur **B2-Gesellschaft** zusammengefaßt. Sie ist in erster Linie an den Reliefbereich der "Riedel" gebunden. Kleinräumige Vorkommen mit dunkleren, humusreicheren und mächtigeren Oberböden sind beschränkt auf Standorte mit dichterer Vegetation, in der Regel an Unterhängen.

B2-Gesellschaften sind außer im Gebiet "Sop Hat" im mittleren Mae Pon-Tal, im mittleren Mae Ya-Einzugsgebiet sowie im Westen des Nationalparks meist in den Höhenlagen zwischen 600 und 1000 m ü. M. verbreitet (s. Abb. 2). Ein weiteres Verbreitungsgebiet liegt in der nördlichen Hälfte des Teilarbeitsgebietes 2.4 (s. Abb. 2). Hier handelt es sich um eine stark zerrunste Fläche in der Höhenlage um ca. 580 - 640 m ü. M.

4.3.7 Verbreitung und Genese der Bodengesellschaften mit roten Böden

Die beschriebenen gelbroten Acrisols sowie die roten Niti- bzw. Ferralsols der Bodengesellschaften B1 und B2 dominieren flächenmäßig in den Höhenlagen zwischen 700 und 1600 m ü. M. im Nationalpark. In der Regel sind die roten Bodengesellschaften vergesellschaftet mit den Relieftypen "Riedel" und "Stufenhang". Sie sind verbreitet im Mae Klang-Einzugsgebiet und im Einzugsgebiet des Mae Aep (s. Gebiet 2.1 in Abb. 2) sowie weiter im Süden des Nationalparks am mittleren und oberen Mae Pon (Gebiet 7), am oberen Mae Ya (Gebiet 8) sowie in der Umgebung des Mae Pan zwischen 1400 und 1000 m ü. M. an der Westabdachung des Nationalparks (Gebiet 3.4).

Die untersuchten Bodenabfolgen und Übersichtskartierungen zeigen generell eine Abhängigkeit der Horizontausprägungen und -mächtigkeiten sowie Bodengesellschaften und Bodentypen von

1) Relief, Mikrorelief, Vegetation, Nutzung und Nutzungsgeschichte

2) sowie Relieftyp und der Reliefgenese.

Zu 1): Einflüsse von Relief, Mikrorelief, Vegetation, Nutzung und Nutzungsgeschichte:

An konkaven Hangpartien sowie in Unter- bzw. Mittelhangpositionen zeigen viele Profile eine zusätzliche Materialzufuhr durch kolluviale Prozesse am Hang oder stellen kleinräumige korrelate Sedimente von Massenbewegungen am Hang oder von fluvialer Überdeckung dar. An diesen Standorten stellt der Oberboden oder das gesamte Profil folglich eine jüngere Schicht dar bzw. enthält Anteile jüngerer Substrate. Eine flächendeckende Verbreitung eines "Decksedimentes" läßt sich jedoch nicht nachweisen. Profile an exponierten oder an stark genutzten Standorten weisen oft geringmächtigere Oberböden auf, vor allem, wenn die Faktoren Nutzung und starke Hangneigung zusammenkommen.

Sehr deutlich zeigt sich die Abhängigkeit der Ausprägung der Oberböden von der Vegetation an der Verbreitung der B1- und B2-Gesellschaften und an den Vorkommen von mächtigen, humusreichen dunkelbraunen oder rötlichbraunen Oberböden. Letztere sind gebunden an Standorte mit dichter Vegetation, sei es nun Gras- und Buschland oder eine Kiefernaufforstung bzw. ein sekundärer Wald mit dichtem Unterwuchs. Derartige Böden sind in den Arealen oberhalb von 1000 m ü. M. sehr viel häufiger verbreitet und gehören zur Bodengesellschaft B1. Hier sei erinnert an die humic Nitisols in den Wäldern zwischen 1000 und 1400 m ü. M. und die schnelle Regeneration der Oberböden im Einflußbereich der ehemaligen Karen-Rotationssysteme mit langen Brachezeiten (s. 4.3.3 u. 5.2.2).

Die B2-Gesellschaften mit generell geringmächtigeren und humusärmeren Oberböden sind überwiegend zwischen 600 und 1000 m ü. M. verbreitet, im Übergangsbereich zwischen den immergrünen und den laubabwerfenden Wäldern. Bei Koinzidenz von starker anthropogener Nutzung und exponierter Geländeposition kann es zu starker Degradierung der Standorte kommen, da die Regenerationsfähigkeit der Vegetation hier schon vermindert ist (s. 4.3.6 u. 5.2.2). In allen Gebieten können jedoch an Standorten mit dichterer Vegetation humusreichere Oberböden vorkommen, insbesondere im Mae Aep-Tal.

Die laterale und oberflächliche Tonaufschwemmung und Tonabfuhr spielt generell an den Oberhang- und Kammpositionen eine starke Rolle, vor allem bei der B2-Bodengesellschaft, so daß die Tonarmut der entsprechenden Oberböden erklärbar wird (BREMER 1989: 375; WILHELMY 1974: 192).

Zu 2): Einfluß von Relieftyp und Reliefgenese:

Generell gilt, daß die Bodenabfolgen an den kurzen, überwiegend gestreckten Hängen des Typs "Riedel" homogener sind als in den Bereichen "Stufenhang". Häufig gehen "Stufenhänge" unterhalb steilerer Höhenrücken oder auch die "Komplexhänge" zu den Haupttälern hin über in Areale des Typs "Riedel". Die Bodengesellschaften wechseln dementsprechend von B1 oder C2 (s. 4.4.3) häufig zu B2, z. B. oberhalb des Gebietes "Sop Hat" und am Mae Pon. Sind die Reliefformen eher ineinander verschachtelt wie im Mae Aep-Tal und am Mae Ya, sind Bodenabfolgen der B1-, B2- sowie C2-Gesellschaften sehr kleinräumig miteinander vergesellschaftet (s. Abb. 12 u. 35).

Es zeigt sich, daß auf den Riedeln, auf den langgestreckten Spornen sowie auf den Verebnungen der gestuften Hänge die But-Horizonte röter und/oder toniger werden. Das bedeutet: **Auf den Riedeln und Verebnungen finden sich eher Ferralsols, an den stärker geneigten Hängen hingegen überwiegend rote Böden des Typs Acrisol.**

Sehr deutlich drückt sich dieses Bodenmosaik bei der Catena "Khun Klang" (s. Abb. 15) sowie stellenweise auch bei der Catena "Luang" (s. Abb. 14) aus. Die B2-Gesellschaft ist unter anderem charakterisiert durch die Vergesellschaftung des Relieftyps "Riedel" und die Dominanz sehr toniger roter Böden.

Dieses Phänomen wird darauf zurückgeführt, daß die flacheren Standorte jeweils Reste sehr alter Reliefeinheiten mit Reliktböden darstellen. Es handelt sich bei den Riedeln und den verebneten Arealen im Riedel- oder Stufenhangrelief also um Reste von alten Flächen, die nun in schmale Rücken und Sporne aufgelöst sind (WELTNER

1992). Dieses Verteilungsmuster von Ferralsols auf Riedeln und Acrisols an Hängen führt auch KUBINIOK (1992) in anderen Gebieten Nordthailands auf die Reliefgenese, die Erhaltung von Ferralsols auf Altflächenresten zurück.

Die räumlichen Übergänge zwischen Acrisols und Ferralsols oder die vertikale Abfolge im Profil von einem gelblich-roten zum röteren Horizont sind im Untersuchungsgebiet meist graduell. An den Aufschlüssen und in den angelegten Gruben finden sich nur selten Hinweise auf Schichtgrenzen im Unterboden bzw. auf Diskordanzen zwischen Ferralsols und Acrisols. Generell läßt sich aber eine Tendenz zu noch niedrigereren Fe_o/ Fe_d-Indexwerten und SiO_2/Al_2O_3-Werten bei den Profilen an den verebneten Reliefpositionen feststellen, die für eine Zunahme der Verwitterungsintensität von den Acrisols bzw. Nitisols zu den Ferralsols und damit auch für ein höheres Alter der letzteren sprechen (s. Abb. 40).

KUBINIOK (1992) weist aufgrund von mikromorphologischen Untersuchungen an Dünnschliffen und Tonmineralanalysen nach, daß die Acrisols eindeutig eine jüngere Bodenbildung darstellen, die mit der Zerschneidung der Flächen ab dem Neogen einsetzte. Es kann im Untersuchungsgebiet jedoch nicht generell davon ausgegangen werden, daß die Acrisols an den Hängen stets eine jüngeres Substrat bzw. eine jüngere Bodenbildung darstellen. Vielmehr ist zu vermuten, daß in den Böden an den Hängen mögliche Reliktböden aufgearbeitet, durch Erosion, Akkumulation und laterale Zu- und Abfuhr sowie veränderte pedogene Prozesse, wie z. B. die Tonverlagerung, überprägt wurden. Auf den Flächenresten hat sich die reliktische intensive Rotverwitterung dagegen besser erhalten.

4.4 Die Bodengesellschaften der Arenosols und kleinräumige Bodenwechsel in Gebieten mit Massenbewegungen

4.4.1 Die hellen Arenosols im Gebiet "Nördliche Forststation" als junge Böden in Rutschungsmassen

Das Gebiet "Nördliche Forststation" liegt auf der Höhe von ca. 1640 bis 1800 m ü. M. unterhalb einer Steilwand (s. Abb. 21). Charakteristisch in diesem Areal ist das sehr ausgeprägt wellige Mikrorelief, die starke Blockbedeckung und das Vorkommen abflußloser Hohlformen sowie durchgebrochener unterirdischer Abflußbahnen (piping-Erscheinungen).

Auf der topographischen Karte stellt sich das Gelände teilweise als Verebnung innerhalb der steilen Ostabdachung des Doi Inthanon-Gipfels dar. Abb. 21 zeigt einen generalisierten Schnitt von Nordwesten nach Südosten: Vom Gipfel neigt sich das Gelände zunächst mittelstark, anschließend fällt es über 400 Höhenmeter sehr steil auf ca. 1700 bzw. 1800 m ü. M. ab. Daran schließt sich die "Verebnung" an, ein in sich stark gegliederter Bereich. Eine größere Hangnase, die von Südwest nach Nordost verläuft (s. Abb. 24) zeigt schon ab 1860 m ü. M. eine deutliche Abnahme der Hangneigung. Auffällig ist ein Sporn im Osten der großen Hangnase, der nach einem schmalen Sattel zunächst zu einer kleinen Kuppe ansteigt, ehe der Hang dann steil nach Ostsüdost abfällt, der im folgenden "Doi Tok" genannt wird. Viele weitere Formen, Hangnasen und Tiefenlinien, vor allem weiter im Norden, streichen Nordwest-Südost. Diese Streichrichtung, entlang einer tektonischen Störung (BAUM et al. 1970; BAUM et al. 1981), setzt sich im ca. 200 - 300 m tiefer liegenden Lao Kho-Becken bzw. Nong Lom-Tal fort. Die nördliche und nordöstliche Begrenzung des Gebietes bildet die auf ca. 1700 m ü. M. liegende West-Ost bzw. Westnordwest-Ostsüdost streichende Wasserscheide.

Das Gebiet ist bis auf einen kleinen Bergwaldrest in einer Depression vor vier bis fünf Jahrzehnten völlig abgeholzt worden. Zu Beginn der achtziger Jahre wurde eine Station der Nationalparkverwaltung etabliert, die "Nördliche Forststation", von der aus die Wiederaufforstung durchgeführt und überwacht wird. Die ca. 8 Jahre alten Kieferanpflanzungen sind jedoch meist von hohem Gras und dichtem Buschwerk überragt bzw. durchsetzt, so daß abseits des Weges und der vereinzelten Fußpfade das Gelände kaum begehbar ist.

Die Böden sind ausgesprochen sandig, weisen oft starke Grus- bzw. Steingehalte und fahle, gelbbraune Farben auf. Flächenmäßig dominieren Profile mit nur schwach verwitterten Bv- bzw. BvCv-Horizonten aus gelblichen lehmigen Sanden über sehr hellen, weißgrauen Cv- bzw. lCn-Horizonten aus schwach lehmigem Sand. Der Sand, der Grus und die Steine sind nicht gerundet, sondern kantig, d. h., es handelt sich überwiegend um Gesteinsgrus sowie Schutt, nicht um fluvial transportierte Sedimente. Die Böden können als Übergangsformen zwischen Regosolen und Braunerden angesprochen werden (nach FAO: cambic Arenosols). Meist sind die Standorte sehr trocken. Unter Wald treten oft mächtige Ah- und AhBv-Horizonte auf. In Depressionen und im Einflußbereich der Bäche und Gräben finden sich starke hydromorphe Anzeichen. Als Beispiel für einen sandigen Boden mit vermutlich reliktischen Vergleyungserscheinungen sei folgendes Profil beschrieben:

Profil "Nam Nüa"

Geländeposition:	kleine Erhöhung (Schuttfächer?), ca. 8 m nördlich des Baches, gegenüber der Forststation und des Teiches; innerhalb des verebneten Mittelhanges
Höhenlage:	ca. 1660 m ü. M.
Exposition:	Südost
Neigung:	ca. 5 - 10 %
Vegetation/Nutzung:	infolge der anthropogenen Einflüsse (Weg- und Gebäudenähe) fast vegetationslos, stark steinbedeckte Oberfläche
Aufnahmedatum:	6.3.1990

Profilbeschreibung:

Ah	- 6 cm	stark lehmiger Sand, schwach grusig-steinig, 10 YR 4/6, nur schwach durchwurzelt, mittel humos, wellige Begrenzung, trocken, locker;
GoM	- 30 cm	mittel lehmiger Sand, stark grusig-steinig; mittel humos, schwach rostfleckig, sonst 10 YR 6/2, schwach durchwurzelt; diffus und wellig übergehend in
MCvGo	- 140 cm +	mittel lehmiger Sand, schwach humos, stark grusig-steinig; rostfleckig, sonst 10 YR 3/3 (feucht) oder 10 YR 6/2 (trokken);

Bodentyp: FAO: Humic gleyic Arenosol.
Humoser kolluvial überdeckter Regosol-Gley.

Der hohe SiO_2/Al_2O_3-Wert (s. Tab. 9), der zweithöchste aller Indexwerte im Untersuchungsgebiet (s. Abb. 40) zeigt, daß es sich vermutlich um ein junges Substrat mit nur schwach ausgeprägter Bodenbildung handelt.

Diese Vergesellschaftung von Böden wird als **C1-Gesellschaft** (cambic Arenosols und Gleysols) zusammengefaßt. Lehmig-tonige rote Horizonte fehlen im verebneten Bereich innerhalb des 1 - 2 m-Bohrstockes. Sie treten erst am Steilhang und auf der Wasserscheide wieder auf (s. Abb. 24).

Die Lage unterhalb des Steilhanges, in der Nähe der tektonischen Störungslinie und der geologischen Grenze (Gneis/Granit), das Relief und Mikrorelief, die Blockbedekkung und die oberflächennahen Substrate und Böden weisen daraufhin, daß es sich im Gebiet "Nördliche Forststation" um die korrelaten Sedimente von größeren Massenbewegungen im weitesten Sinne handelt. Der Steilhang im Westen, der teilweise glatte Felsflächen zeigt, gilt dabei als Liefergebiet der großen Mengen Gesteinsgruses und grober Materialien, die jetzt das Ausgangsmaterial der offensichtlich schwachen rezenten Pedogenese bilden.

Tab. 9 Ausgewählte bodenchemische Parameter des Profils "Nam Nüa": Humic gleyic Arenosol

Horizont	pH	Humus in %	SiO_2/ Al_2O_3	S- Wert	T- Wert	V- Wert
Ah	5,5	3,8	n.b.	1,9	13,3	13,7
GoM	5,85	2,5	9,22	0,6	9,1	6,8
MCvGo	5,75	1,6	n.b.	n.b.	n.b.	n.b.

n.b. = nicht bestimmt

Vermutlich erfolgten die Massenbewegungen in mehreren Phasen und unterschiedlichen Formen, bei denen neben der Schwerkraft vor allem das Wasser eine entscheidende Rolle spielt. Das heißt, die Wasserdurchtränkung eines tiefgründigen Boden- und Verwitterungsmantels führt zu einem Fließen oder Gleiten des Materials. Wahrscheinlich handelte es sich um Kombinationen oder eine Sukzession folgender Massenbewegungen:

- rotationale Hangrutschungen größerer Schollen auf einer Gleitbahn, gebildet von der Grenze Verwitterungsmantel/Anstehendes bzw. infolge eines Gesteinswechsels (landslides);

- wasserdurchtränkte Schutt- und Schlammströme (ähnlich den Muren) oder Erdschlipfe (mud and debrisflow);

- Bergstürze, infolge der Übersteilung von Hangbereichen (CROZIER 1984; GASSER et al. 1988; HANSEN 1984; LÖFFLER 1977; WILHELMY 1972).

Als Auslöser für große spontane Massenbewegungen kommen Erdbeben, tektonische Verstellungen sowie extrem starke Niederschläge in Betracht (CROZIER 1984; FORT 1987). Dabei spielt gerade in den Tropen auch die schwere Auflast durch dichte Vegetation, hier ehemals immergrüner Bergwald, eine nicht zu unterschätzende Rolle (LÖFFLER 1977; MODENESI 1988).

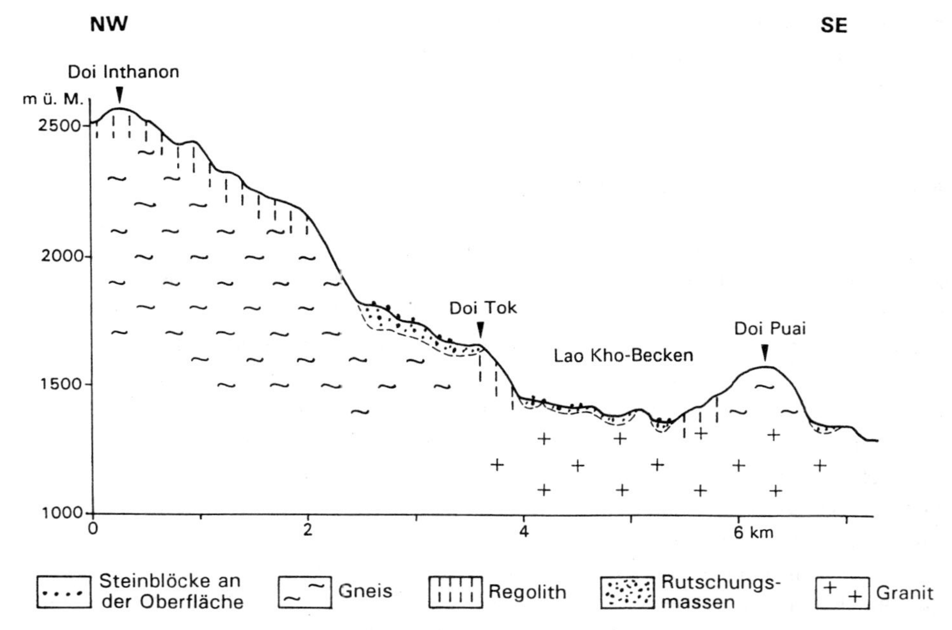

Abb. 21 Schematisches Profil vom Gipfel des Doi Inthanon durch das Rutschungsgebiet "Nördliche Forststation" mit dem Doi Tok und das Lao Kho-Becken zum Doi Puai.

Möglicherweise kam es zunächst zu einer tektonisch/seismisch ausgelösten Hangversetzung, d. h. zum Abgleiten eines größeren Hangbereiches, wobei die Kuppe des beschriebenen Spornes im Südosten des Gebietes (Doi Tok) die Spitze der abgesenkten und rückwärts gekippten Abbruchscholle darstellen könnte. Der tieferliegende Bereich wurde dann bei späteren Massenbewegungen, kleineren Rutschungen und Schlamm- und Schuttströmen teilweise wieder verfüllt (CROZIER 1984; HUTCHINSON 1988). Dadurch entwickelte sich das unregelmäßige Mikrorelief (Rutschungsloben; Brandungswälle der Bergsturzmassen etc.). Ehemalige Tiefenlinien wurden zum Teil verfüllt oder abgeschnürt, so daß abflußlose Hohlformen entstanden.

Vermutlich wurden auch die Gerinne mehrmals abgedrängt, z. B. zunächst nach Süden bzw. Südosten und später nach Nordosten oder umgekehrt (s. Abb. 24). Die vermutlich zuerst verlagerten bodenbürtigen feinkörnigen Materialien wurden entweder verschüttet oder mit den Gerinnen völlig aus dem Gebiet heraustransportiert, so daß nun überwiegend grobes Material an der Oberfläche zu finden ist.

Wahrscheinlich haben diese Ereignisse auch das Lao-Kho-Becken entscheidend mit geprägt und fanden erst im Holozän oder gar erst in historischer Zeit statt, da die Bodenbildung in den verlagerten Materialien aus dem Gesteinszersatz nur schwach ausgeprägt ist.

4.4.2 Die Arenosols im Lao Kho-Becken

Das Lao Kho-Becken im Norden des Gebietes "Oberer Mae Klang" stellt mit ca. 1,5 km Breite und 1 km Länge eine relativ weit ausgedehnte Talmulde dar, im Gegensatz zu den sonst eher schmalen langgestreckten gestuften Tälern (s. Abb. 12). Die Talmulde wird im Westen, Nordwesten, Norden und Osten von steilen Hängen umgeben, die über schmale Tiefenlinien mit Steilstufen und Wasserfällen entwässert werden. Die zahlreichen perennierenden und periodischen Gewässer sind meist 2 - 6 m in das sonst flachgeneigte, stellenweise gestufte sowie terrassierte Gelände eingeschnitten und fließen im Südosten des Beckens zum nördlichen Mae Klang zusammen, der sich nach Südosten fortsetzt (Nong Lom-Tal). Die Grenze zwischen dem Lao Kho-Becken und dem Nong Lom-Tal bildet der schmale Talbereich zwischen dem nördlichen Ausläufer des Doi Angka-Höhenzuges (um 1400 m ü. M.) im Westen und den Steilhängen unterhalb des 1610 m hohen Nord-Süd streichenden Doi Puai im Osten (s. Abb. 24). Dieser stellt auch die ungefähre Grenze zwischen dem Einflußbereich der Hmong im Nordwesten und dem der Karen im Südosten dar. Das Lao Kho-Becken setzt im Nordwesten teilweise abrupt unterhalb der steilen Hänge bei ca. 1360 - 1380 m ü. M. an, im Osten erfolgt der Übergang vom Tal zum Hang bei ca. 1300 m ü. M.

Die meisten Flächen werden zum Kohl-, Kartoffel-, Blumen- und Maisanbau genutzt. Mehrmonatige Brachen in der Trockenzeit sind aufgrund der ungünstigen edaphischen Bedingungen (mangelnde Bodenfeuchtigkeit) hier nicht selten. Die östlichen Täler wurden teilweise für den Naßreisanbau terrassiert. Er wird hier von Karen betrieben, die von den Hmong dafür angestellt wurden.

An den Hängen dominieren die typischen roten Acrisols bzw. Nitisols (s. Profiltyp 1 in Abb. 23). Nur im Hangbereich im Nordwesten, unterhalb des Doi Tok (s. Abb. 24) fehlen die roten Böden weitgehend. An dem Weganschnitt zeigt sich sehr mächtiger weißer bis grauer sandig-grusiger Zersatz, der stellenweise noch Gneisstruktur aufweist.

Im gesamten Lao Kho-Becken unterhalb der steilen Hänge finden sich relativ homo-

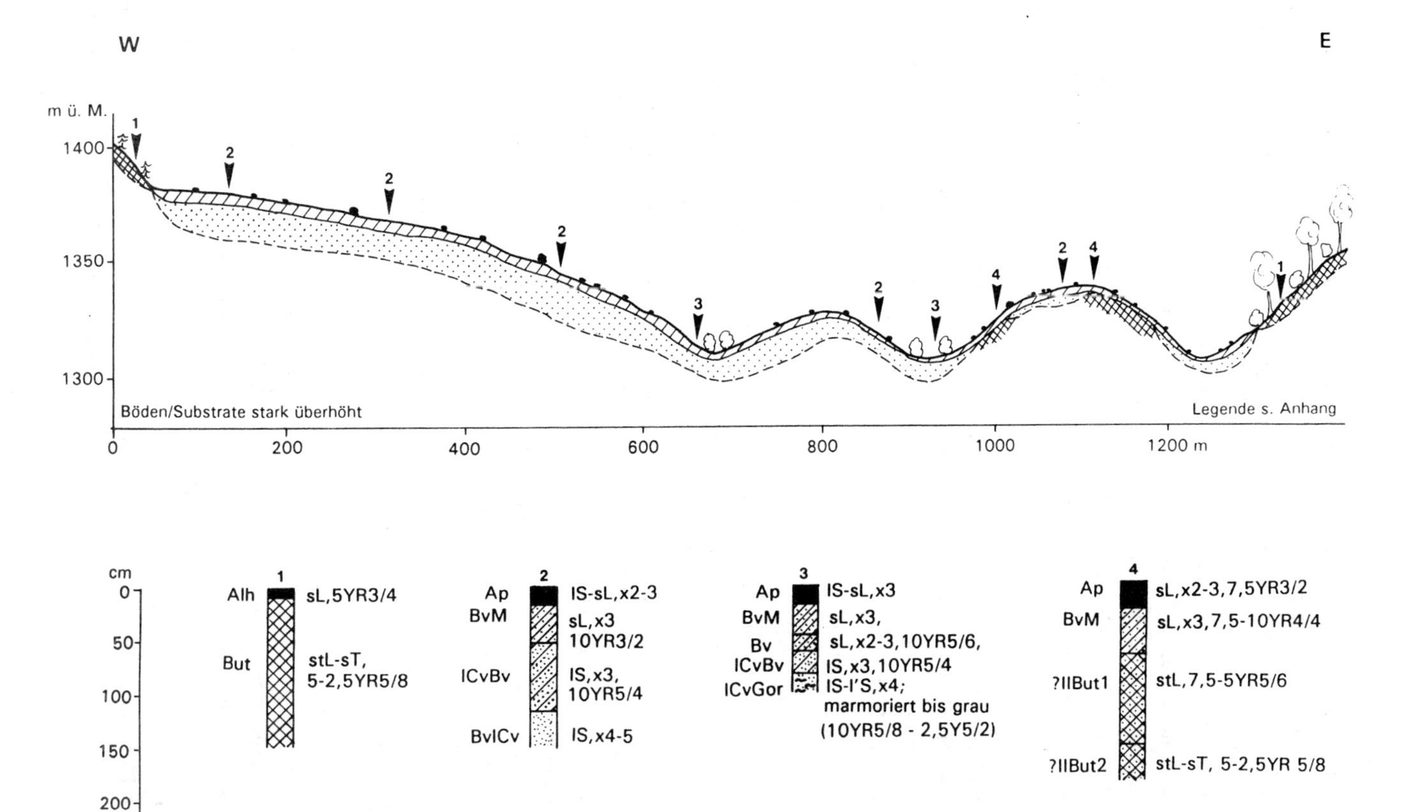

Abb. 22 Catena "Lao Kho": Bodengesellschaft C1 mit dominierend Arenosols im Lao Kho-Becken

gene gelblichbraune sandige Böden, die überwiegend den Arenosols zuzuordnen sind (s. Abb. 22). Die Böden sind in allen Horizonten meist mittel bis stark grusig-steinig, abgesehen von den Ap-Horizonten, die schwach grusig-steinig sind. Sie weisen auch einen sehr starken Glimmeranteil auf. In der Regel handelt es sich wiederum um Grobgrus bzw. kleine Steine, die nur gelegentlich kantengerundet sind. Häufig finden sich aufgetürmte Lesesteinhaufen. Die Blockbedeckung an der Oberfläche erreicht stellenweise mehr als 15 %, vergleichbar mit der des Gebietes "Nördliche Forststation". Häufig sind die großen Blöcke mit mehr als einem Meter Durchmesser gerundet, typische "Wollsackformen", die hier auch die Gneise betreffen (BREMER 1979: 29).

Die anderen Täler und Becken im Mae Klang-Einzugsgebiet zeigen dagegen in der Regel einen sehr kleinräumigen Wechsel zwischen sandigen Substraten und Bereichen mit roten Böden, oft im gleichem Niveau (s. Abb. 14 u. 16) oder sehr komplexe Bodenabfolgen (s. Abb. 20), die auf eine kleinräumig differenzierte Talbodengenese hinweisen (s. 5.3.5).

Die Catena "Lao Kho" (s. Abb. 22) zeigt deutlich, daß die relativ uniformen cambic Arenosols (Profiltyp 2) vor allem im Westen des Lao Kho-Beckens verbreitet sind. In den schmalen Bachtälern bzw. sonstigen Depressionen treten Gleye oder anmoorige Böden auf (Profiltyp 3 in Abb. 22 u. Profil 4 in Abb. 23). Der Nord-Süd streichende höhere "Sporn" im Osten der Catena (s. Abb. 22) zeigt hingegen kleinräumigen Bodenwechsel. An den steilen Hängen finden sich ab etwa 50 cm Tiefe braune bis gelblichrote lehmig-tonige Horizonte (Profiltyp 4). Im verebneten Kammbereich erreicht das sandige gelbliche Substrat wieder mehr als 1,5 m Mächtigkeit (Profiltyp 2). Der Sporn stellt offensichtlich eine Reliefeinheit dar, bei dem die ehemalige Oberfläche mit rotem Boden nur teilweise vom sandigen Substrat überdeckt wurde. An den steilen, intensiv ackerbaulich genutzten Hangpartien ist dieses weitgehend erodiert. Der Sporn kann als die nördliche Fortsetzung des Doi Angka-Höhenzuges gesehen werden (s. Abb. 24).

Die Catena "Lao Sam" (s. Abb. 23) verläuft von einer langgestreckten Verebnung im Kammbereich des gestuften Doi Angka-Höhenzuges auf ca. 1360 - 1365 m Höhe ü. M. hangabwärts nach Norden, quert den Bachlauf und biegt nach Nordwesten um. Auf dem Höhenzug dominieren Acri- bzw. Nitisols, sowohl an den zum Teil 30 - 40 % steilen Hängen als auch im verebnetem Kammbereich. Auf einer Verebnung bei ca. 1340 m ü. M. treten abrupt lehmig-sandige hellbraune bis gelblichbraune Böden sowie Blockbedeckung auf. Das Profil Nr. 3, "Sam-Hok", zeigt mehrere sandige steinige bräunliche Horizonte über einem roten sandig-tonigen Lehm (s. auch Foto 6):

Profil "Sam Hok"

Höhenlage: ca.	1340 m ü. M.
Geländeposition:	verebneter Mittelhang mit ausgeprägtem Kleinrelief
Neigung: ca.	10 % nach Norden, 20 % nach Osten
Exposition:	Ost-Südost
Vegetation/Nutzung:	Kohl- u. Kartoffelfeld, Weganschnitt, Böschung, mit Farn u. a., kurz vor der Probenahme z. T. abgeflämmt
Aufnahmedatum:	20.04.1990

Profilbeschreibung:

Ap/Ah	- 18 cm	graubraun - dunkelbraun (10 YR 3/3-7,5 YR 3/2), sL, trocken, lose - pulvrig, Glimmerplättchen, schwach bis mittel grusig-steinig, stark humos, mittel durchwurzelt, klar und gerade begrenzt;
BvM	- 50 cm	gelblichbraun bis graubraun, schwach durchwurzelt, schwach humos, lehmiger bis toniger Sand, stark grusig und steinig, Glimmerplättchen, trocken, klare, wellig-unregelmäßige Grenze;
CvBv	- 100 cm	hellgelblichbraun, schwach lS, stark grusig-steinig, schwach durchwurzelt, klare unregelmäßige Grenze, Glimmerplättchen;
SwlCv	- 150 cm	hellgelblichbraun, schwach lehmiger Sand, leicht marmoriert, Mn-Konkretionen, viele Glimmerplättchen, stark steinig-grusig, schwach durchwurzelt, scharfe gerade Grenze;
IIBtu	- 230 cm	rot (2,5 YR 5/8), sandig-toniger Lehm, schwach durchwurzelt, mittel kompakt, kaum Bio- und Grobporen, schwach grusig (kleine Quarzbröckchen), körniges bis subpolyedrisches Rißgefüge.

Bodentyp: FAO: cambic Regosol-Arenosol über rhodic Ferralsol oder Acrisol.
Kolluvial beeinflußte Regosol-Braunerde über ?Rotlatosol bzw. Rotlehm.

Hier ist der Oberboden (Ah/Ap-MBv), wie in den meisten Profilen im Lao Kho-Becken, feinkörniger als die liegenden sandigen Horizonte. Dieses Phänomen kann sowohl auf eine kolluviale Bedeckung durch feinerdereicheres Material zurückgeführt werden als auch auf beginnende Verbraunung und Verlehmung sowie die Effekte der (ehemaligen) Vegetation und des Bodenlebens. Wahrscheinlich spielen alle Faktoren eine Rolle. Dabei handelt es sich mehr um eine Einarbeitung von kolluvialem Material in vielen

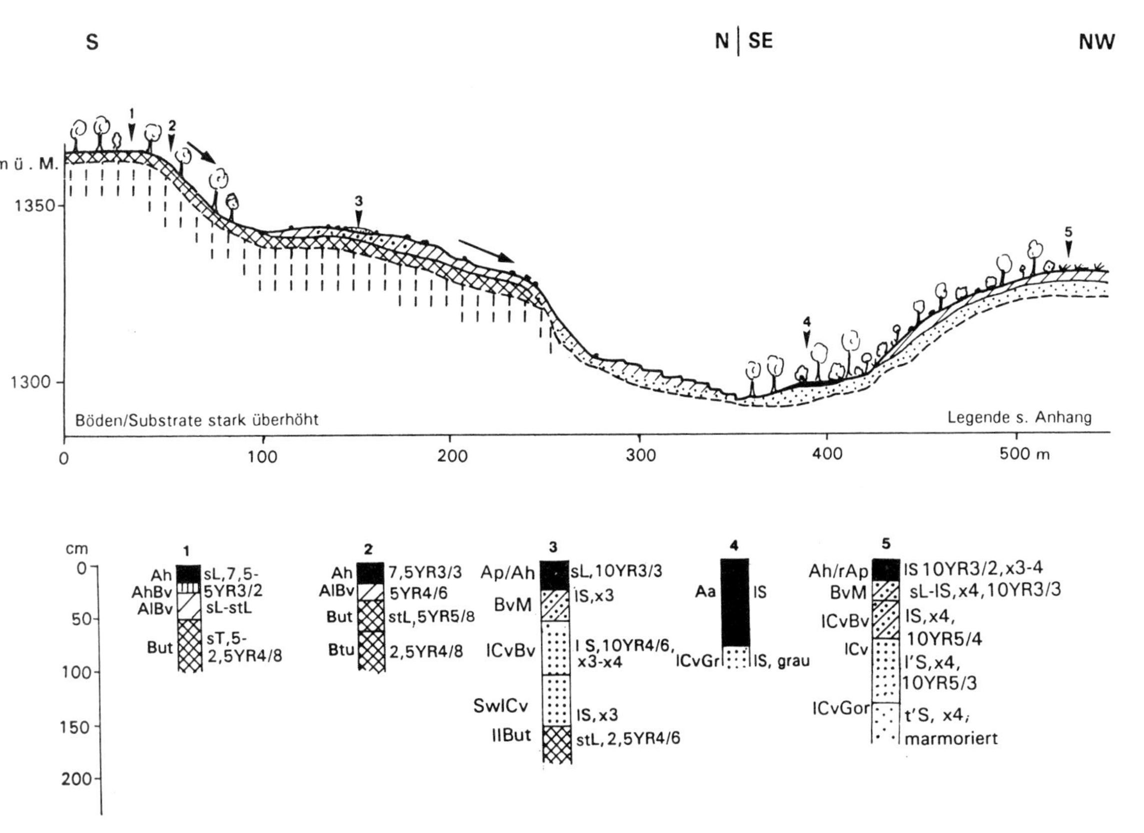

Abb. 23 Catena "Lao Sam": Abrupter Bodenwechsel an einem Komplexhang mit dem Profil "Sam Hok": Cambic Regosol-Arenosol über rhodic Ferralsol oder Acrisol

Phasen als um die Ablagerung eines eigenständiges Substrates, einer geologischen Schicht. Daher wird die Bezeichnung M in Kombination mit dem Bv gewählt und das Liegende nicht als eine neue Schicht angesehen (s. 2.2).

Die ausnahmsweise eindeutige Schichtgrenze zum fossilen roten Boden dokumentiert sich auch in den Sprüngen der chemischen Analysenwerte zwischen dem SwlCv- und dem IIBtu-Horizont (s. Tab. 10 u. 13 sowie Abb. 40):

Tab. 10 Ausgewählte bodenchemische Analysewerte des Profils "Sam Hok": Schichtgrenze zwischen Regosol-Arenosol und Ferralsol oder Acrisol

Horizont	Fe_d	Fe_o/Fe_d	SiO_2	Al_2O_3	Si_2O_3/Al_2O_3	KAK mmol/z 100 g Ton
SwlCv	0,46	0,43	59,8	10	5,98	32,2
IIBtu	1,43	0,13	43,9	22,9	2,22	10,55

Am teilweise über 50 % steilen Unterhang, der starke Rillenerosion aufweist (s. Foto 7), findet sich in den 2 m-Bohrprofilen kein eindeutiger Hinweis auf den fossilen Ferrasol. Gelegentlich zeigt sich jedoch eine Heterogenität in Farbe und Bodenart im tieferen Unterboden, die für eine Einarbeitung von Rotlehmmaterial in das sandige helle Substrat spricht. Vermutlich streicht die Rotlehmschicht am Hang aus.

Im Bereich des Profiles 5 (s. Abb. 23) konnte in einer angelegten Grube in der schwach konvexen Übergangszone zur "Fläche" kein roter Boden erreicht werden. Dennoch wird vermutet, daß ein solcher in der Tiefe vorhanden ist und die Staunässesohle für den Interflow bildet, der etwas unterhalb des Profiles als Hangquelle austritt. Das Profil weist bis in 2,5 m Tiefe sandig-lehmige bis sandige, stark grusigsteinige Horizonte auf, die nach unten hin gröber werden. Ab ca. 1,8 m unter der Geländeoberfläche zeigen sich hydromorphe Merkmale, die den Bereich des Interflows darstellen.

Die Catena "Lao Sam" zeigt deutlich, daß der Mittelhang mit dem sandigen Substrat genetisch mit dem übrigen Lao Kho-Becken zusammenhängt, da der Doi Angka-Rükken, der Oberhang im Süden, als Liefergebiet ausscheidet (s. Abb. 12 u. 24).

Das Lao Kho-Becken inklusive des Mittel- und Unterhanges der Catena "Lao Sam" wird aufgrund der Ähnlichkeit mit dem Gebiet "Nördliche Forststation" der Bodengesellschaft C1 zugeordnet.

Der gesamte Bereich des Lao Kho-Beckens ist mit enormen Massen an hellgelblichbraunen sandigen bis sandig-lehmigen glimmer- und schuttreichen Material überdeckt worden. Die Mächtigkeit der Ablagerung nimmt nach Osten und Süden hin ab. Die Überdeckung kann mit "normalen" quartären fluvial-kolluvialen Prozessen allein nicht erklärt werden, da

- überwiegend eckiger Sand, Grus und Schutt sedimentiert wurde und

- ein deutlicher Unterschied zu den kleinräumig wechselnden Böden und Substraten in den anderen Talböden besteht.

Es ist vielmehr anzunehmen, daß es sich auch hier um Massenbewegungen handelt, die vom Nordwesten her überwiegend in Form von Schlamm- und Schuttströmen das Prärelief in der Talmulde überdeckt und weitgehend verschüttet haben. Als Liefergebiet kommt dabei insbesondere jener Hang mit dem "Doi Tok" (s. Abb. 21) in Frage, der nach Südosten hin am Steilhang nur Zersatz zeigt. Dieser und ein weiterer kleinerer Sporn mit widersinnigem Gefälle stellen wohl abgerutschte Schollen dar. Die flacheren Nordwest-Südost verlaufenden Formen im Lao Kho-Becken (s. Abb. 24) sind eher als Schuttfächer anzusprechen. Dennoch ist nicht auszuschließen, daß in ca. 3 - 4 Meter unter der Geländeoberfläche die ehemalige Landoberfläche liegt, die aufgrund ihrer Ferralsol- bzw. Acrisolbedeckung als undurchlässige Schicht für den Interflow bzw. das Grundwasser wirkt (s. Profil 5 in Abb. 23).

Der Nord-Süd verlaufende Sporn weiter im Osten (s. Abb. 22) stellt eindeutig eine ältere Reliefeinheit dar, die nur geringmächtig überlagert wurde. Vermutlich verläuft in diesem Bereich eine weitere tektonische Störung, die auch den Bereich der Catena "Lao Sam" erfaßt hat. Hier wurden Bereiche nach der Sedimentation offensichtlich gehoben. Die relativ starke postsedimentäre Einschneidung der Gewässer spricht ohnehin für die Beteiligung neotektonischer Bewegungen (TWIDALE 1991: 105). Die Befunde zur Neotektonik in den Beckenlagen (s. 3.2) können daher wohl auch auf das Inthanon-Bergland übertragen werden.

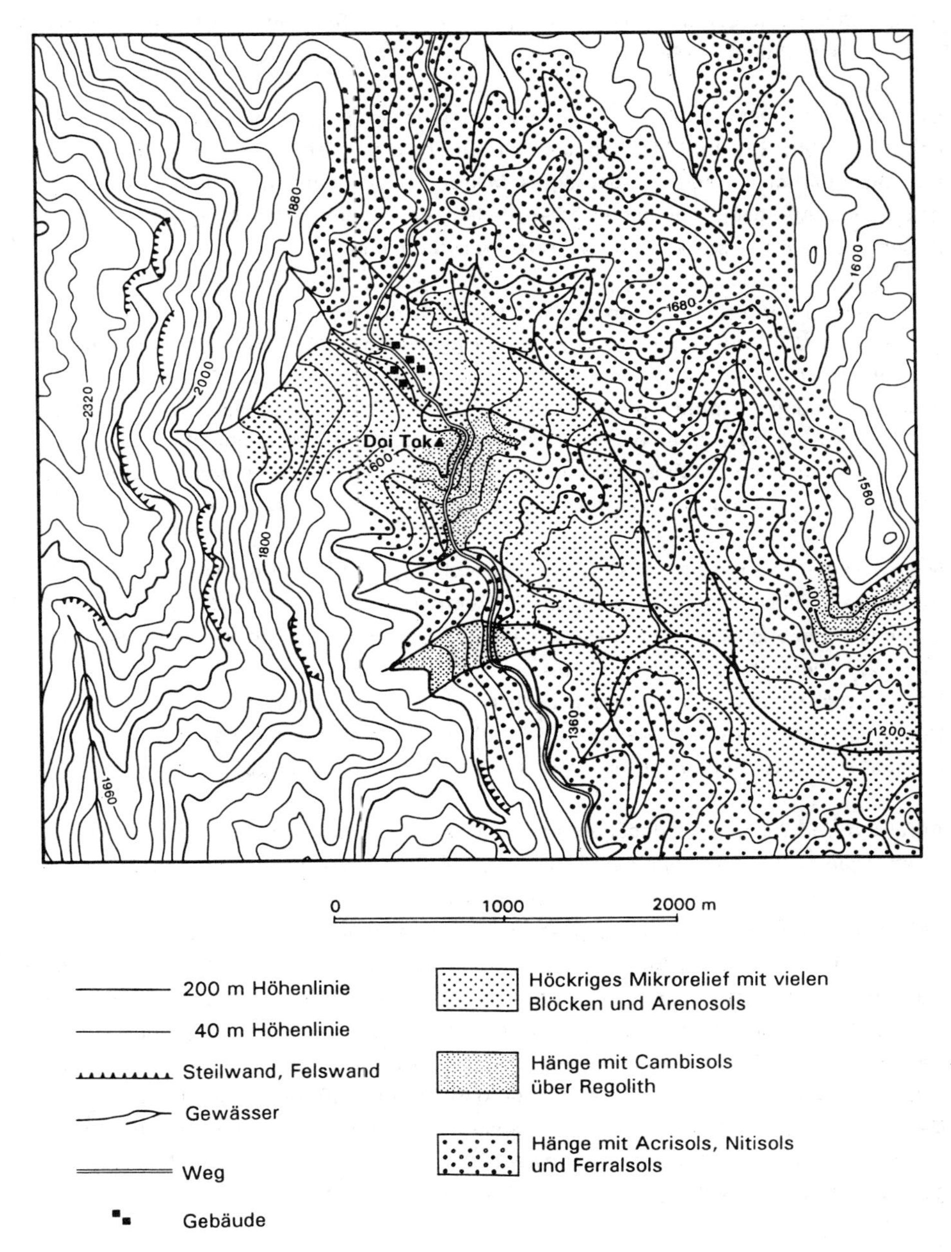

Abb. 24 Die Böden im Gebiet "Nördliche Forststation" und im Lao Kho-Becken

4.4.3 Bodenabfolgen im Relieftyp Komplexhang unter Steilhang am Beispiel der Catena "Pha Mon Mai"

Die Catena "Pha Mon Mai" repräsentiert den Relieftyp "Komplexhang unter Steilhang" (s. Abb. 25). Im Mittelhangbereich unterhalb der Steilwände des 1610 m hohen Doi Puai ist ein sehr ausgeprägtes Mikrorelief ausgebildet, in dem braune und gelbbraune Arenosols dominieren. Der Verlauf der Catena "Pha Mon Mai" setzt in diesem bis zu 60 % steilen und höckrigen Reliefbereich an.

Die beiden ersten Profile zeigen Ähnlichkeiten mit den cambic Arenosols der Bodengesellschaft C1. Profil 1 im steilen Hangbereich (s. Abb. 25) ist durch etwas höhere Tongehalte sowie rötlichbraunere Farben charakterisiert, das Profil 2 weist die typische gelbbraune Ausprägung auf. In der verebneten Zone findet sich bei Profil 3 unter dem Ap ein braunroter bis gelblichroter Horizont mit "Mischcharakter". Der gesamte Reliefbereich zeichnet sich durch starke Blockbedeckung, starke Grus- und Steingehalte sowie feinsandige trocken-pulvrige Oberböden aus.

Nach weiteren 100 m hört das wellige Mikrorelief auf. Im Profil 4 zeigt sich ein roter Acrisol bzw. Nitisol mit rötlichbraunem Oberboden. Rote Acrisols und Nitisols sind im gesamten verebneten und im stärker geneigten Unterhangbereich verbreitet (s. Abb. 24 u. 25). Der Talboden weist, abgesehen vom stark humosen und anmoorigen Profil Nr. 7, hellgelblichbraune bis dunkelgelblichbraune sandig-lehmige Profile auf, die im Unterboden meist toniger werden (Profil 8). Der konvexe Hang des Tha Fang-Höhenzuges zeigt typische Acrisols, meist mit hellen, sandigen Oberböden.

Aufgrund der Relief- und Bodenabfolge wird vermutet, daß die Substrate im "Komplexhangbereich" unterhalb der Steilwand die korrelaten Sedimente von Massenbewegungen vom Doi Puai her darstellen (s. Abb. 25). Die Prozesse haben die Reliktform der Verebnung im Mittelhangbereich teilweise überdeckt, hier auf einer Fläche von ca. 500 m Länge in Südwest-Nordost-Erstreckung und 200 - 300 m Breite (s. Abb. 24). Dabei liegt örtlich eher In-situ-Gesteinszersatz nahe der Oberfläche (Profil 1 in Abb. 25), örtlich dominieren verlagerte Regolithmaterialien (Profil 2) oder Solumsedimente (Profil 3). Ferner spielt vermutlich eine Abgrusung und Absandung von der Felsfläche während der Trockenzeiten eine gewisse Rolle für die rezenten Oberböden. Die Verebnung mit den Acrisol- u. Nitisolprofilen kann als Flächenrest interpretiert werden. Derartig kleinräumige Bodenwechsel im Zusammenhang mit Massenbewegungen werden zur **Bodengesellschaft C2** zusammengefaßt.

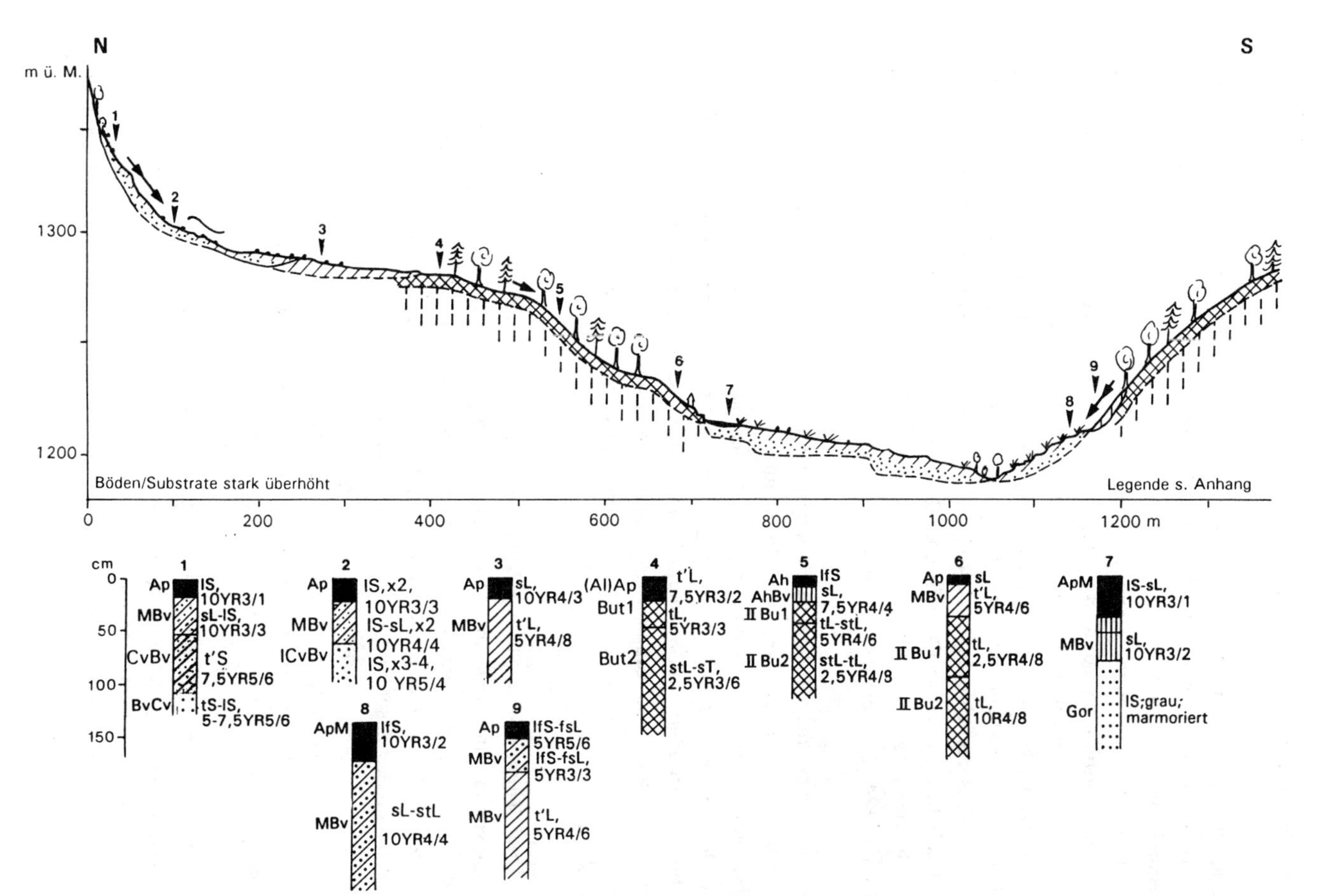

Abb. 25 Catena "Pha Mon Mai": Bodengesellschaft C2 mit kleinräumigem Bodenwechsel im Relieftyp "Komplexhang unter Steilhang"

4.4.4 Die Böden auf Rutschungsloben im "Nüng Noi"-Areal

Häufig ist beim Relieftyp "Komplexhang unter Steilhang" zwar ein steiler Oberhang als potentielle Abrißnische und als Liefergebiet von Rutschungsmassen vom Relief her erkennbar, es fehlt jedoch eine Felsfläche oder eine sicht- und kartierbare erodierte Fläche, da die Steilhänge vegetationsbedeckt und meistens unzugänglich sind. Sehr große unverwitterte Blöcke sind in diesen Fällen selten. Das gilt insbesondere für das Gebiet nördlich von Ban Khun Klang und südwestlich des Lao Kho-Beckens (s. Abb. 12), das "Nüng Noi"-Areal. Der Mittelhangbereich zwischen 1360 und 1440 m ü. M. stellt den Komplexhang dar, der hier zusätzlich durch gestufte Hangnasen und die schmale Wasserscheide auf ca. 1400 m ü. M. gegliedert wird. Die steilen Oberhänge der Bruchstufe zwischen Gneisen und Graniten bilden hier einen ca. 1600 m hohen nach Südosten ragenden "Sporn". Dieser kann als Nischengrat im Sinne von WILHELMY (1974: 333) eingestuft werden (s. Abb. 12).

Hier finden sich keine hellgelblichbraunen cambic Arenosols als Böden auf den Akkumulationsformen, sondern dunkelrötlichbraune schwach bis stark grusig-steinige Profile aus lehmig-schluffigen glimmerplättchenreichen Sanden bzw. sandigen Lehmen. Der Tongehalt nimmt in der Regel mit der Tiefe zu, gelegentlich aber auch ab. Der hohe Grobboden- und Steinanteil weist ein hohes Spektrum auf: Neben Quarzen, Quarziten, Gneis- und Granitbruchstücken, die bisher vorkamen, treten auch helle sowie dunkle schwarze und stellenweise stark verwitterte Glimmerschieferbruchstücke auf.

Das Areal "Nüng Noi" stellt eine Verschachtelung der Relieftypen "Stufenhang" und "Komplexhang unter Steilhang" dar. Zwischen den zwei gestuften Hangnasen, die rote Acri- bzw. Nitisols über weißem Zersatz (s. Profiltyp 1 in Abb. 26) zeigen, befindet sich ein stark komplexer Bereich mit gestuften Vollformen, die durch Tiefenlinien mit periodischen Gewässern oder Verebnungen gegliedert werden. Der steile Oberhang zeigt, soweit zugänglich, ab einer Höhe von 1450 m Höhe ü. M. aufwärts Acrisols (Profiltyp 1). Im ackerbaulich genutzten Komplexhangbereich, der zunächst eine Verebnung bildet, setzen skeletthaltige, grob texturierte, dunkelrötlichbraune Böden ein, die nicht durchteuft werden konnten (Profiltyp 2).

Hangabwärts, im Bereich der zweiten Stufe, verläuft ein Weg. An den bergseitigen Aufschlüssen zeigen sich im Übergang von den Talhängen zu den Vollformen des komplexen Bereiches an den Untergrenzen Lagen von Glimmerschiefern (s. Abb. 26.). Das Hangende ist im wesentlichen das gleiche Substrat wie bei dem Profil "Nüng Noi" (Profiltyp 2).

Die Profile des Unterhanges sind lehmig-toniger, sand- und skelettärmer und stellenweise tiefgründig humos (Profiltyp 3) und nach FAO (1988) den cumuli-humic Cambisols zuzuordnen. Die mächtigen Kolluvien stammen vermutlich sowohl vom Komplexhangbereich als auch von den Talhängen. Aufgrund der Zunahme der Feuchtigkeit sind die Bodenfarben brauner.

Profil "Nüng Noi" (Profiltyp 2)

Höhenlage: ca.	1420 m ü. M.
Geländeposition:	Verebnung im Komplexhangbereich (Mittelhang, Talanfang)
Neigung:	6 %
Exposition:	Südost
Vegetation/Nutzung:	permanenter Kohl- u. Blumenanbau, vereinzelt Obstbäume
Aufnahmedatum:	25.03.1991

Profilbeschreibung:

Ap	- 20 cm	dunkelrötlichbraun (5 YR 3/3), stark humos, sehr stark durchwurzelt, porös, lose, trocken, schwach schluffiger Sand, viele Glimmerplättchen, schwach grusig-steinig, klar und wellig begrenzt.
MBu	- 50 cm	dunkelrötlichbraun (5 YR 3/4), stark lehmiger Sand, schwach humos, mitteldurchwurzelt, porenreich, schwach bis mittel verfestigt, stark grusig bis steinig (viele Biotit-Glimmerschieferbruchstücke), viele Glimmerplättchen, klar und wellig begrenzt, trocken;
lCvBu	- 230 cm	dunkelrötlichbraun (5 YR 3/3), sehr stark grusig-steinig, schwache rezente Durchwurzelung, aber teilweise dicke Wurzelreste der ehemaligen Waldbestockung, stark sandiger Lehm, viele Glimmerplättchen, viele Biotit-Glimmerschieferbruchstükke, teilweise subpolyedrisches Rißgefüge, mittel verfestigt, leicht feucht.

Bodentyp: FAO: ferralic Regosol.
Rotlatosol-Regosol aus überwiegend umgelagerten Solumsedimenten sowie angewittertem Glimmerschiefermaterial.

Die Werte der AK pot. fallen von 26,6 im Ap auf sehr geringe Werte im MBu und im lCvBu ab (s. Tab. 11), ähnlich wie in den zuvor beschriebenen Profilen (s. 4.4.1 u. 4.4.2). Im Vergleich zum gelblichbraunem cambic Regosol-Arenosol (s. Tab. 10, Profil "Sam Hok") liegen die ph-Werte, die S-Werte und die Werte der Basensättigung

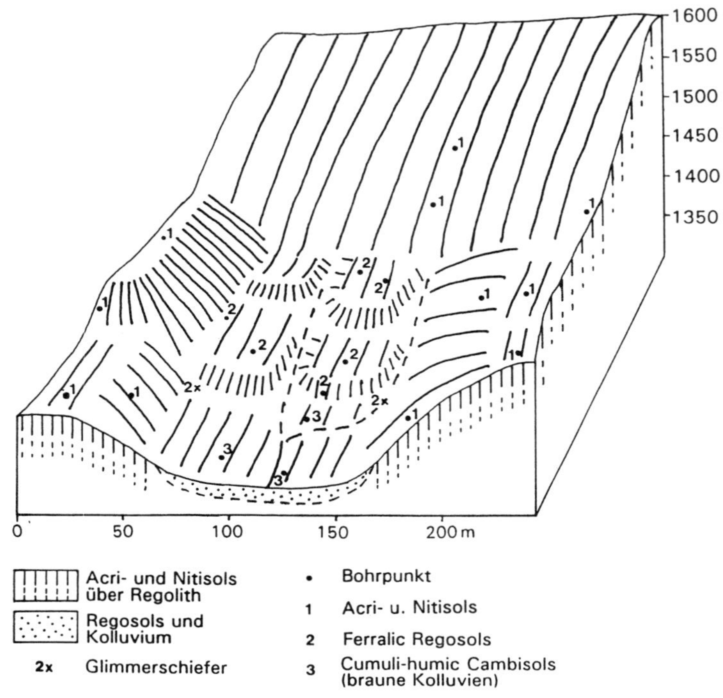

Abb. 26 Die Rutschungsloben im "Nüng Noi"-Areal mit ferralic Regosols (schematisches Blockdiagramm)

jedoch jeweils höher. Dies wird zurückgeführt auf den höheren Basengehalt des Glimmerschiefers gegenüber dem der Gneise und Granite (s. 3.2.2). Die höheren Anteile der kristallinen pedogenen Fe-Oxide (Fe_d-Werte) tragen zur rötlichen Färbung des Bodens bei. Die geringen Aktivitätsgrade und Werte der AK Ton drücken ferner eine stärkere Verwitterung aus. Da hier jedoch aufgrund des Mikroreliefs und der hohen Skelettgehalte von einer Verlagerung der Substrate auszugehen ist, handelt es sich wohl um einen größeren Anteil an stark verwitterten rotlatosolartigen Solumsedimenten in diesen Profilen.

Dieses Charakteristikum wurde daher in die Bezeichnung des Bodentyps und in die Horizontbezeichnungen aufgenommen (ferralic properties der FAO-Klassifikation bzw. Bu und Rotlatosol nach AG Bodenkunde). Die SiO_2/Al_2O_3-Werte als Maß für die Verwitterungsintensität dagegen sind wesentlich höher als die von autochthonen steinfreien lehmig-tonigen roten Profilen (s. Abb. 40), so daß hier vermutlich der höhere Anteil des relativ gering verwitterten Sandes zur Geltung kommt.

Tab. 11 Ausgewählte bodenchemische Analysendaten des Profils "Nüng Noi": Rotlatosol-Regosol (ferralic Regosol)

Horizont	Fe_2O_3	Fe_d	Fe_o/ Fe_d	Si_2O_3/ Al_2O_3	S- Wert	V- Wert	T- Wert	AK mmol/z/ 100 g Ton	pH
Ap	n.b.	2,3	0,06	n.b.	9,06	34,0	26,6	n.b.	5,4
Mbu	6,0	2,5	0,09	5,05	2,24	30,4	7,4	18,3	5,5
lCvBu	6,6	3,2	0,05	4,6	1,35	33,1	4,1	17,0	6,0

n.b. = nicht bestimmt

Mikrorelief und Bodenabfolge sprechen dafür, daß vom Oberhang her Massenbewegungen erfolgt sind, die das Kerbtal teilweise verschüttet haben. So entstand der Komplexhang mit verschiedenen "Rutschungsloben". Offensichtlich sind rötliche Bodensedimente und Material aus angewitterten dunklen Glimmerschieferlagen aber auch Granit- oder Gneisgrus miteinander vermengt und diese Substrate über ungestörte Bereiche (Profiltyp 1) hinüber transportiert worden, wobei die tonreiche Bodendecke (Acri- u. Nitisols) vermutlich als Gleitfläche gedient hat. Die Gesteinswechsel (Gneis, Glimmerschiefer sowie Granit) sind Ausdruck der geologischen Grenze sowie der tektonischen Störungen und bedingen insgesamt eine starke Anfälligkeit für die Eintiefung des Kerbtales und die Massenbewegungen in dem Areal.

Der untere Talbereich ist im wesentlichen kolluvial verfüllt. Der Prozess der Verlagerung von Feinmaterial, vor allem aus den oberen Bodenhorizonten bzw. von der Oberfläche, wurde vermutlich durch Rodung und langjährige intensive Nutzung sehr verstärkt, so daß z. B. die Tonarmut des Pflughorizontes im Profil "Nüng Noi" erklärbar wird.

Sehr deutlich wird die Genese als korrelates Sediment einer Rutschung und das große Spektrum an Gesteinen bei einem kleinen, schmalen "Sporn" ca. 300 m nördlich des "Nüng Noi"-Areals, einer 6 bis 8 m breiten und 10 bis 12 m langen Vollform, die sich hangabwärts stark verjüngt und weitgehend aufgeschlossen ist. Jenseits des "Spornes" sind am Hang die typischen steinfreien Profile mit 1 - 2 m mächtigen Acrisols über weißem Gesteinszersatz zu erkennen. Im Bereich der Kurve und des "Spornes" finden sich dagegen zahlreiche unterschiedliche Gesteinsbruchstücke in einer dunkelrötlichbraunen Matrix aus sandigem Lehm. Ähnliche Böden zeigen sich ferner nördlich der Wasserscheide oberhalb der 1400 m-Verebnung, wobei dort auch Glimmerschiefer örtlich eine Schicht des Anstehenden bilden (s. 3.2.2).

4.4.5 Verbreitung und Genese der Boden- und Substratgesellschaften aus Rutschungsmassen

Derartige Reliefabfolgen, "Komplexhänge unter Steilhängen" mit oder ohne eindeutige Abrißnischen, finden sich sehr häufig im Untersuchungsgebiet zwischen 700 und 1800 m ü. M. (s. Abb. 35 u. Beilage). Die Komplexhänge stellen jeweils die Akkumulationsformen der Massenbewegungen, Bergsturzmassen und Rutschungen dar. Verwitterte Materialien, wie Solumsedimente oder frische Substrate, z. B. Regolith oder Schutt, die mehr oder weniger stark vermischt und verlagert wurden, bilden die Ausgangsmaterialien der rezenten Bodenentwicklung. Diese Bereiche zeigen daher meist einen kleinräumigen Bodenwechsel, starken Skelettanteil in den Sedimenten und Böden sowie oft auch ausgeprägte Blockbedeckung. Das Bodenmosaik ist dabei an den Komplexhängen sowohl in sich als auch untereinander oft sehr heterogen (C2-Bodengesellschaften).

Die Ausprägung der Böden und der Bodenabfolgen ist abhängig von der geologischen Situation, dem Prärelief, der Präverwitterung und Bodenbildung sowie der Art und dem Umfang der Massenbewegung. Ferner spielt natürlich auch das Alter der Massenbewegung bzw. die Dauer und Intensität der postsedimentären Pedogenese eine Rolle. Sind zum Beispiel Felsflächen als Abrißnischen bzw. Liefergebiete vorhanden und größere Mengen in Form von bergsturzähnlichen Bewegungen verlagert worden, dominieren am Komplexhang starke Blockbedeckung und relativ frische oder wenig verwitterte Regolithmaterialien, die zur Ausbildung von hellgelblichbraunen cambic Arenosols oder Regosols führen. Dies gilt für Bereiche der Pha Mon Mai-Catena (s. Abb. 25), viele weitere kleine Vorkommen im Mae Klang-Einzugsgebiet (s. Abb. 35 u. Beilage), für Komplexhänge am ostexponierten Mittelhang südlich der 1600 m-Fläche (s. Gebiet 7 in Abb. 2) und am nordexponierten Hang des Doi Mo Lui-Höhenzuges. Die Gebiete "Nördliche Forststation" und das Lao Kho-Becken stellen dagegen die Akkumulationszonen großer Massenbewegungen dar und zeigen relativ homogene Böden, die C1-Gesellschaften (s. Abb. 24 u. Beilage).

Sind Gesteinswechsel beteiligt, insbesondere Vorkommen von Glimmerschiefern, weisen die verlagerten Substrate oft ausgesprochen dunkelrötlichbraune Farben infolge der hohen Anteile schwarzer Biotit-Glimmerschieferbruchstücke auf. Diese Situation findet sich im Bereich zwischen dem Khun Klang-Tal und dem Lao Kho-Bekken ("Nüng Noi"-Areal) sowie am westexponiertem Hang des Mae Aep-Tales (s. Abb. 35 u. Beilage).

Die wenig intensive Bodenbildung in den meisten Substraten sowie die Vorkommen aktueller Rutschungen sprechen dafür, daß es sich in der Regel um junge, vermutlich holozäne Massenbewegungen handelt. Die größeren sind vermutlich durch Neotektonik und Erdbeben ausgelöst worden, die kleineren durch extreme Niederschlagsereignisse in Kombination mit anthropogenen Eingriffen. Die Bergstürze, Rutschungen, Erdschlipfe und Schuttströme treten vor allem in der Nähe von geologischen Grenzen bzw. tektonischen Verwerfungen auf (s. Beilage) und spiegeln somit die Labilität dieser Schwäche- und Störungszonen wider (SUMMERFIELD 1987).

4.5 Die rudic Acrisols und Arenosols und die Bodenwechsel in den Lagen unterhalb von 700 m ü. M.

Die Bereiche etwa unterhalb von 700 m ü. M. sind gekennzeichnet durch eine ausgeprägte Heterogenität der anstehenden Gesteine. Es finden sich feinkörnige, gebänderte Gneise und Kalksilikate, vereinzelt Marmor, ferner Phyllite, Kiesel- und Quarzitschiefer, Grauwacken und Kalksteine (s. 3.2.2). Auffallend ist das häufige Fehlen mächtiger Regolithe und die starke Zerrunsung der Hänge in allen Gebieten. Manchmal treten im Abstand von 30 - 80 m, manchmal alle 100-200 m Rinnen und Runsen von 0,1 - 0,6 m Tiefe und 0,2 - 0,8 m Breite auf, die hangabwärts Breiten und Tiefen von mehr als drei Meter erreichen können (s. Foto 9).

Es dominieren langgestreckte schmale Höhenzüge und in Sporne und Riedel gegliederte Bereiche. Die Hänge sind in der Regel kürzer als in den mittleren Höhenlagen, meist jedoch stark linear zerschnitten sowie oft in sich gestuft und stellenweise sehr steil (s. 3.3).

Hier sind laubabwerfende Wälder verbreitet, wobei an Oberhängen und auf den Rükken meist weitständige und artenarme Decidous Dipterocarp Forests (DDF) ausgebildet sind, an Unterhängen dichtere Varianten oder Formen des Mixed Decidous Forest (MDF). An perennierenden Gewässern finden sich oft immergrüne Galeriewälder. Im Nordosten kommen auch dichte Bambuswälder an den Unter- und Mittelhängen vor (s. 3.4). Ackerbauliche Nutzung ist beschränkt auf kleine Bereiche in den breiteren Tälern des Mae Hoi, Mae Pon und Mae Ya (s. Abb. 2). Die Wälder wurden oft sehr intensiv zum Holzeinschlag und zur Waldweide genutzt. In den letzten Jahren werden trotz der Verbote durch die Nationalparkverwaltung viele Flächen regelmäßig abgeflämmt (s. 3.5).

4.5.1 Kleinräumiger Wechsel der Bodengesellschaften in den Gebieten "Mae Hoi" und "Huai Sip Sam"

Der Höhenrücken im Nordosten des Nationalparks, der über 800 m ü. M. erreicht, stellt den Überschiebungsbereich der paläozoischen Metamorphite und Sedimente über bzw. gegen die Gneise im Osten dar (s. Abb 4). Das Tal des Huai Sip Sam im Westen folgt der tektonischen Störung entlang der Grenze der Überschiebung. Der Rücken wird im Norden überwiegend aus Phylitt und Schiefer aufgebaut, im Süden meist aus Marmor, gebänderten Kalksilikatgesteinen, Augengneisen sowie Sand- und Kalksteinen.

An den oft mehr als 70 % steilen, relativ dicht mit Bambus bestockten Hängen finden sich im nordöstlichen Bereich des Gebietes 2.4 sowie im Norden des Gebietes 4 (s. Abb. 2) überwiegend rötliche lehmig-tonige Böden mit meist hohem Skelettgehalt (s. Abb. 27). Oft weist schon die Geländeoberfläche eine starke Bedeckung mit Steinen oder Blöcken auf. Die Oberböden sind 10 - 25 cm mächtig, dunkelrötlichbraun oder dunkelgraubraun und enthalten meist 30 - 60 % Grus und Steine. Sie werden daher als lCvAh-Horizonte angesprochen. Die Horizonte im Liegenden, oft ebenfalls dunkelrötlichbraun oder gelblichrot, toniger Lehm bis lehmiger Ton, enthalten ähnliche hohe Skelettanteile (s. Abb. 27). Aufgrund der hohen Skelettgehalte sind die Profile meist nur bis in 0,5 - 0,8 m Tiefe zu durchteufen. An Aufschlüssen in den sehr häufig vorkommenden Runsen bzw. an Schürfgruben zeigt sich, daß oft in 0,7 - 1 m Tiefe das mehr oder weniger verwitterte Anstehende bzw. große Blöcke festen Gesteins erreicht werden (s. Abb. 28). Diese Bodenprofile werden als steinige Acrisols bzw. Regosol-Rotlatosole angesprochen (FAO: rudic Acrisols, Ferralsols bzw. Nitisols) und zur **Bodengesellschaft D1** zusammengefaßt. Die hohen Steingehalte in fast allen Horizonten sprechen dafür, daß es sich bei den meisten Profilen um verlagerte Substrate handelt.

Auffallend sind die steilen konvexen Unterhänge, die abrupt in den Talboden mit kleinräumigen Substratwechseln übergehen (s. Abb. 27). Auf den Verebnungen der Sporne und Riedel, die längs des Mae Hoi-Tales häufiger vorkommen und ca. 10 - 30 m oberhalb des heutigen Talbodens liegen, finden sich oft Pisolithe in den Horizonten bzw. auf der Geländeoberfläche (s. Profil 5 in Abb. 27), ein Hinweis auf Lateritisierung. Manchmal kommen an derartigen Standorten auch Gerölle vor. Diese Phänomene lassen vermuten, daß die Areale zuvor im Einflußbereich des Gewässers gelegen haben. Das heißt, die Bereiche sind relativ jung gehoben worden bzw. der Mae Hoi hat sich stark eingetieft. Dies spricht für Neotektonik (s. 5.3.3 u. 5.3.5).

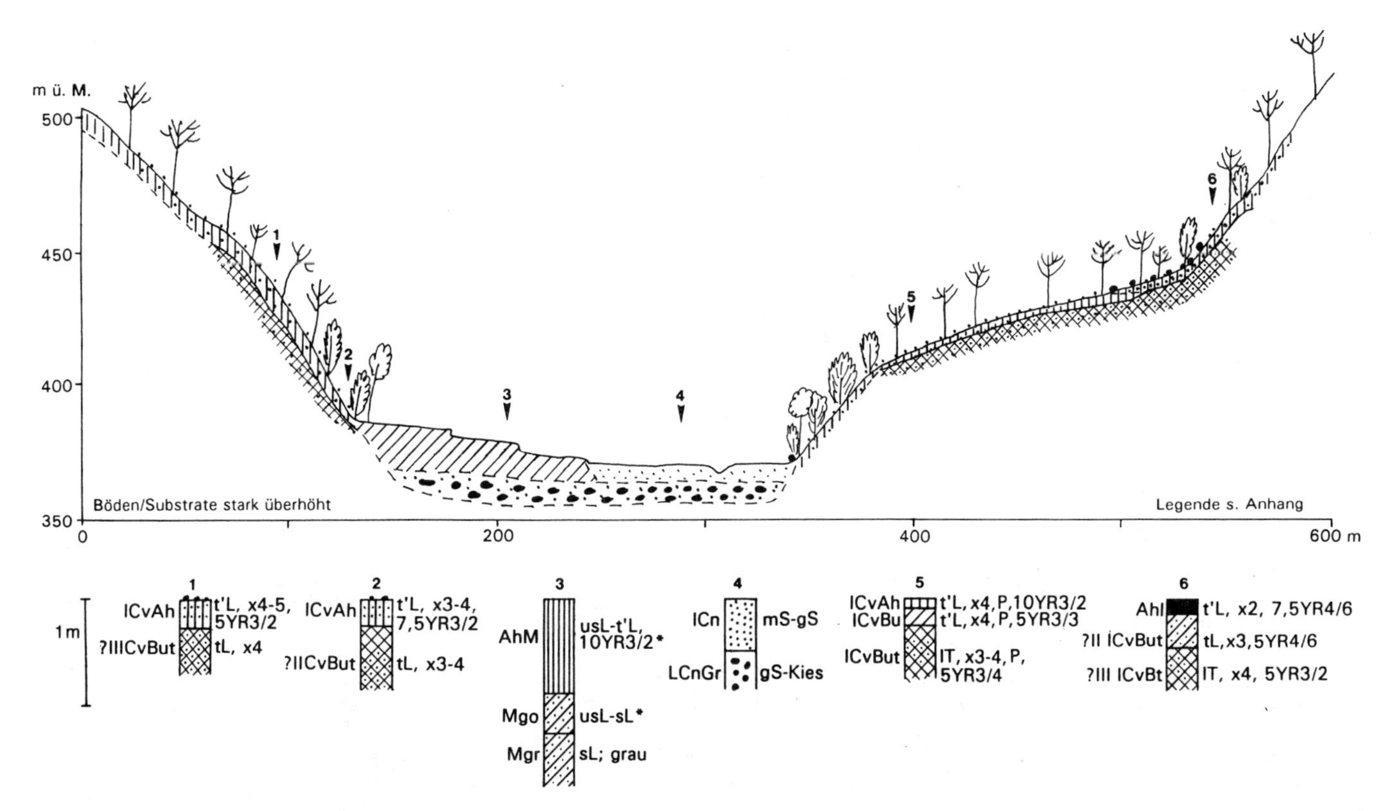

Abb. 27 Catena "Mae Hoi Nüa": Bodengesellschaft D1 mit rudic Acri- und Ferralsols

Obwohl oft kalkhaltige Gesteine an der Oberfläche zu finden sind, läßt sich in den umliegenden Böden bzw. Substraten nicht immer Kalkgehalt nachweisen (Profil 6 in Abb. 27). Die Substrate stellen wohl alte Bodenbildungen dar, während die Blöcke und Steine später herantransportiert wurden. An steilen Hangpartien, vor allem an den Hängen in den Engtalbereichen, kommen hingegen oft geringmächtige kalkhaltige Braunerden (calceric Cambisols) oder Braunerde-Rendzinen (calceric lithic Cambisols) vor, vermutlich rezente Böden.

Weiter im Süden des Mae Hoi-Tales, am südlichen Ende des Höhenzuges, dominieren an der relativ flach geneigten Talflanke im Westen zwischen 550 und 350 m ü. M. unter einem sehr offenen, artenarmen Dipterocarpaceen-Wald geringmächtige helle Böden bzw. Substrate. Unter stark skeletthaltigen dunkelgraubraunen bis graubraunen lCvAh-Horizonten finden sich nur 10 - 30 cm mächtige helle gelblichgraue Sande mit sehr hohem oder auch sehr geringem Skelettgehalt, vermutlich über dem Anstehenden (s. Profil 1 in Abb. 28). Die Profile sind teilweise den Braunerde-Rankern bzw. Regosols zuzuordnen (rudic oder lithic Cambisols, Regosols oder Arenosols der FAO 1988). Diese Böden bzw. Substrate wechseln im Unterhangbereich mit tonig-lehmigen rötlichen oder bräunlichen skeletthaltigen Profilen (Profil 3 in Abb. 28). Profil Nr. 2 wurde an einer der hier sehr häufigen kleinen Runsen bzw. Rinnen aufgenommen und zeigt über den unterschiedlichen Blöcken in der Tiefenlinie an den Wänden ein braunes Substrat mit etwa 40 % Skelettgehalt in sandiger Matrix. Typisch sind die relativ mächtigen Rotlehm- bzw. Acrisolprofile über dem Festgestein an den Hangfüßen (Profil 4 in Abb. 28). Das Profil 4 zeigt folgende Horizontabfolge:

Profil "Mae Hoi"

Höhenlage: ca. 365 m ü. M.
Geländeposition: konvexer Hangfuß
Neigung: oberhalb des Aufschlusses ca. 15 - 20 %
Exposition: West-Südwest
Vegetation/Nutzung: DDF mit viel Bambus am Bewässerungsgraben
Aufnahmmedatum: 20.02.1990

Profilbeschreibung:

Ah - 3 cm dunkelgraubraun (7,5 YR 3/2), mittel humos, schwach bis mittel grusig-steinig, stark durchwurzelt, schwach toniger Lehm, trocken, graduell, wellig begrenzt;

AhBv - 20 cm braun, schwach humos, mittel bis stark durchwurzelt, mitteltoniger Lehm, mittel grusig-steinig, klar und wellig begrenzt;

GorBut - 65 cm gelblichrot (5 YR 4/6), marmoriert, schwach durchwurzelt, lehmiger Ton, stark grusig-steinig, hart, graduell unregelmässiger Übergang;

BtCv - 90 cm hellgrau bis weiß gebändertes Gestein, in Klüften und Rissen rotes toniges Feinmaterial;

Cn weißer bis grauer Augengneis mit Quarzadern.

Bodentyp: FAO: gleyic Acrisol.
Vergleyter Acrisol über Festgestein.

Die Vergesellschaftung von geringmächtigen skeletthaltigen Böden an den Oberhängen und Acrisols über Festgestein an Unterhängen charakterisiert viele weitere Gebiete in den unteren Lagen des Nationalparks und bildet die **Bodengesellschaft D2** (s. Abb. 31 u. 36).

Das Besondere an der Boden- und Reliefabfolge "Sop Mae Hoi" (s. Abb. 28) ist der lange, flach geneigte Unterhang am rechten Ufer, unterhalb einer Kalksteinwand am Oberhang. Dieser Sporn hat sich in der Gleithangposition südlich eines Engtales ausgebildet und wird überwiegend als Obstbaumanlage genutzt. Am Übergang vom Flußbett zum Unterhang findet sich ein mehrschichtiges plinthitisches Rotlatosolprofil (s. Profil 5 in Abb. 28) über weißem schiefrigem Festgestein, überlagert von fluvialen Sanden (Hochflutsanden). Das Profil 6, etwa 150 m vom Fluß entfernt, weist keine Pisolithe in den roten Btu-Horizonten auf. Der Oberboden (Ah und AlBv) ist hier stärker lehmig-tonig. An der Oberfläche zeigen sich starke Verschlämmungs- und Erosionserscheinungen. Die Profile 7 und 8 liegen im stärker geneigten Hangbereich, der nun mit dichtem Bambusdickicht bestockt ist. Stufen im Gelände weisen darauf hin, daß im unteren Bereich der Hangpartie Terrassen angelegt wurden. Die Oberfläche ist stark mit kleinen und großen Kalksteinblöcken übersät, die von der rückwärtigen Felswand stammen. Aufgrund der früheren Nutzung sowie der nun dichten Vegetation haben sich hier mächtige, stark humose, schwarze, sehr stark durchwurzelte, lockere, aber skeletthaltige Oberböden entwickelt. Das Profil Nr. 7, ca. 25 m unterhalb der Felswand, in einer 60 % geneigten Position, weist schwachen Kalkgehalt im AhBv über dem Festgestein auf (Braunerde-Rendzina).

Nördlich der Catena ist im Flußbett eine zweiteilige Festgesteinsschwelle ausgebildet (s. Abb. 29). Südlich davon ist der Talboden mit hellgrauen, gelbbraunen oder rötlichen Sanden verfüllt, die stellenweise Kies überlagern. Innerhalb des dort ca. 100 m breiten Talbodens löst sich der Fluß in der Trockenzeit in mehrere mäandrierende Rinnsale auf. Die Schwelle kann erklärt werden durch das Ausstreichen einer wi-

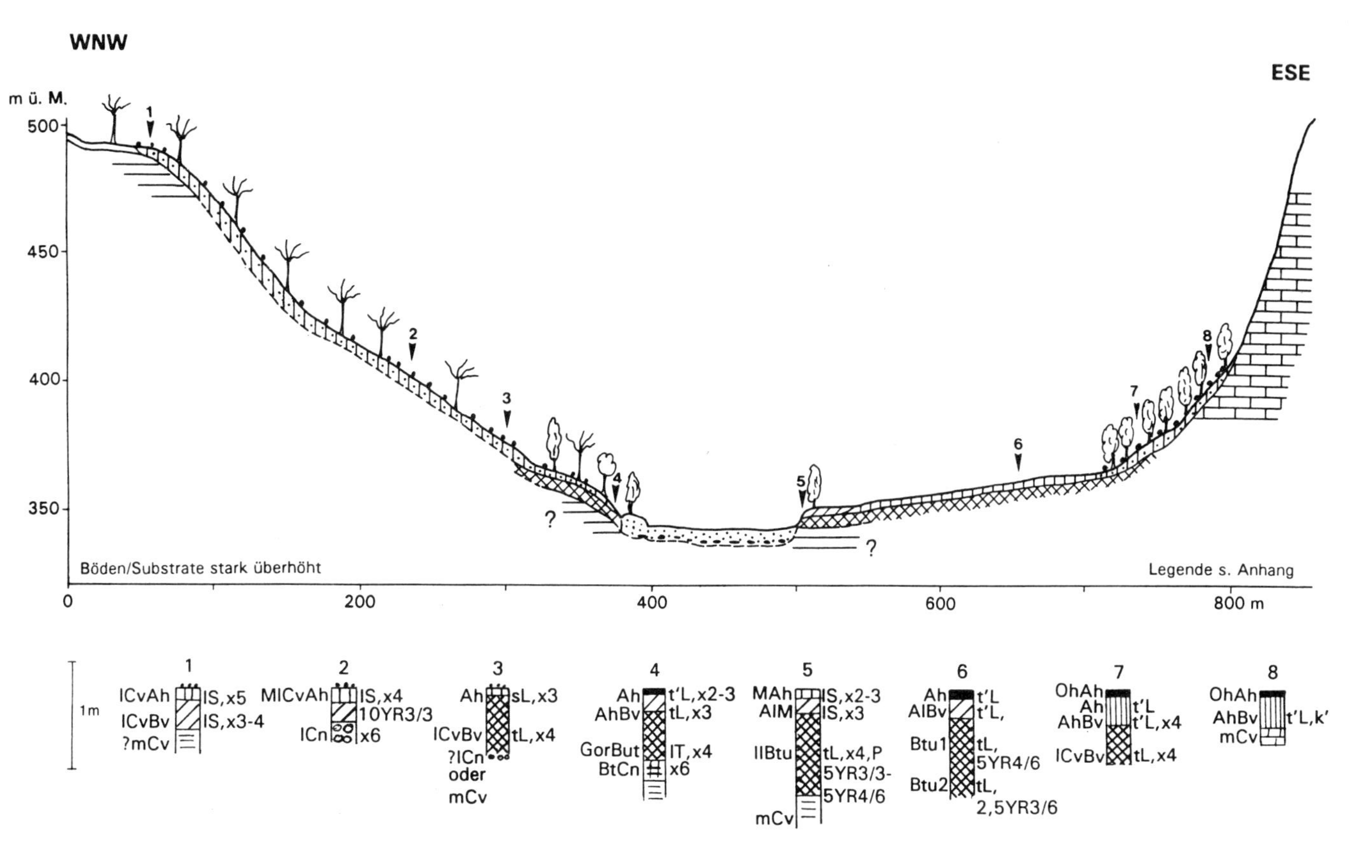

Abb. 28 Catena "Sop Mae Hoi": Bodengesellschaften D1 und D2 mit calceric Cambisols

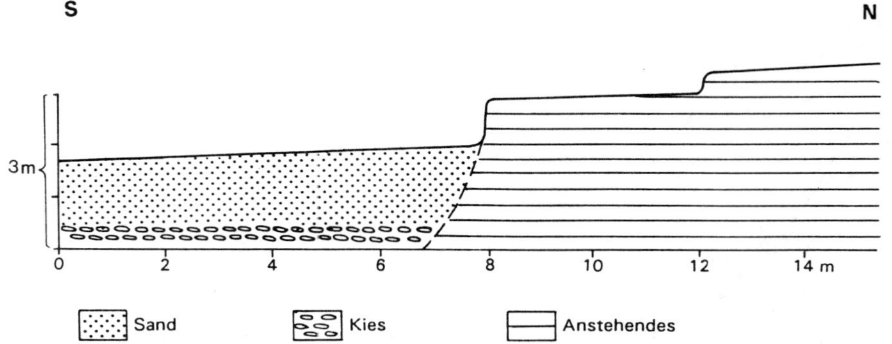

Abb. 29 Sand- und Kiesakkumulation im Flußbett des unteren Mae Hoi vor den Festgesteinsschwellen

derständigen Schicht kombiniert mit Hebung des nördlichen Bereiches, so daß zum Ausgleich des Gefälles der Bereich davor schnell verfüllt wurde.

Am westlichen Rand des Höhenzuges, im Bereich des periodischen Gewässers "Huai Sip Sam", zeigt sich die Heterogenität der Bodenabfolgen und die Abhängigkeit der Böden von den geologisch-tektonischen Verhältnissen besonders deutlich. Auch hier nimmt die Häufigkeit von rudic Arenosols oder Cambisols der Bodengesellschaft D2 von Norden nach Süden zu.

Der südliche Bereich des westlichen Rückens weist im Kamm- und Oberhangbereich zum Teil skeletthaltige Ranker-Braunerden bzw. Regosols über weißem bis gelbem, schiefrigem, kalkfreiem Anstehenden auf (Profile 1 u. 2 in Abb. 30b). An der Ostabdachung zum Huai kommen steinige Braunerden (Profil 3), Acrisols im verebneten Mittelhangbereich (Profile 4) sowie Kolluvien (Profil 5) am Hangfuß vor. Der Gegenhang zeigt eine andere Bodenabfolge: Hier ist im Kammbereich ein schwach grusig-steiniger aber sehr mächtiger toniger Rotlehm ausgebildet (Profile 8). Da die Blöcke im Kammbereich stellenweise kalkhaltig sind, kann ein Zusammenhang zwischen Marmor bzw. Kalkstein als Ausgangsmaterial und der Mächtigkeit der Bodenbildung angenommen werden. Im stark zerrunsten Ober- und Mittelhangbereich finden sich grusig-steinige Regosols über hellem Gesteinsgrus (Profile 7). Denkbar ist, daß hier eine verwitterungsresistentere, weniger "rotlehmfreundliche" Gesteinsschicht relativ oberflächennah ansteht.

Die Catena, die ca. 400 m weiter im Norden des Tales aufgenommen wurde (s. Abb. 30a), weist auch im Kammbereich des westlichen Höhenzuges mächtige tiefrote, z.

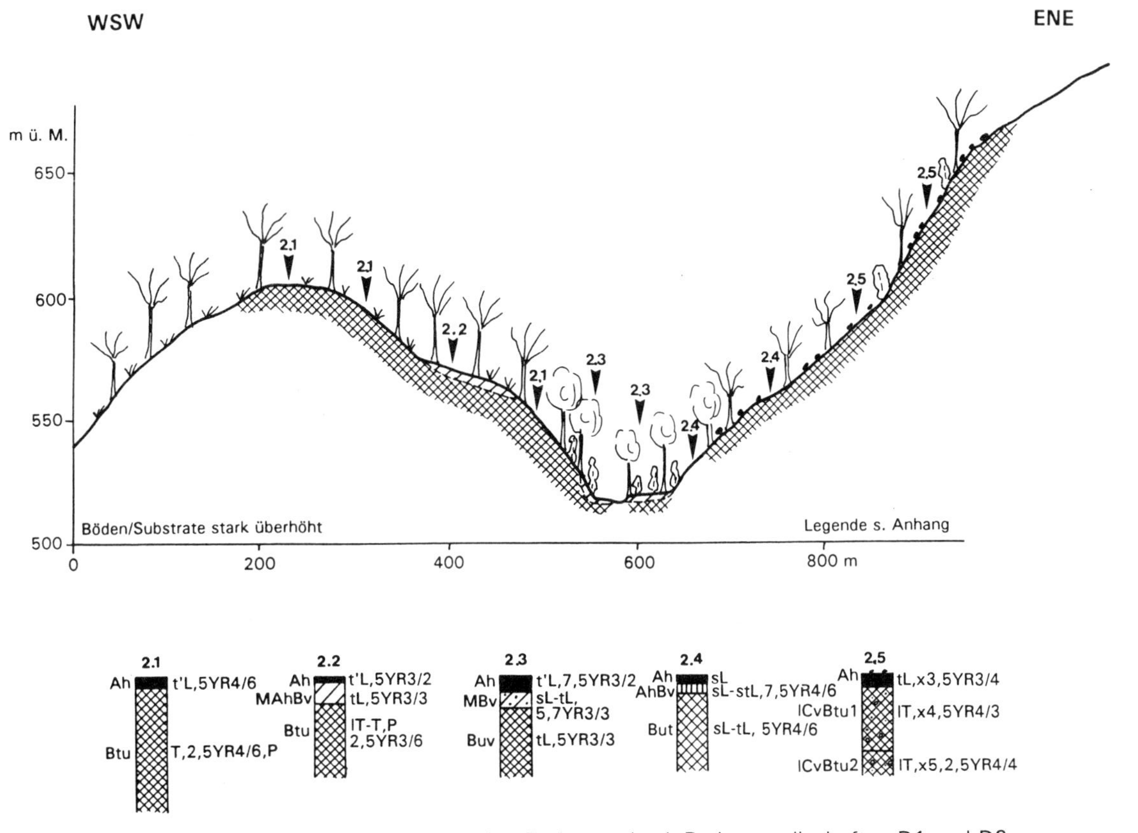

Abb. 30a Catena "Huai Sip Sam": Kleinräumige Bodenwechsel, Bodengesellschaften D1 und D2

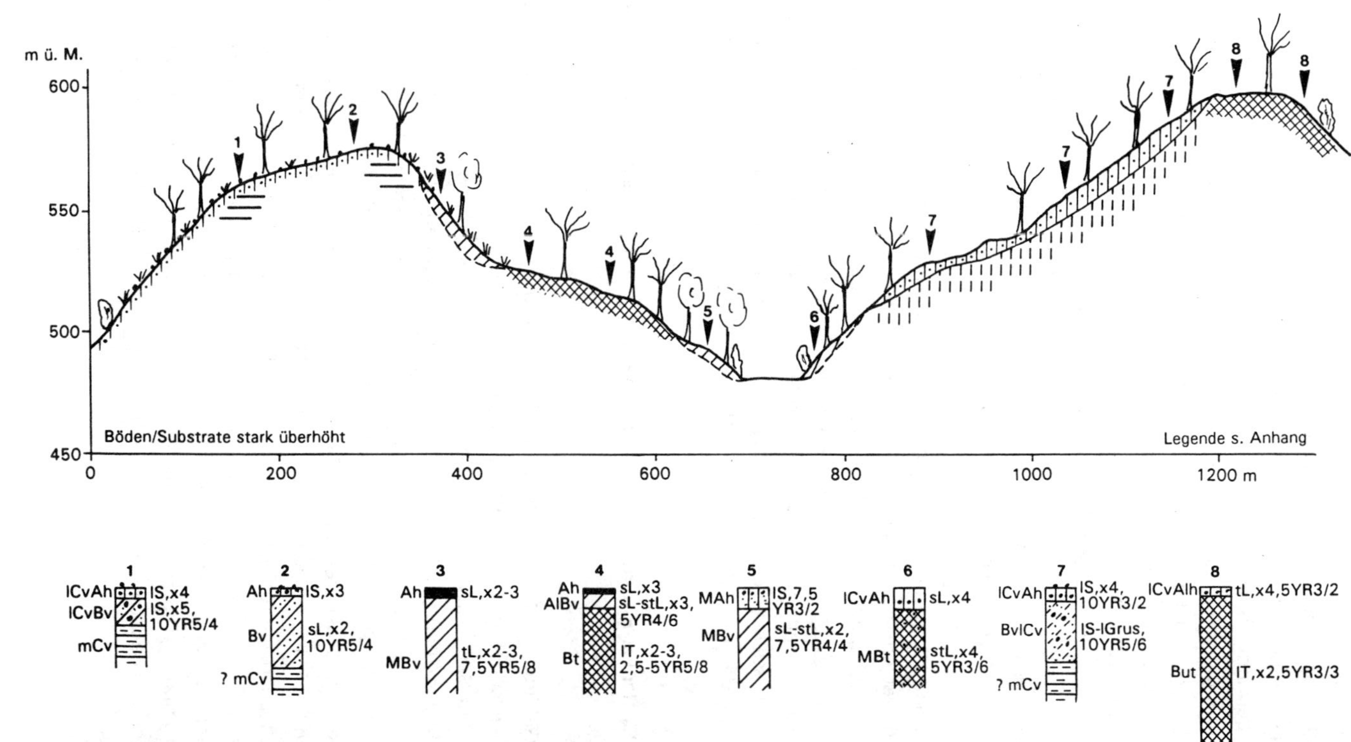

Abb. 30b Catena "Huai Sip Sam": Kleinräumige Bodenwechsel, Bodengesellschaften D1 und D2

T. pisolithhaltige Böden auf (Ferralsol, Profile 2.1). Das heißt, auf dem Höhenzug erfolgt ohne deutlich erkennbaren Relief- und Gesteinswechsel ein starker Bodenwechsel von geringmächtigen Ranker-Braunerden zu sehr mächtigen Ferralsols (s. Abb. 30a-b). Vermutlich ist auch hier ein lokal begrenztes Marmor bzw. Kalksteinvorkommen im Untergrund für den Bodenwechsel verantwortlich. Der tiefrote pisolithhaltige Ton, der Btu-Horizont des Ferralsol-Profiles, weist immerhin einen S-Wert von 1,9 mmol/z/ 100 g Boden und eine Basensättigung von 19,2 % auf. Er zeigt damit ähnliche Werte wie der Khun Klang-Rotlehm, dem eine basischere Variante im Gesteinsuntergrund zugesprochen wurde. Die Werte sind jedoch deutlich geringer als beim Profil "Mae Ya" (s. 4.5.2). Auch hier finden sich zahlreiche Rinnen und Gullies, die in die roten Böden eingeschnitten sind.

Am Unterhang und am jenseitigen Ufer, auf einer schmalen Terrasse bzw. einem Gleithang, zeigen sich stellenweise sandig-lehmige braunfarbene Profile mit kolluvial-fluvialer Bedeckung (Profile 2.3 in Abb. 30a). Am Mittel- und Oberhang, zum Teil mit 70 % Hangneigung, dominieren neben mittelsteinigen gelblichroten Profilen (Profile 2.4) vor allem sehr rote und stark skeletthaltige Rotlatosol-Regosole (Profile 2.5). Diese Profile stellen vermutlich verlagerte Substrate dar, ähnlich wie die Böden im Norden des Mae Hoi-Tales (s. Abb. 27).

4.5.2 Die Ranker-Braunerden aus Schuttdecken und die fossilen Böden der südlichen Gebiete

In den Gebieten südlich der Hauptstraße (s. Abb. 36) dominieren überwiegend die Bodengesellschaften D2 mit geringmächtigen und hellen Böden. Dies verdeutlicht die Catena "Liu Sai" (Abb. 31). An den Oberhängen und Kuppen finden sich unter geringmächtigen und steinigen Ah- bzw. lCvAh-Horizonten oft 20 - 40 cm mächtige helle, schwach lehmige Sande mit hohem oder niedrigem Steingehalt (s. Profile 1 u. 2 in Abb. 31), die als rudic oder lithic Cambisols bzw. rudic Arenosols anzusprechen sind. Die Böden der verebneten Mittel- und der Unterhänge weisen Mächtigkeiten zwischen 0,5 - 1,3 m, gelbe, braune oder rötliche Farben, meist geringe Steingehalte sowie oft auch hydromorphe Merkmale auf (s. Profile 3 u. 4). Etwa 25 m hangabwärts von Profil 4 streicht das unverwitterte Festgestein (Augengneis mit vielen Quarzadern) an der Oberfläche aus. In diesem Areal stockt überall ein sehr weitständiger, artenarmer Dipterocarpaceen-Wald (s. Foto 8). Die Geländeoberfläche ist stark mit Steinen bedeckt (überwiegend Quarze) und durch Rinnen und Gullies zerschnitten.

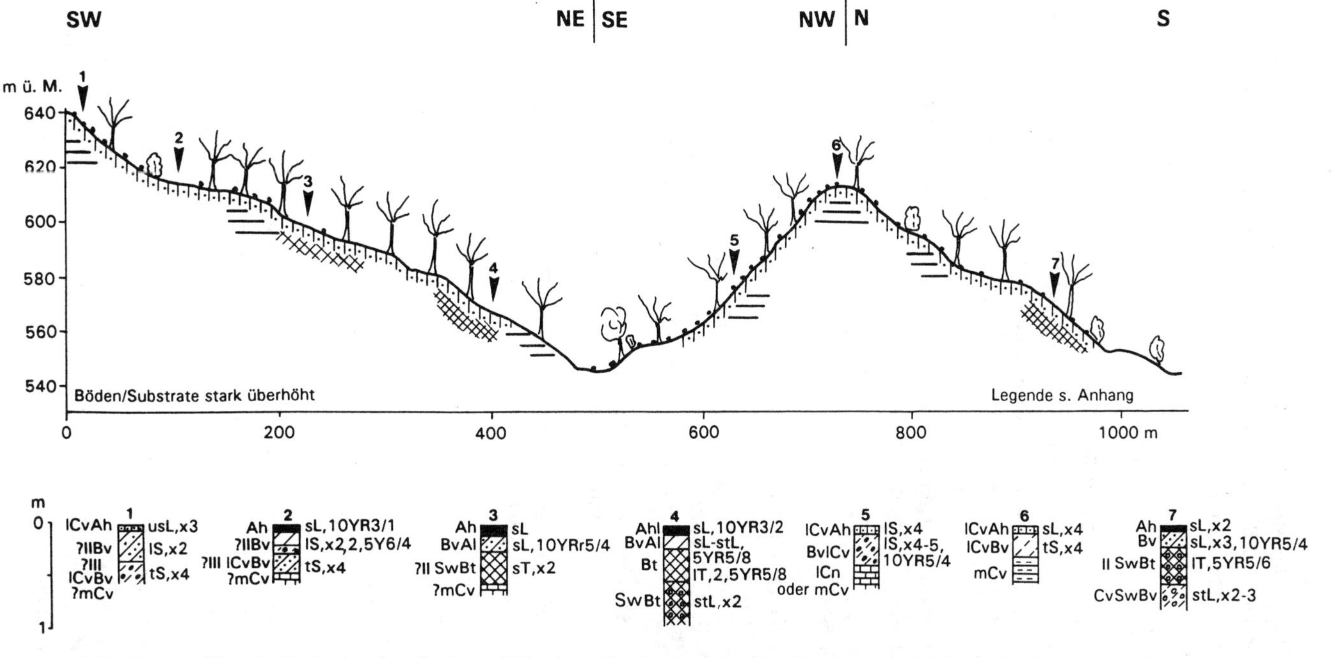

Abb. 31 Catena "Liu Sai": Bodengesellschaft D2 mit rudic Arenosols, Cambisols und gleyic Acrisols

An einem Hang zum Mae Ya (s. Gebiet 5 in Abb. 2), der ähnlich geringmächtige skelettreiche Böden und Substrate aufweist, zeigt sich in einem Aufschluß am Unterhang ein mehrschichtiges Profil:

Profil "Mae Ya"

Höhenlage: ca. 490 m ü. M.
Geländeposition: konkaver Unterhangbereich durch Nähe zur Nebentiefenlinie, sonst konvexer Unterhang
Neigung: 20 % oberhalb des Aufschlusses, unterhalb ca. 30 %
Exposition: Nord-Nordost
Vegetation/Nutzung: artenreicherer Dipterocarpacaen-Wald, Straßenanschnitt
Aufnahmedatum: 03.04.1991

Profilbeschreibung:

an der Oberfläche sehr starke Stein- und Blockbedeckung

lCvAh - 10 cm dunkelgraubraun (10 YR 3/3- 3/2), schwach humos, schwach durchwurzelt, lehmiger Sand, stark bis sehr stark steinig, sehr trocken, klar und unregelmäßig begrenzt;

lCvBv - 50 cm 7,5 YR 5/4, gelblichbraun, lehmiger bis toniger Sand, schwach durchwurzelt, sehr stark steinig, abrupt und gerade begrenzt;

IIBut - 95 cm rot bis gelblichrot (5 YR 4/68), schwach durchwurzelt, lehmiger Ton, subpolyedrisches Rißgefüge, klar und gerade begrenzt;

IIGorBut - 120 cm grau (10 YR 6/4), stellenweise rot und ocker, marmoriert, lehmiger Ton, abrupt begrenzt;

Cn - 200 cm graues bis weißes gebändertes Gestein mit Quarzadern (?Gneis oder Kalksilikate).

Bodentyp: FAO: rudic Arenosol über gleyic Ferralsol.
Steiniger Regosol über vergleytem Rotlehm mit Fleckenzone über Festgestein.

Die im Gelände deutliche Schichtgrenze zwischen dem steinigen, sandigen Oberboden und dem sehr tonigen, steinfreien Substrat bzw. Bodenhorizont zeigt sich auch in dem starken Sprung der SiO_2/Al_2O_3-Werte von 8,7 zu 1,65, im Anstieg der Fe_d und Fe_2O_3-Werte sowie durch den Abfall der potentiellen Austauschkapazität der Tonfraktion und des pH-Wertes (s. Tab. 12). Die beiden oberen Horizonte stellen eindeutig jüngere, weniger verwitterte Bildungen dar, die zur obersten Schicht, der sog. **Schuttdecke**, zusammengefaßt werden.

Tab. 12 Ausgewählte bodenchemische Analysedaten des Profiles "Mae Ya": Rudic Arenosol über gleyic Ferralsol

Horizont	Fe_2O_3	Fe_d	Fe_o/Fe_d	SiO_2/Al_2O_3	S- Wert	T- Wert	V-Wert -	AK mmol/z/ 100 g Ton	pH
ICvAh	n.b.	0,05	0,074	n.b	3,9	6,5	44,3	27,3	5,1
ICvBv	2,62	0,67	0,043	8,7	3,7	6,1	24,8	34,1	5,2
IIBut	5,26	1,54	0,032	1,65	3,1	10,15	30,2	15,3	3,8
IIGorBut	n.b.	1,286	0,038	-	4,1	9,5	42,3	16,9	4,0

n.b. = nicht bestimmt

Die S-Werte und die Werte der Basensättigung (V-Werte) sind in allen Horizonten relativ hoch (s. Tab. 12). Dies läßt sich durch die Präsenz relativ unverwitterten Materials (Gesteinsbruchstücke) im Hangenden und durch Akkumulation von Nährstoffen in dieser Unterhangposition, vor allem im fossilen Ferralsol, erklären. Dabei ist nicht auszuschließen, daß kalkhaltige Gesteinsschichten (Kalksilikate oder Marmor) in den Liefergebieten vorkommen, die nährstoffreichere Verwitterungsprodukte liefern als die Gneise und Granite.

Auch an anderen Unter- und Mittelhangpositionen im Einzugsgebiet des unteren Mae Ya sowie weiter im Süden am südexponierten Hang zum Mae Tae (s. Gebiet 9 in Abb. 2) finden sich an Straßen- und Weganschnitten vergleichbare zwei- oder mehrschichtige Profile, jeweils mit einer gröberen Schuttdecke im Hangenden über Bodensedimenten oder anderen Substraten.

Besonders deutlich ist die Bodengesellschaft D2 am Hang zum Mae Tae ausgeprägt. An den dort zahlreichen Wegaufschlüssen bzw. Runsen zeigt sich die Vergesellschaftung von Bereichen bloßgelegten Festgesteines (Augengneise und Quarzitschiefer) mit rudic Arenosols (Ranker-Braunerden bzw. Regosole) über Anstehendem sowie Schuttdecken, die eine weitere Schuttdecke oder Bodensedimente überlagern. Im Profil A (s. Abb. 32) finden sich zwei Horizonte mit hohen Steingehalten in schwach lehmig-sandiger Matrix. Das gelblichrote Substrat im Liegenden mit Pisolithen stellt die umgelagerten Reste von lehmig-tonigen ferralitisch-plinthitischen Bodenbildungen dar. Die skeletthaltigen Substrate im Hangenden repräsentieren Akkumulationsphasen, wo überwiegend Zersatzmaterial sowie sehr viele Bruchstücke des Festgesteins vom Oberhang geliefert wurden. In solchen Phasen dominierte die physikalische Verwitterung. Möglicherweise stellen dabei der lCvAh und der lCvM jeweils eigene Schichten dar, denn der Steingehalt ist unterschiedlich ausgeprägt.

Es finden sich zudem Profile, meistens an den Hangfüßen, in der Nähe der perennierenden oder periodischen Gewässer, in denen die obere Schuttdecke mit großen Steinen und Blöcken einen weniger steinigen (oder gelegentlich auch steinfreien) hellgelben Sand über dem Anstehenden überlagert (s. Profil B in Abb. 32). Der Sand könnte sowohl ein fluviales Sediment darstellen als auch den Zersatz des Festgesteins, wobei erstere Annahme in den dafür spezifischen Positionen wahrscheinlich ist, zweitere Annahme, weil das Anstehende oft von einem hellen, gelblichen, dünn gebankten Gestein (Quarzitschiefer) gebildet wird.

Profil "Mae Tae Khün"

Höhe: ca. 520 m ü. M.
Geländeposition: Mittelhang
Neigung: ca. 40 %
Exposition: Süd
Vegetation: DDF, Weg
Aufnahmedatum: 12.5.1992

Profilbeschreibung:

Oberfläche sehr stark stein- und blockbedeckt;

lCvAh - 15 cm dunkelbraun, sehr stark steinig, (große Blöcke u. Steine), lS, schwach durchwurzelt;

?II lCvM - 35 cm hellgelblichbraun, lS, stark steinig, kleinere und mittlere Steine (viel Quarz);

?III lCvBt - 60 cm gelblichrot, sehr stark steinig (kleine Steine u. Quarz), Feinmaterial: toniger Lehm;

?IV Cn grau-weiß gebändert, mit Quarzadern (?Augengneis).

Bodentyp: FAO: rudic Arenosol über umgelagertem Ferralsol.
Steiniger Regosol über umgelagertem plinthitischem Latosol über Festgestein.

Der gesamte Hang ist ausgesprochen stark zerrunst und mit Rinnen überzogen (s. Foto 9). An den Mittel- und Oberhängen und Kuppen sowie in den Tiefenlinien am Hang, in den zahlreichen Rinnen und Runsen und in den Bachbetten kommt sehr oft das Anstehende an die Oberfläche. Die Überlagerungen und die Schuttdecken sind also jeweils lokal begrenzt. Der Hangquerschnitt am Mae Tae ist schematisch in der Abb. 32 dargestellt.

Im westlichen Bereich des Höhenrückens zum Doi Mo Li Khu hin (s. Abb. 2) dominieren oberhalb von ca. 1100 m ü. M. dagegen gelbe und rötliche steinfreie, meist glimmerreiche Bodenprofile über Zersatz (Regolith) bzw. mächtige Regolith-Profile über Anstehendem (Glimmerschiefer oder Gneis). Die Häufigkeit von Schuttdecken vergesellschaftet mit Bereichen bloßgelegten Festgesteins im Osten des Höhenrückens deutet daraufhin, daß der Bereich in geologisch jüngster Zeit offensichtlich sehr starker Erosion sowie lokalen Massenbewegungen unterlag. Vermutlich wurde der Bereich noch im Pleistozän sehr stark gegenüber der Umgebung sowohl im Westen als auch im Osten herausgehoben.

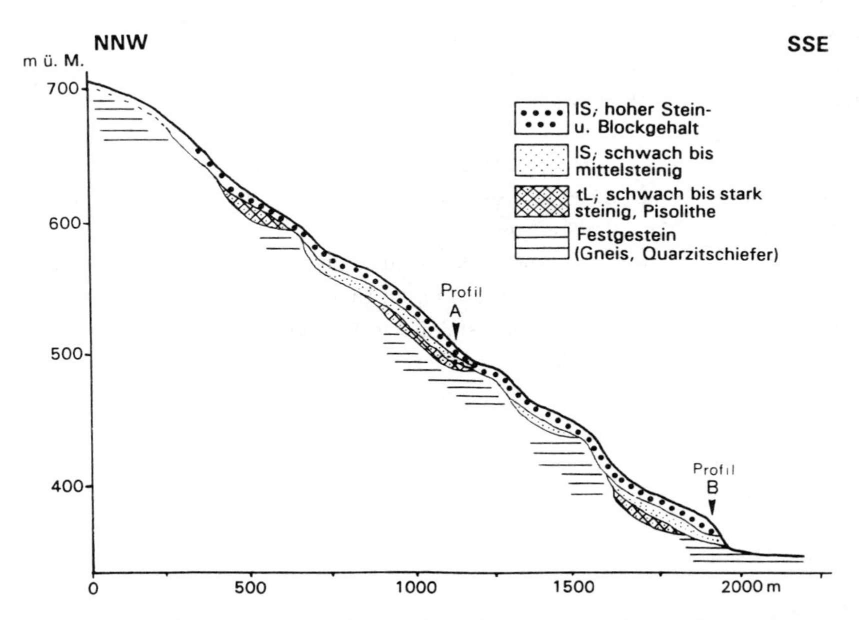

Abb. 32 Schematisches Profil des Mae Tae-Hanges mit verschiedenen Schuttdecken

4.5.3 Verbreitung und Genese der Boden- und Substratgesellschaften der unteren Lagen

Die Böden weisen entsprechend der Vielfalt an Gesteinen und Ausgangsmaterialien, der komplexen tektonischen Situation sowie den verschiedenen Vegetationsformen eine ausgeprägte Heterogenität und kleinräumige Wechsel auf. Stark generalisierend lassen sich zwei unterschiedliche Bodengesellschaften unterscheiden. Die Bodengesellschaft D1 mit überwiegend rudic Acrisols und Ferralsols ist im Norden und Nordosten des Nationalparks verbreitet (Norden der Gebiete 2.4 u. 4 in Abb. 2) sowie in Teilräumen des Mae Pon-Tales (Gebiet 6.1 in Abb. 2). In den anderen Arealen, insbesondere in den Gebieten 5 und 9 und dazwischen (s. Abb. 36) dominiert die Bodengesellschaft D2 mit den geringmächtigen, hellen und steinigen Böden aus Schuttdecken.

Am Hang des Mae Tae zieht sich die Bodengesellschaft D2 bis hinauf auf 800 bis 900 m ü. M. und mehr, im Einzugsgebiet des Mae Ya, in Teilräumen des Mae Pon-Tales und am Mae Klang erfolgt ungefähr bei 600 - 700 m ü. M. der Übergang zur Bodengesellschaft B2 (s. Abb. 36). Zu vermuten ist, daß in vielen Bereichen der Bodengesellschaften D1 und D2 die als Ranker-Braunerden bzw. als rudic Cambi- und Arenosols bezeichneten Böden sowie die rudic Acrisols und Ferralsols zum Teil ebenfalls in Schuttdecken entwickelt sind und ältere Schuttdecken oder Bodenbildungen überlagern. Das ist jedoch nicht überall erkennbar.

Im Mae Aep-Tal dagegen dominieren die B1- und B2-Bodengesellschaften mit kleinräumigen Vorkommen der C2-Bodengesellschaften (s. Abb. 35). Auch im Westen des Doi Inthanon fehlen die Ausprägungen der D-Bodengesellschaften, da dort das Bergmassiv bei ca 700 m ü. M. in eine Aufschüttungsebene übergeht, die später wiederum zerschnitten wurde. Örtlich findet sich im Übergangsbereich jedoch auch eine braune sandige Schuttdecke, die einen steinfreien Rotlehm oder aber ein schutt- und schotterhaltiges rotes toniges Material, möglicherweise das Sediment der Talverfüllung, überlagert.

Charakteristisch für die Lagen unterhalb von 600 bzw. 800 m ü. M. (mit Ausnahme des o. g. Bereiches) sind:

- die sehr kleinräumigen Boden- und Substratwechsel,

- die Häufigkeit von "Schuttdecken" als oberstem Substrat,

- die Häufigkeit von linearen Erosionsformen, wie Rinnen und Runsen (Gullys), teils reliktisch, teils rezent,

- das weitgehende Fehlen von Regolith, dabei jedoch Häufigkeit von Festgestein nahe oder an der Oberfläche.

Zur Erklärung dieser Phänomene müssen verschiedene Faktoren herangezogen werden. Insbesondere in den Arealen der Bodengesellschaft D2 ist zu vermuten, daß die dort dominierenden feinkörnigen Augengneise und Kalksilikatgesteine etwas resistenter gegenüber der Verwitterung sind, so daß dort nur geringmächtige Regolithe und Böden entstanden (s. 5.1).

Entscheidend ist jedoch, daß hier in vielen Gebieten lokal und phasenweise sehr starke Erosionsimpulse infolge von Hebungen und tektonischen Verstellungen in jüngster geologischer Zeit (Pleistozän/?Holozän) herrschten, so daß es zu der starken Abtragung, Verlagerung und erneuter Sedimentation in Form von Schuttdecken sowie zur Rinnen- und Runsenbildung kam bzw. kommt.

Zudem muß die Rolle des Klimas und der Vegetation berücksichtigt werden: Die Abnahme der Niederschläge mit der Meereshöhe und die Zunahme der Temperaturen und der Verdunstung bewirken in den unteren Lagen eine Abnahme der Feuchtigkeit insgesamt. Dies führt zur Ausbildung der trockeneren, laubabwerfenden und weniger dichten Vegetation sowie vermutlich auch zu einer gewissen Abnahme der Intensität der chemischen Verwitterung und Bodenbildung generell.

In den pleistozänen trockeneren und kühleren Phasen war folglich in diesen Höhenlagen unterhalb von ca. 700 m ü. M. die Vegetation und die chemische Verwitterung noch eingeschränkter, wobei es wohl Phasen der Vegetationslosigkeit sowie Phasen mit starker Dominanz der physikalischen Verwitterung gab. Zu Beginn der feuchten Phasen bzw. der saisonalen Regenzeiten kam es durch die tektonisch bedingten starken Erosionsimpulse zu enormer linearer Abtragung, lokal bis zum Festgestein sowie zu den Verlagerungsprozessen an den Hängen mit hohem Anteil von Steinen in den Substraten, d. h. zur Bildung der kleinräumigen Schuttdecken und der anschließenden starken Zerrunsung. Hinsichtlich der Erosivität der Niederschläge ist zu vermuten, daß die Starkregen aufgrund der Neigung zu Konvektionsregen in diesen Lagen häufiger sind und stärker ausfallen können.

Ferner sei daran erinnert, daß die anthropogenen Einflüsse auf die Wälder durch Einschlag, Waldweidenutzung sowie das Abbrennen in dieser Höhenlage, am Rand des

Phase 1: Prozesse im Tertiär, Pleistozän bzw. Prähistorischer Zeit:

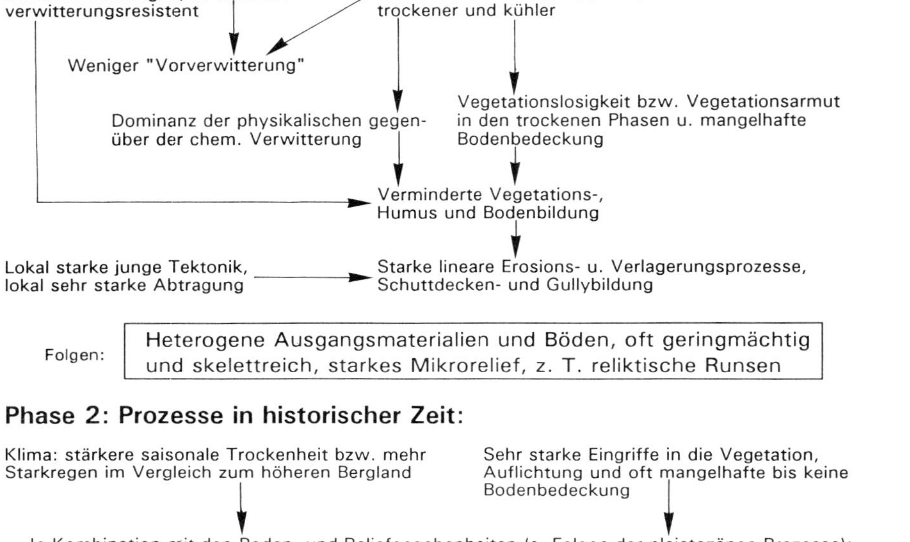

Phase 2: Prozesse in historischer Zeit:

Klima: stärkere saisonale Trockenheit bzw. mehr Starkregen im Vergleich zum höheren Bergland

Sehr starke Eingriffe in die Vegetation, Auflichtung und oft mangelhafte bis keine Bodenbedeckung

In Kombination mit den Boden- und Reliefgegebenheiten (s. Folgen der pleistozänen Prozesse):

Verstärkung der Trockenheit sowie Verstärkung bzw. Aktivierung der Erosionsprozesse und der Rinnen- und Gullybildung

Verminderte Regenerationsfähigkeit von Vegetation, Humus und Boden

Anfälligkeit für Landschaftsschäden bei Extremereignissen und anthropogenen Störungen

Phase 3: Beispiel für rezenten Eingriff und rezentes Prozeßgefüge:

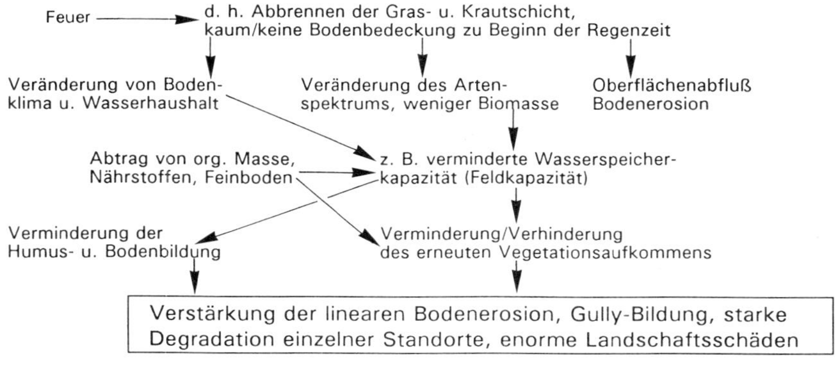

Abb. 33 Faktoren und Prozess, die zur ökologischen Instabilität der unteren Höhenlagen führen

dichter besiedelten Beckens von Chiangmai, in historischer Zeit stets sehr viel stärker waren als in den oberen Höhenlagen. Viele Waldtypen stellen ohnehin Degradationsformen dar (s. 3.5 u. 3.6).

Durch die anthropogenen Eingriffe in historischer und heutiger Zeit wurden und werden die Abtragungs- und Verlagerungsprozesse erneut aktiviert bzw. enorm verstärkt. Das in der Regenzeit aufkommende Gras bzw. die Krautschicht in diesen offenen Wäldern wird gegen Ende der Trockenzeit regelmäßig, manchmal jährlich abgeflämmt, so daß beim Einsetzen der Gewitter- und Starkregen Ascheschicht und Bodenmaterial abgespült werden können. Ein komplexes Prozeßgefüge nimmt seinen Lauf, da regressive Sukzession, verminderte Infiltrationskapazität der Böden sowie verminderte Bodenbildung und die Bodenerosion sich gegenseitig verstärken, so daß es stellenweise zur völligen Degradierung der Standorte kam bzw. kommt (s. Abb. 33).

Die sehr jungen, vermutlich pleistozänen Hebungen von Teilbereichen und die dadurch lokal sehr starke Abtragung sowie die zum Teil geringmächtigere "Vorverwitterung" haben zur Ausbildung der heterogenen und oft sehr skeletthaltigen Ausgangsmaterialien für die Bodenbildung und zu der teilweise starken Zerrunsung mit ausgeprägtem Mikrorelief geführt. Diese Faktoren bedingen an sich in einem Klima mit ausgeprägter Trockenzeit schon eine natürliche Anfälligkeit für Landschaftsschäden. Der Mensch hat diese ausgepägte klimatische Trockenheit bzw. Saisonalität durch die Eingriffe in die Vegetation enorm verstärkt und damit zu einer ökologischen Instabilität dieser Gebiete geführt (ROHDENBURG 1983; SEUFFERT 1989; WELTNER 1992). Die angeführten Faktoren und Prozesse in ihrer zeitlichen Dynamik lassen sich etwa, wie in Abb. 33 gezeigt, zusammenfassen.

5 Diskussion der Ergebnisse

Im folgenden werden die Befunde und Ergebnisse der Untersuchungen jeweils zusammenfassend im Hinblick auf einen bodenbildenden Faktor, eine Faktorenkonstellation (5.1 - 5.3) oder eine bestimmte Fragestellung hin (5.4 u. 5.5) interpretiert und diskutiert. Dabei ist zu berücksichtigen, daß jeweils nur das **Zusammenwirken aller bodenbildenden Faktoren und ihrer zeitlichen und räumlichen Dynamik** die Ausprägung der Böden, der Bodengesellschaften und das Muster der Bodenverbreitung erklären kann.

5.1 Einfluß der Petrovarianz

Die Befunde weisen daraufhin, daß die Petrovarianz im Untersuchungsgebiet zu unterschiedlicher Anfälligkeit für die Verwitterung, zu unterschiedlichen Mächtigkeiten des Regolithes und der Bodenbildungen führt und den Nährstoffhaushalt der Böden beeinflußt. Eindeutige Zusammenhänge zwischen bestimmten Böden und bestimmten Gesteinen sind jedoch oft nicht nachzuweisen und generell nur schwer zu erfassen. Dies ist auf folgende Sachverhalte zurückzuführen:

- Der Westen und der zentrale Bereich werden überwiegend von grob bis mittelkörnigen Biotit-Gneisen und -Graniten aufgebaut. Aufgrund der Häufigkeit von Ganggesteinen (Aplite, Pegmatite; Quarzadern), kleinräumigen Vorkommen von basischeren Varianten (z. B. Granodiorit), Biotit- bzw. Glimmerschiefern und Marmor sowie der stellenweise starken tektonischen Beanspruchung ist die Petrovarianz auf der lokalen Ebene auch innerhalb dieser geologischen Formationen hoch (BAUM et al. 1970; BAUM et al. 1981; MACDONALD 1981; MACDONALD et al. 1992; s. auch 3.2). Der östliche Bereich des Untersuchungsgebietes, unterhalb der Granitregion, ist zudem gekennzeichnet von einer ausgesprochenen Heterogenität der Gesteine und geologischen Formationen. Hier kommen überwiegend feinkörnige gebänderte Gneise, Kalksilikate, Phyllite, Kiesel- und Quarzitschiefer, Grauwakken sowie Marmor und Kalksteine vor. Die Unterschiede in der mineralogischen Zusammensetzung, im Chemismus sowie der Struktur und Klüftigkeit der jeweiligen Gesteine und Varietäten wirken sich auf die Widerständigkeit gegenüber der Verwitterung und auf die Bodenbildung aus (HARLE 1987; PYE 1986; ONDO 1992).

- Im östlichen Gebiet sind die geologischen Grenzen und im westlichen Gebiet die Varietäten sowie die zahlreichen Ganggesteine nicht hinreichend genau oder gar nicht kartiert worden. In Ermangelung von Aufschlüssen bzw. aufgrund der Mächtigkeit der Bodenbildungen und des Regolithes insbesondere im Bereich der Gneise und Granite konnte auch im Rahmen der Geländeuntersuchungen keine systematische Erfassung der Gesteine erfolgen. Daher sind die direkten Zusammenhänge zwischen Ausprägung des Gesteins und des Bodens in der Regel nicht erfaßbar. Es können vielfach nur Vermutungen bezüglich des Untergrundes geäußert werden.

- Die vielzitierte starke chemische Verwitterung in den Tropen wirkt auch hier in Form der fersiallitischen Verwitterung bzw. ist in Vorzeitphasen noch intensiver wirksam gewesen (s. 5.2.1). Rotlatosol- bzw. ferralsolähnliche Böden konnten sich daher sowohl aus Granit und Gneis als auch aus Phyllit, Schiefer, Kalksilikaten sowie Kalkstein oder Marmor entwickeln. Die Einflüsse der Gesteine sind bei derartig intensiver Verwitterung oft nicht mehr nachvollziehbar.

Unter Berücksichtigung dieser Sachverhalte werden folgende Aussagen getroffen:

- Die überwiegend mittel- bis grobkörnigen Gneise und Granite im Westen und im Zentralbereich des Untersuchungsgebietes, etwa oberhalb von 600 bis 1000 m ü. M. weisen in der Regel einen tiefgründigen Verwitterungsmantel (Regolith und Boden) auf. In den unteren Lagen, wo die feinkörnigen und gebänderten Gesteine dominieren, fehlt der tiefgründige Zersatz häufig (s. 4.5).

- Die Heterogenität der Gesteine in einem Teilgebiet führt meist auch zu einer Heterogenität der Böden. Die geologische Komplexität der unteren Lagen im Osten des Untersuchungsgebietes ist daher auch ein Faktor, der zu den kleinräumigen Bodenwechseln beiträgt (s. 4.5).

- Eine mächtige Bodenbildung und hohe Basengehalte (S-Werte) sowie relativ hohe Basensättigung in einzelnen Profilen (z. B. Khun Klang-Rotlehm; s. 4.3.1 u. Tab. 7) sind teilweise auch auf den Einfluß basischerer Varianten im Gesteinsuntergrund bzw. auf Glimmerschiefervorkommen zurückzuführen. Dies gilt insbesondere für die häufigen Vorkommen von Marmor bzw. Kalkstein in den unteren Lagen im Osten, die zur Ausbildung von sehr tonigen und tiefroten Böden führen können (s. Abb. 30) oder den Nährstoffhaushalt von Böden positiv beeinflussen (s. Tab. 12).

- Das oberflächennahe Ausstreichen von Quarzadern bzw. Pegmatitgängen oder von Gesteinspartien, die weniger zerklüftet sind, drückt sich oft in einer Versteilung des Reliefs und in der Abnahme der Mächtigkeit des Regolithes sowie der Böden aus. Gelegentlich finden sich an solchen Standorten nur geringmächtige skeletthaltige Cambisols oder Leptosols (s. Abb. 15 u. 16).

Beim Vergleich von Granit- und Granodioritgebieten in Japan konstatierte ONDO (1992) einen mächtigeren Verwitterungsmantel in den letzteren. HANDRICKS (1981) und HANSEN (1991) stellten in nordthailändischen Untersuchungsgebieten fest, daß die Areale der Gneise und Granite zu sehr mächtigen Verwitterungsmänteln und Bodenbildungen tendieren, während in Sandstein- oder Phyllitgebieten das Festgestein oft innerhalb von 2 m Tiefe erreicht werden kann.

KUBINIOK (1992) konstatierte bei seinen Untersuchungen in Nordthailand hingegen keinen deutlichen Einfluß auf die Bodenbildungen durch die Petrovarianz. SEMMEL (1986: 83-100) betont bei Untersuchungen in Afrika allerdings die ausgeprägte Abhängigkeit der Böden und Bodengesellschaften von den Gesteinen des Untergrundes.

Entscheidend für die Eigenschaften und die Verbreitung der Böden im Untersuchungsgebiet sind jedoch die konkreten Ausgangsmaterialien, die nicht nur von den jeweils anstehenden Gesteinen des Untergrundes, sondern im wesentlichen auch von den Gesteinen und den Verwitterungsprodukten der näheren und weiteren Umgebung geprägt und beeinflußt sind. Die Verbreitung der Ausgangsmaterialien wiederum ist abhängig vom Relief und der Reliefgenese (s. 5.3).

5.2 Einfluß von Klima und Vegetation

5.2.1 Einfluß von Klima, Klimadifferenzierung, Klimaentwicklung auf Pedogenese und Erosionsdiskordanzen

Das Untersuchungsgebiet liegt in der wechselfeuchten tropischen Klimazone. Die Pedogenese unter diesen Klimabedingungen wird überwiegend als fersiallitische Verwitterung bezeichnet, wobei Rubefizierung, intensive Fe-Freisetzung, Basenauswaschung und Lessivierung als bodenbildende Prozesse dominieren, die Si-Abfuhr und die Al-Freisetzung und dementsprechend die "Lateritisierung" jedoch noch eingeschränkt sind (PAGEL 1974; WIRTHMANN 1987).

Viele dominierende Böden der mittleren Lagen des Untersuchungsgebietes, die Acri- oder -Nitisols, entsprechen der fersiallitischen Verwitterung und können somit als zonale Böden angesehen werden. Das Konzept der zonalen Böden bedarf jedoch erheblicher Erweiterungen, um der Vielfalt von Befunden gerecht zu werden. Die vertikale Gliederung von Klima und Vegetation spielt eine entscheidende Rolle und führt zu einer höhenzonalen Differenzierung der Böden. Andererseits sind das hohe Alter vieler Böden bzw. Bodensubstrate und die erfolgten Klimawechsel zu bedenken.

SEMMEL (1991: 144) ist der Ansicht, "daß die 'typischen Tropenböden' in den heutigen Tropen zum größten Teil Paläoböden sind". Nach BRONGER & BRUHN (1989) sind in Gebieten mit weniger als 2000 mm N/a im semiariden Indien keine Hinweise auf rezente intensive Verwitterung i. S. der Kaolinit-Bildung zu finden.

Zahlreiche Böden im Untersuchungsgebiet sind von Vorzeitklimaten beeinflußt bzw. in diesen entstanden. Viele allochthone Böden enthalten ferner Anteile, die aus Bodensedimenten und anderen vorverwitterten Materialien hervorgegangen sind. Dabei ist oft nicht zu erfassen, welche Phänomene oder Böden eventuell reliktisch, welche eindeutig rezent sind. Etliche Vorkommen von sehr intensiv verwitterten Böden bzw. Bodenhorizonten (z. B. die roten Horizonte im Profil "Gaeo Daeng", 4.1.2; das Profil "Plinthit-Latosol", 4.2.1 und der "Khun Klang-Rotlehm (rhodic ferralic Nitisol)", 4.3.1) werden aber als reliktische Bodenbildungen angesehen. Für die Acrisols gilt, daß sie vermutlich ebenfalls oft reliktische Phänomene aufweisen können. Die Tonverlagerung wird unter Berücksichtigung eigener Befunde und der Ergebnisse von HANSEN (1991: 15f.) und KUBINIOK (1990, 1992) in Nord- und Nordostthailand als rezent angesehen (s. 4.1.4 u. 4.3.7).

EMMERICH (1988) stuft die rezenten Böden aus jungpleistozänen oder holozänen Substraten in den brasilianischen Untersuchungsgebieten überwiegend als Cambisols und Acrisols ein, wobei er jedoch unter bestimmten Bedingungen auch eine rezente Ferralsolbildung bzw. -erhaltung annimmt. Auch im Untersuchungsgebiet haben sich Ferralsols bzw. ferralsolähnliche Horizonte auf alten Reliefeinheiten erhalten (s. 4.3.7, u. 5.3.2). Die reliktischen, intensiv verwitterten Böden und Horizonte sind dabei entweder den wärmeren und feuchteren Phasen im Quartär oder dem Präquartär zuzuordnen.

Die Klimawechsel vom Tertiär zum Quartär haben insgesamt eine Verminderung der Verwitterungsintensität bewirkt. Viele Autoren gehen davon aus, daß die rezente Verwitterung in jungpleistozänen Sedimenten auch in den Tropen meist schwach ist und nicht wesentlich über das Braunerde- oder Parabraunerdestadium hinausgeht (EMMERICH 1988; GREINERT 1992; KUBINIOK 1990; KUBINIOK 1992; SEMMEL 1986: 93).

Die eigenen Befunde sprechen ebenfalls für diese Annahme: Der dominierende rezente Bodenbildungsprozeß in den höheren Lagen scheint seit dem Pleistozän die Verbraunung zu sein, in allen Höhenlagen die Tonverlagerung, nicht jedoch die Ferralitisierung. Auch KUBINIOK (1991) geht von einer Verbraunung der Acrisols seit dem Pleistozän aus.

Die Bodenbildungen in den verlagerten sandigen Substraten, z. B. des Lao Kho-Bekkens (s. 4.4.2) oder in den Schuttdecken (s. 4.5) sind noch schwächer. Diese Böden werden überwiegend den rudic bzw. lithic Arenosols oder Regosols zugeordnet. Die Genese der betreffenden Substrate wird dabei aufgrund der schwachen Pedogenese überwiegend auf holozäne Massenbewegungen zurückgeführt. Bei einem pleistozänen Alter der Ablagerungen wäre eine intensivere Pedogenese zu erwarten, wenn die eigenen Befunde zur Verwitterung in den oberen Lagen (s. 4.1.4) und die Ergebnisse von KUBINIOK (1992) in Nordthailand und von EMMERICH (1988) in Brasilien berücksichtigt werden.

SEMMEL et al. (1979), SEMMEL (1986) sowie FRIED (1983), EMMERICH (1988) und GREINERT (1992) stellen bei ihren Untersuchungen in Afrika und Brasilien oft fest, daß die rezenten, meist braunerdeähnlichen Böden in jüngeren Substraten entwickelt sind. Diese liegen nach FRIED (1983) und GREINERT (1992) meist flächendeckend vor und sind auf fluvial-kolluviale und äolische Prozesse in geomorphologisch aktiven Phasen des Pleistozäns zurückzuführen. Die Decklagen, nach EMMERICH (1988) nur an den Hängen verbreitet, sind vielfach durch Steinlagen (stone lines) von den Böden bzw. Sedimenten im Liegenden getrennt. Auch ROHDENBURG (1983: 405) geht bei seinen Untersuchungen in den Tropen und Subtropen davon aus, daß die meisten Böden sowohl "zweiphasig" als auch zweischichtig sind, wobei die oberen gelberen Horizonte als rezent, die roten Horizonte im Liegenden als reliktisch gelten.

Im Untersuchungsgebiet kommen Erosionsdiskordanzen und geschichtete Bodenprofile durchaus vor. Sie sind in der Regel beschränkt auf Standorte und Areale lokaler Massenbewegungen bzw. kolluvialer Prozesse aus geomorphologisch aktiveren Phasen. Steinlagen finden sich nur vereinzelt in den Profilen. Ein "Decklehm", der in allen Teilgebieten verbreitet oder gar flächendeckend vorhanden ist, konnte nicht festgestellt werden. Das heißt, nicht alle Böden sind notwendigerweise zweischichtig. Ohnehin ist m. E. noch nicht befriedigend geklärt, wie die von vielen Autoren als fast flächendeckend beschriebenen quartären Sedimente entstanden sind, da sie oft auch auf Wasserscheiden in gleicher Mächtigkeit angetroffen werden (z. B. GREINERT 1992).

Es ist anzunehmen, daß die unterschiedliche Ausprägung von Ober- und Unterboden im Untersuchungsgebiet auf verschiedenen Einflüssen und Prozessen beruht. Die Böden sind also "zwei- oder mehrphasig" bzw. polygenetisch. Die Oberböden unterliegen in den höheren Lagen sowie an feuchteren Standorten der Verbraunung. Zudem enthalten sie i. d. R. frische Komponenten durch atmosphärischen und sonstigen Eintrag (BRONGER & BRUHN 1989), stellen jedoch kein eigenständiges Substrat dar.

Der oft starke Unterschied in den Bodenarten zwischen sandigem Ober- und tonigem Unterboden kann zudem auf die zoogene Entmischung zurückgeführt werden, da z. B. verschiedene Termitenarten bei tonig-lehmigen Böden das Grobmaterial nach oben transportieren (LEE & WOOD 1972). Eine entscheidende Rolle spielt ferner der oberflächennahe Abtrag durch Bodenerosion, bei der vor allem Ton und Schluff abtransportiert werden (BREMER 1989: 375; GREINERT 1992: 78; WILHELMY 1974: 192).

Insofern kann BREMER (1979: 29-36) zugestimmt werden, die auf mögliche "Scheindiskordanzen" durch divergierende Verwitterung, Abspülung und subterrane Materialabfuhr sowie biogene Prozesse gerade in den polygenetischen Böden der Tropen hinweist, wo autochthone und allochthone Böden nur sehr schwer zu unterscheiden sind.

Der hypsometrische Wandel von Klima, Vegetation und den Böden drückt sich im Untersuchungsgebiet folgendermaßen aus:

Mit zunehmender Meereshöhe, abnehmenden Temperaturmitteln und steigenden Niederschlägen sowie zunehmender Dichte der Vegetation nehmen die braunen Bodenfarben gegenüber den roten und die Akkumulation von organischem Material in den Böden zu.

Besonders deutlich wird der Klimaeinfluß in den Höhenlagen ab etwa 1600 m ü. M., wo braune, humose Cambisols mit stark humosen Oberböden sowie teils moderartigen Auflagen an der Oberfläche verbreitet sind und rote Böden überwiegend nur im Liegenden dieser Braunerden vorkommen (Bodengesellschaft A2). Oberhalb von etwa 2000 m ü. M. dominieren sehr tiefgründige, stark humose saure Braunerden unter moderartigen Humusauflagen, die Tendenzen zur Tonverlagerung, Podsolierung oder Pseudovergleyung aufweisen (Bodengesellschaft A1; s. 4.1). Die Braunerden (Cambisols) sind insgesamt trotz kleinräumig wechselnder Topographie und wechselndem Untergrund relativ homogen ausgebildet. In diesen Gebieten, insbesondere im Gipfelbereich unter dem feuchten tropischen Bergwald, ist folglich der Einfluß von rezentem Klima und rezenter Vegetation ziemlich stark, so daß andere differenzierende Einflüsse überlagert werden.

Generell ist davon auszugehen, daß es sich bei den Böden in den höheren Lagen vielfach um eine sekundäre Verbraunung im Sinne von SCHWERTMANN (1971) handelt, die durch die Klimawechsel hin zu feuchteren und kühleren Bedingungen im Pleistozän bzw. Holozän (s. 3.4.2) induziert wurde. Die Intensität der Verbraunung sinkt daher mit abnehmender Meereshöhe und steigenden Temperaturen, so daß im Bereich um 1600 und 1800 m ü. M. vielfach noch ältere, nicht verbraunte rote Horizonte im 1 m-Bereich unter der Geländeoberfläche zu finden sind, die A2-Bodengesellschaft (s. 4.1.3).

Unterhalb von 1500 m ü. M. sind braune Horizonte bzw. Böden auf bestimmte Substrate bzw. Reliefpositionen beschränkt (s. 4.3.4 u. 4.4). Unterhalb der teilweise geringmächtigen Oberböden dominieren die roten, fersiallitischen Böden, häufig mit ausgeprägter Tonverlagerung.

Das weitgehende Fehlen von mächtigem Regolith in den Lagen unterhalb von etwa 700 m ü. M. kann neben der vermutlich stärkeren Verwitterungsresistenz der Gesteine (s. 5.1) und dem sehr wichtigen Faktor der Relief- und Tektogenese (s. 4.5 u. 5.3.6) auch auf klimatische Einflüsse zurückgeführt werden: Das "Grundklima" i. S. von ROHDENBURG (1983) ist hier arider, die Trockenzeit länger und die Jahresniederschlagsmenge kleiner (teilweise unter 1000 mm/a). Somit wird die Durchfeuchtung, die chemische Verwitterung und Bodenbildung eingeschränkt (PRINZ 1986). Diese Aridität war zudem in den kalten und trockenen Phasen des Pleistozäns stärker ausgeprägt. Daher war die tiefgründige Regolith- und Bodenbildung insgesamt vermindert, die geomorphologische Aktivität dagegen stark erhöht (s. 5.3.6).

Damit werden die Befunde und Erkenntnisse vieler anderer Autoren hinsichtlich der höhenzonalen Bodendifferenzierungen weitgehend bestätigt: SEMMEL (1988) stellt in Brasilien einen Übergang von roten zu überwiegend braunen Böden mit steigender Meereshöhe fest. SCHMIDT-LORENZ (1986: 79) beschreibt humic oder dystric Cambisols als dominierende Bodentypen in den höheren Lagen der Tropen und Subtropen. FELIX-HENNINGSEN et al. (1989: 73) weisen für China nach, daß mit zunehmender Entfernung vom Äquator und zunehmender Meereshöhe die roten von "gelben" Böden (dystric Cambisols) abgelöst werden, wobei mit sinkender Meereshöhe die Neubildung von Hämatit und die Lessivierung zunehmen. Auch HANSEN (1991) konstatiert in seinem nordthailändischen Untersuchungsgebiet eine Zunahme der Intensität der Tonverlagerung und Tonanreicherung in den niedrigen Lagen.

Die Befunde im Inthanon-Bergland zeigen ferner jedoch, daß im Gipfelbereich oberhalb von 2000 m ü. M. die Tonverlagerung eine entscheidende Rolle spielt, zumal die Niederschläge hier sehr hoch sind.

5.2.2 Einfluß von Vegetation und Nutzung auf Böden und Bodenerosion

Zunehmende Dichte der Vegetation wirkt sich positiv auf die Bodenfeuchtigkeit, die Mächtigkeit, den Humusgehalt und die Austauschkapazität der Oberböden sowie oft auch günstig auf den Luft- und Wasserhaushalt der Böden aus. Dieser Zusammenhang zeigt sich auf der Ebene der Höhenstufen in der Verbreitung der Bodengesellschaften (s. 4.1 - 4.5) und in den Bodenabfolgen innerhalb der jeweiligen Höhenzonen und Vegetationstypen. Die Vegetation kann infolge der anthropogenen Einflüsse bzw. unterschiedlicher Standortbedingungen beträchtlich variieren. In der Regel nimmt die Dichte der Vegetation zu den Tiefenlinien hin zu. An Unterhängen in Bambusdickichten findet sich zum Beispiel häufig ein stark humoser und tiefgründiger Oberboden, auch in den Lagen unterhalb von 500 m ü. M. in der Nähe stark degradierter Flächen (s. 4.5).

Die Abhängigkeit der Oberböden von der Dichte der Vegetation drückt sich zum Beispiel auch in der Verbreitung der B1- und der B2-Bodengesellschaften aus. Die letztere ist charakterisiert durch ausgesprochen geringmächtige, hellfarbene oder fahle humusarme oder gar fehlende Oberböden und kommt in den Übergangsbereichen zwischen 600 und 1000 m ü. M. vor, wo die Waldvegetation oft schon das Erscheinungsbild eines laubabwerfenden Trockenwaldes mit sehr lichtem Baumbestand und mangelhaftem Unterwuchs aufweist (s. 4.3.6). In der Bodengesellschaft B1 finden sich unter den Wäldern zwischen 1000 und etwa 1500 m ü. M. bzw. unter Grasland oder Kiefernaufforstungen mit dichterer Bodenbedeckung oft sehr mächtige Ah- sowie AhBv-Horizonte und Profile mit sehr hoher biologischer Aktivität, starker Durchwurzelung und tiefreichenden Humusgehalten entlang von Wurzelbahnen bzw. in Form von humosen Flecken (s. 4.3.3).

Mangelhafte oder fehlende Vegetationsbedeckung, die oft anthropogen bedingt ist, führt dagegen zur Verringerung der Humusgehalte, Verkürzung der Oberböden sowie schließlich zur Einschränkung der Humus- und Bodenbildung. Derartige Standorte unterliegen der Austrocknung während der ariden Jahreszeiten infolge starker Einstrahlung und Evapotranspiration, die oft mit einer Verringerung der Infiltrationskapazität der Böden verbunden ist. In der Regenzeit kommt es zu einer besonders starken Bodenerosion, die zur Abspülung von Humus, Feinerde und Nährstoffen führt. In diesen Bereichen setzt in der Regel eine "regressive Sukzession" (ROHDENBURG 1983) und eine starke Bodendegradierung ein. Dies zeigt sich auf den anthropogen gestörten Flächen der B2-Bodengesellschaften in Höhenlagen um 900 m ü. M. (s. Foto 4) sowie insbesondere in den stark zerrunsten Gebieten der Bodengesellschaften D1 und D2 in den Lagen unterhalb von 700 m ü. M. (s. Fotos 8 u. 9).

Nach ROHDENBURG (1983) und PRINZ (1986) nimmt die Gefahr der Destabilisierung und regressiven Sukzession infolge von anthropogenen Störungen oder Minikatastrophen mit zunehmender Aridität zu. Die Ökosysteme sind in den unteren Höhenlagen mit stärker ausgeprägter Trockenzeit folglich instabiler, d. h. anfälliger für Störungen, die zu Landschaftsschäden führen (s. Abb. 33).

Zu ähnlichen Ergebnissen kamen auch KUNAPORN & MANCHAROEN (1984) bei Untersuchungen zum Zusammenhang zwischen Vegetation, Höhenstufe und Böden im Inthanon-Bergland sowie HANDRICKS (1981) und HANSEN (1991) für verschiedene Gebiete Nordthailands: In den laubabwerfenden, halbimmergrünen und immergrünen Waldformationen nehmen mit zunehmender Meereshöhe und Dichte der Vegetation Bodenfeuchtigkeit, Mächtigkeit, Humusgehalte und Nährstoffreichtum sowie Infiltrations- und Wasserspeicherkapazität der Oberböden zu (HANDRICKS 1981; HANSEN 1991; KUNAPORN et al. 1984). Nach HANSEN (1991: 14) steigt der Humusgehalt bei 11 untersuchten Bodenprofilen ähnlichen Aufbaus mit der Meereshöhe und insbesondere oberhalb von 1000 m ü. M. deutlich an. Nach HANDRICKS (1981) zeigt sich ein weiterer eindeutiger Zusammenhang zwischen Vegetation und Böden bei den stark degradierten Vegetationsformen, vor allem bei Dry Dipterocarp-Beständen, die seinen Untersuchungen zufolge stets mit stark degradierten, geringmächtigen, skeletthaltigen und nährstoffarmen Böden vergesellschaftet sind und somit Bereiche starker Landschaftsschäden darstellen.

Die mit der Meereshöhe wachsende Regenerationsfähigkeit der Vegetation zeigt sich oberhalb von 1000 m ü. M. deutlich: Nach Störungen setzt hier sehr schnell eine "progressive Sukzession" ein. Dabei wird oft schon nach weniger als 10 Jahren eine relativ dichte Wiederbewaldung erreicht. Entstehende Erosionsschäden, die auch unter Wald vorkommen, werden also sehr viel schneller kompensiert (WELTNER 1992: 148). Auch HANSEN (1991: 28) stellte in einer Bergregion Nordthailands fest, daß die höheren Lagen generell durch eine größere Bodenfruchtbarkeit infolge höherer Humusgehalte und eine schnellere Regeneration der Vegetation während der Brachezeiten charakterisiert sind und demzufolge ein höheres Nutzungspotential aufweisen.

Diese Befunde stehen im Gegensatz zu der in Thailand verbreiteten Methode der Landbewertung, der sogenannten watershed-classification (WOOLDRIDGE 1986). Diesem Klassifikationssystem zufolge, gelten die höheren Lagen als wenig für die landwirtschaftliche Nutzung geeignet, da sie erosionsgefährdeter seien als die unteren Lagen (s. 6.1.5).

Die ausgesprochen schnelle Wiederbewaldung im Untersuchungsgebiet gilt insbesondere für die kleinparzellierter Wanderfeldbauflächen der Karen mit über zehnjährigen Brachezeiten (s. Fotos 2 u. 3). Nach SCHMIDT-VOGT (1991) kann im nordthailändischen Bergland in Lagen etwa um 1000 m ü. M. innerhalb von 12 bis 17 Jahren ein "reifer" Wald entstehen mit ähnlich artenreicher Zusammensetzung wie die vorherigen Wälder. Die Wiederbewaldung wird dabei aktiv unterstützt durch das Stehenlassen einzelner Samenbäume sowie der Baumstümpfe. In den Brache-Zeiträumen haben sich auch die Oberböden regeneriert, wie Profile auf ehemaligen Brachen unter jungen Wäldern mit mächtigem Ah- und AhBv-Horizonten zeigen (s. Abb. 16).

KUBINIOK (1991) stellte bei Vergleichen von Oberböden auf unterschiedlich alten Brachen und bei verschiedenen Nutzungssystemen fest, daß Dauerkulturen wie der Teeanbau und mehr als 8 Jahre Brache eine gute Regeneration der Böden ermöglichen. Das von den Karen und Lua entwickelte und praktizierte Rotationssystem mit langen Brachezeiten (MISCHUNG 1991; SANTISUK 1988; SCHMIDT-VOGT 1991) kann folglich als ökologisch angepaßt und nachhaltig angesehen werden, wie auch GRANDSTAFF (1980), HURNI (1983) sowie KUBINIOK (1991) meinen.

Das Nutzungssystem der Hmong im Untersuchungsgebiet und anderswo führte zunächst zu einer stärkeren Vegetations- und Bodendegradierung. Sie haben ihre Parzellen länger genutzt und oft große Flächen gerodet. Durch die damit verbundene Ausbreitung von Imperata-Gras und Eupatorium-Arten sowie die regelmäßigen Feuer wurde eine Wiederbewaldung oft verhindert. Mittlerweile haben sich auf den aufgelassenen Flächen unter dem Gras- und Buschland meist oberhalb von 1300 m ü. M. die Oberböden allerdings ebenfalls wieder regeneriert (s. Abb. 8).

Infolge der Modernisierung der Landwirtschaft werden die meisten Flächen mittlerweile permanent genutzt (s. 3.6). Auf diesen Feldern sind die Bodenerosionsschäden in allen Höhenlagen sehr stark. Die Zeiten der stärksten Bodenverluste sind der Beginn der Regenzeit, wenn die meisten Felder abgeerntet bzw. für die Neuaussaat vorbereitet und daher ungeschützt sind, und die 2. Hälfte der Regenzeit, wenn die Böden wassergesättigt sind.

Lineare Erosionsformen, wie Rillen und Rinnen, finden sich vor allem auf stärker geneigten Flächen mit sandigen bzw. sandig-lehmigen und lockeren Böden, wie Arenosols, Cambisols und ferralic Regosols (s. Foto 7). Oft werden die braunen Oberböden vollständig abgetragen (s. Foto 5) und es wird in den roten, tonigen Unterböden geackert. Hier kommt es dann zu flächenhafter Abspülung durch Tonaufschwemmung und Tonabfuhr. Diese Form der Bodenerosion findet auch auf nur wenig geneigten und fast ebenen Flächen statt und äußert sich in der Trübung von Wasserlachen und des Abflusses in Seitengräben und Bächen nach ergiebigen Regenfällen. Damit werden die Ergebnisse von BREMER (1979: 34f.) bestätigt. Auch durch die Bewässerung mit Plastikschläuchen während der Trockenzeit wird oft eine beträchtliche Rillenerosion ausgelöst (WELTNER 1992: 131).

Nach Bodenerosionsmessungen auf unterschiedlichen Parzellen unter verschiedenen Anbausystemen in einer nordthailändischen Bergregion konstatierte HURNI (1983) Bodenverluste zwischen 90 und 300 t/ha/a. Bei 30 - 40 % geneigten und über 30 m langen Hängen wurden unter Bergreis Erosionsraten von etwa 100 - 130 t/ha/a und beim Mais-Opium-Wechselanbau etwa 150 - 190 t/ha/a festgestellt. Es ist anzunehmen, daß im Inthanon-Bergland, wo häufig auf 20 - 50 % geneigten Flächen von mehr als 30 m Länge Hackbau betrieben wird, ähnlich hohe oder noch höhere Bodenverluste entstehen.

Die Erosionsraten, die JANTAWAD (1983) aufgrund der Sedimentfrachten der Flüsse ermittelt hat, liegen wesentlich niedriger, da sie auf das gesamte Einzugsgebiet umgerechnet werden. Sie schwanken zwischen 0,12 und 20,8 t/ha/a in Nordthailand, gelten jedoch im Vergleich mit anderen asiatischen Ländern und im globalen Maßstab als sehr hoch. Ingesamt zeigt sich also, daß die Bodenerosion, wie erwartet, im Vergleich zu Gebieten in gemäßigten Klimaten sehr viel stärker ausgeprägt ist (BROWN et al. 1984; PRINZ 1986; SHENG 1979).

5.3 Einfluß von Relief, Reliefgenese und Neotektonik

5.3.1 Relief und Bodenabfolgen

Die Untersuchungen von Bodenabfolgen entlang von Catenen belegen die Abhängigkeit der Ausprägung der Böden und Bodensedimente von Relief, Hangform, Hangposition und Mikrorelief. Generell gilt, je homogener das Relief, umso homogener in der Regel die Bodenprofile in ihrer Abfolge. Das heißt, die Bodenabfolgen im Relieftyp "Riedel", an überwiegend gradlinigen und kurzen Hängen, sind meist homogener als die der "Stufenhänge" oder die der komplex gestalteten, ineinander verschachtelten Hangformen. Tendenziell nimmt die Mächtigkeit der Oberböden, Böden und Sedimente von steileren zu flacheren Hangpartien und vom Oberhang zum Unterhang zu, infolge der kolluvialen Prozesse bzw. verbesserter Infiltration und Durchfeuchtung.

Im Inthanon-Bergland finden sich indessen auch zahlreiche Ausnahmen von diesen Regeln, z. B. wenn die Einflüsse der aktuellen Vegetation und Nutzung bzw. der Nutzungsgeschichte oder der Reliefgenese die Einflüsse des aktuellen Reliefs überlagern. Sind die Unterhänge z. B. sehr stark und lange genutzt, zeigen sie häufig verkürzte Profile und nur geringe Humusgehalte im Vergleich zu den Profilen unter Wald am steileren Mittel- und Oberhang (s. Abb. 20). Häufig finden sich aber auch kleinräumige Bodenwechsel ohne deutliche Änderung des Reliefs (s. Abb. 18). In diesem Zusammenhang wird die entscheidende Rolle der Reliefgenese deutlich, von der die Verbreitung der Ausgangsmaterialien für die Bodenbildung abhängt und die zur Verschüttung eines andersgearteten Präreliefs führen kann (s. 5.3.4 u. 4.3.5).

Die sehr humusreichen und tiefgründigen Rotlatosol-Braunerden oder Rotlehme, humic Nitisols oder Acrisols, sind auch an sehr steilen, 40 - 70 % geneigten Hängen unter Waldvegetation zu finden. Im Gipfelbereich kommen sehr tiefgründige humic Cambisols an ebenso steilen Hängen vor. Insofern kann die Schlußfolgerung von HANDRICKS (1981: 101) bestätigt werden: "...Slope in most cases plays a smaller role than expected". Entscheidend für die Bodenverbreitung ist das komplexe Gefüge von Hangformen, Hangneigung, Reliefposition sowie die Reliefgenese, im Zusammenwirken mit den Faktoren Vegetation und Nutzung.

5.3.2 Die relativ stabilen Reliefeinheiten mit Resten von Altflächen

Die roten, lehmig-tonigen Böden der B-Gesellschaften dominieren in den mittleren Lagen des Inthanon-Berglandes zwischen etwa 600 und 1600 m ü. M. Das Relief in diesen Bodengesellschaften läßt sich teilweise durch die Reliefeinheiten "Riedel" und "Stufenhänge" (s. 3.3) charakterisieren. Dabei zeigt sich die Tendenz, daß die braunroten oder gelblichroten Acrisols (meist um 5 YR), oft 0,9 bis 1,5 m mächtig, in den Hangpositionen, die noch mächtigeren und oft stärker roten und tonigeren Ferralsols/ Nitisols (um 2,5 YR - 10 R) überwiegend auf den Rücken der Riedel und Sporne bzw. in verebneten Bereichen der Stufenhänge zu finden sind (s. 4.3.7).

Die letztgenannten Reliefeinheiten werden aufgrund der intensiver verwitterten Böden als relativ alt und stabil angesehen und als Reste ehemaliger Altflächen bzw. Flachreliefs interpretiert (s. 4.3.7). Gerade die Reliefeinheiten der Riedel mit oft paralleler Anordnung von schmalen Rücken (Riedeln) im ungefähr gleichen Niveau am Rande der Täler oder die einzelnen Sporne, die die Täler nur um wenige Höhenmeter überragen, können als Bereiche von Abtragungsflächen gelten, die durch Hebungen und klimatische Wechsel in Riedel zerschnitten wurden. Diese Reliefeinheiten erfuhren während des Quartärs offensichtlich keine oder nur eine sehr geringe Überdeckung mit jüngeren Sedimenten, die dann wieder weitgehend abgetragen wurden. Erhalten blieben auf jeden Fall die alten, vermutlich im Präquartär oder in pleistozänen Warmzeiten entstandenen Böden. Diese liegen daher oft an bzw. sehr nahe der Oberfläche, im Gegensatz z. B. zu den verfüllten Talbereichen oder quartär überprägten Hängen (s. 5.3.4 u. 5.3.6). Die Reliktböden werden nun weitergebildet oder rezent überprägt, z. B. durch Tonverlagerung. Auch die fossilen Ferralsols im Bereich der Gipfelregion treten in Reliefpositionen auf, die Areale ehemaliger Flächen repräsentieren, die in ein Rücken- und Kerbtal- bzw. Riedelrelief aufgelöst wurden (s. 4.1.2).

Die Acrisol-Profile an den Hängen werden infolge der Zerschneidung als Böden interpretiert, in denen verlagerte Reliktbodensedimente aufgearbeitet und die insgesamt stärker durch Erosion, Umlagerung und Akkumulation bzw. rezente pedogene Prozesse überprägt wurden. Nicht auszuschließen ist ferner, daß einige Acrisols auch neu aus den mächtigen Regolithen entstanden, die durch die Tal- und Hangbildung angeschnitten wurden, wie es KUBINIOK (1992) annimmt.

Die Ergebnisse bestätigen im wesentlichen die von KUBINIOK (1990 u. 1992) in Nordost- bzw. Nordthailand, der die intensiv verwitterten Bodenprofile (Ferralsols bzw. Oxisols) ebenfalls mit sehr alten Reliefeinheiten, Resten von zerschnittenen Altflächen parallelisiert. Auch die Forschungen anderer Autoren in verschiedenen Untersuchungsgebieten, z. B. in Afrika und Brasilien, belegen einen Zusammenhang zwischen Alter der Reliefgeneration und Alter und Intensität der Bodenentwicklung, wobei auf den Altflächen in den untersuchten Rumpfflächen- bzw. Rumpfflächentreppenlandschaften in der Regel Ferralsols mit Lateritkrusten (Plinthosols) verbreitet sind (EMMERICH 1988, 1989; GREINERT 1989, 1992; VEIT & FRIED 1989; SEMMEL 1986). Derartig eindeutige Rumpfflächen in verschiedenen Niveaus mit jeweils entsprechenden Böden lassen sich in Thailand nicht rekonstruieren, da es sich um einen jung gefalteten und jung gehobenen Raum im Einflußbereich einer Subduktionszone handelt (s. 3.2).

Die Phasen der Flächenbildung werden in Nordthailand in den Zeitraum vom späten Mesozoikum bis Miozän gestellt. Im gleichen Zeitraum fanden starke tektonische Bewegungen mit beträchtlichen Hebungen statt, die sich teilweise bis ins Pleistozän und Holozän fortsetzen (BARR et al. 1991; BAUM et al. 1970; CREDNER 1935; HAHN et al. 1986; HUTCHINSON 1989; KIERNAN 1990; KUBINIOK 1990, 1992; MITCHELL et al. 1975; SIRIBHAKDI 1989). Daher wurden die Phasen der Flächenbildung meist schnell unterbrochen. Eine starke Zerschneidung setzte ein, so daß oft nur Gipfelfluren oder unbedeutende Flächenreste in unterschiedlichen Höhenniveaus erhalten blieben, die zudem oft gekippt und in sich verstellt wurden (HAHN et al. 1986; KIERNAN 1990). Eine relative Ausnahme stellt dabei offensichtlich das über etwa 30 km Länge ausgedehnte Plateau zwischen Hot und Mae Sariang in der Höhe zwischen 800 und 1100 m ü. M. um Mae Sanam dar, eine vergleichsweise wenig zerschnittene Fläche, in der KUBINIOK (1992) einen Teil seiner Untersuchungen durchführte.

In anderen Regionen Nordthailands, insbesondere im Inthanon-Bergland, sind ehemalige Flächen wesentlich stärker zerschnitten bzw. tektonisch überprägt worden. Nach den neuesten Befunden von BARR et al. (1991) und MACDONALD et al. (1992) ist die Gebirgsbildung im Gebiet des Nationalparks Doi Inthanon auf den Zeitraum zwischen Kreide und Miozän beschränkt (s. 3.2.2). Das heutige Relief, eine Bruchschollenlandschaft, und die junge Orogenese implizieren eine sehr starke und junge tektonische Überprägung. Daher wurden die Flächen, die zudem vermutlich aus verschiedenen Phasen stammen, in hohem Maße zerstückelt und ineinander verschachtelt. Dies erklärt die kleinräumigen Verbreitungsmuster von Acrisols und Ferralsols im Untersuchungsgebiet bzw. die oft starke Verlagerung und Vermischung von Böden und Bodensedimenten. Die Zusammenhänge zwischen Bodentyp und Reliefgeneration sind daher nicht so eindeutig wie in Regionen, die weniger stark tektonisch beansprucht sind bzw. keine so junge Reliefentwicklung erfahren haben.

Im Vergleich mit den im folgenden Abschnitt zu beschreibenden Bereichen handelt es sich bei den Boden- und Reliefkomplexen der B-Bodengesellschaften mit Resten von Flächen um relativ stabile Areale. Sie erfuhren infolge der Hebungen und der Klimawechsel nur eine starke Zerschneidung, aber keine nennenswerte weitere Überprägung durch neue Sedimente.

5.3.3 Die Böden mit plinthitischen Horizonten im ehemaligen 1600 m-Flächenniveau und auf anderen Flächenresten

Eine vergleichsweise deutliche ehemalige Fläche innerhalb des Untersuchungsgebietes stellen die Gipfelflur und die erhaltenen Verebnungen im Niveau um 1600 m ü. M. im zentralen Bereich des Nationalparks im Süden des Mae Klang-Einzugsgebietes dar (s. Abb. 2 u. Beilage). Die Interpretation als relativ altes zerschnittenes Flächenniveau wird durch zwei Vorkommen von Profilen mit Horizonten plinthitischen Charakters, d. h. Horizonten mit zahlreichen Plinthit-Bruchstücken bestätigt (s. 4.2).

Diese mehrschichtigen Plinthit-Latosol-Profile entsprechen weitgehend den Erkenntnissen von OLLIER & GALLOWAY (1990) und OLLIER (1991) aus anderen Regionen der Erde hinsichtlich reliktischer, umgelagerter Plinthite. Die Vorkommen belegen eine Reliefumkehr. Sie stellen Reste von Plinthiten in ehemaligen Depressionen bzw. Tiefenlinien im Schwankungsbereich des Grundwassers bzw. von Gerinnen im Bereich einer ehemaligen Fläche dar. Im Zuge der Auflösung der Fläche wurden sie als gewisse Härtlinge herauspräpariert, wobei sie zuvor vermutlich mehrmals kleinräumiger Verlagerung unterlagen. Die ehemaligen Plinthite sind daher im Rückenbereich eines schmalen Höhenzuges bzw. am erhöhten Rand einer Verebnung stellenweise als Horizonte mit Anreicherungen von Eisenkrustenbruchstücken erhalten (s. Abb. 9).

Weitere plinthitische Horizonte treten sonst nur in Form von Pisolithen auf und finden sich in bzw. unterhalb von 600 m ü. M. in den unteren Lagen des Untersuchungsgebietes (s. Abb. 27). In der Regel handelt es sich dabei um Standorte, die nur wenige Dezimeter bis etwa 15 Meter oberhalb von rezenten Auen bzw. Flußbetten liegen (s. Abb. 28). Dementsprechend werden sie als gehobene "Terrassen" bzw. gehobene Talbodenbereiche interpretiert. Das Fehlen massiver Krusten bzw. Krustenbruchstükke und der pisolithische Charakter deuten auf eine weniger intensive bzw. beginnende Lateritisierung (Plinthitisierung) hin. Daher werden die Vorkommen in die Gruppe der subrezenten ferricrete-Bildungen an Hangfüßen und in der Nähe von Flüssen nach OLLIER & GALLOWAY (1990) gestellt.

Wahrscheinlich sind diese Böden erst in warm-feuchten Phasen des Pleistozäns entstanden. Zahlreiche quartärgeologische Untersuchungen in Beckenlandschaften Thailands zeigen, daß während des Pleistozäns mehrfach Phasen mit Lateritbildungen stattgefunden haben. Die Eisenkrusten sind auf verschieden alten Terrassen bzw. Reliefbereichen in unterschiedlicher Höhe unter der Geländeoberfläche und in variablen Mächtigkeiten und Ausprägungen zu finden (BOONSENER 1987; DHEERADILOK 1987; THIRAMONGKOL 1983). Werden die Profile des Untersuchungsgebietes diesen Phasen der Plinthitbildung zugeordnet, so sind die Hebungen der betreffenden Bereiche demnach ebenfalls als sehr jung, pleistozän oder holozän, einzustufen. Die Vorkommen stellen somit Anzeichen für die Neotektonik dar.

5.3.4 Die relativ instabilen Gebiete mit lokalen Massenbewegungen

Innerhalb der mittleren Höhenlagen zwischen 600 und 1800 m ü. M. mit den dominierenden B-Bodengesellschaften bzw. der Bodengesellschaft A2 finden sich viele Bereiche, die durch deutlich andere Böden, Substrate und Reliefformen gekennzeichnet sind. Diese wurden zum syngenetischen Komplex der C-Bodengesellschaften zusammengefaßt (s. 4.4).

Es handelt sich einerseits um die bodengeographisch relativ homogenen Areale der

C1-Bodengesellschaft mit dominierenden Arenosols im Lao-Kho-Becken und im Gebiet "Nördliche Forststation" (s. Abb. 24). Andererseits gehören zu diesem Komplex auch die in sich und untereinander sehr heterogenen C2-Bodengesellschaften in den Arealen der "Komplexhänge unter Steilhängen" bzw. in den Arealen sehr komplex gestalteter und ineinander verschachtelter Hangformen (s. Abb. 25, 26, 35 u. Beilage). Hier finden sich auch "amphitheater-ähnliche" Formen im Sinne von MODENESI (1988). Charakteristisch für alle Bereiche der C-Bodengesellschaften ist das ausgeprägte Mikrorelief, eine oft starke Blockbedeckung sowie Vorkommen von skeletthaltigen Böden und Substraten geringer Verwitterungsintensität, bei den C2-Bodengesellschaften zudem auch die Nähe zu Steilhängen. Diese Areale werden daher als Akkumulationsformen, als korrelate Sedimente größerer oder kleinerer Massenbewegungen interpretiert (s. 4.4).

Das Gebiet "Nördliche Forststation" und das Lao Kho-Becken wurden fast völlig verschüttet, sowie zahlreiche kleinere Areale, Mittelhänge bzw. Flächenreste unterhalb von Steilhängen mehr oder weniger stark von relativ frischem Regolithmaterial, großen Blöcken, Schutt und Bodensedimenten bedeckt (s. Abb. 24 u. Beilage). In vielen Fällen der "Komplexhänge unter Steilhängen" (C2-Bodengesellschaften) stellen die Steilwände mit Felsflächen die direkten Abrißnischen dar (s. Abb. 26). Gelegentlich wurden die Substrate auch mehrere Hunderte von Metern, evtl. bis zu 2 km weit transportiert, so daß die potentiellen Abrißnischen in etwas größerer Entfernung liegen (Lao-Kho-Becken). YOUNG (1972: 192) beschreibt eine ähnliche Reliefabfolge wie die der "Komplexhänge unter Steilhängen" mit einem "convex creep slope", der in ein "fall face" mit über 45° übergeht und in einen "transportational midslope" mit deutlich geringeren Hangneigungen, der durch Transport und Sedimentation von Material infolge von Massenbewegungen gekennzeichnet ist. Im Unterschied zum Untersuchungsgebiet, wo die Unterhänge in der Regel steiler als die Mittelhänge und überwiegend konvex geformt sind, geht nach YOUNG (1972: 192) der "transportational midslope" in einen noch flacher geneigten "colluvial footslope" über, der den Bereich der stärksten Akkumulation darstellt.

Die Ansammlung von Blöcken an der Oberfläche wird in den immerfeuchten und wechselfeuchten Tropen oft als relative Anreicherung von "Wollsäcken" gedeutet, die bei der Tieferlegung von Flächen herausgewittert sind und zurückbleiben, wenn das Feinmaterial abtransportiert wurde (KUBINIOK 1992; LOUIS 1968: 65ff.). Im Untersuchungsgebiet stellen die Blöcke im Bereich der C-Gesellschaften jedoch überwiegend absolute Anreicherungen infolge der Bergstürze und anderer Massenbewegungen dar, bei denen sowohl Bruchstücke aus Felswänden als auch Wollsäcke innerhalb der Verwitterungszone des Regolithes bloßgelegt und meist in unmittelbarer

Nähe der Abrißnischen sedimentiert wurden. Feinere Materialien, kleine Gesteinsbruchstücke, Sand und Grus sowie Bodensedimente konnten oft in größere Entfernungen weitertransportiert werden. Für diese Genese spricht, daß die Häufigkeit und Größe der Blöcke in der Regel mit wachsender Entfernung von den potentiellen Abrißnischen abnimmt. In Gebieten mit roten Böden im Bereich der "Riedel" und "Stufenhänge" wurden nie derartige Blöcke an der Oberfläche gefunden.

Vermutlich handelt es sich bei den verschiedenen Massenbewegungen um Bergstürze, rotationale und translationale Bergrutsche, Schlamm- und Schuttströme (Muren) bzw. Erdschlipfe. Dabei spielte die Übersättigung eines mächtigen Verwitterungsmantels vielfach eine entscheidende Rolle (CROZIER 1984; GASSER et al. 1988; HUTCHINSON 1988; LÖFFLER 1977). Als Auslöser für die lokal begrenzten Minikatastrophen, deren geomorphologische Bedeutung zunehmend erkannt wird, kommen ungewöhnlich starke Niederschläge bzw. tektonisch und seismisch bedingte Bewegungen in Frage (CROZIER 1984; FORT 1987; LÖFFLER 1977; MODENESI 1988; KURUPPUARACHCHI et al. 1992; NUTALAYA et al. 1989; OHMOORI 1992). Auch die hohe Reliefenergie in Teilgebieten des Berglandes stellt einen weiteren, nicht zu unterschätzenden Faktor bei der Disposition des nordthailändischen Berglands zu Minikatastrophen dar (KIERNAN 1990: 205).

Die Bereiche, in denen solche lokalen, korrelaten Sedimente von Massenbewegungen konstatiert wurden, sind in der Regel an Gebiete mit tektonischen Störungen, Bruchstufen bzw. geologische Grenzen gebunden, z. B. die Areale im Grenzbereich zwischen Gneisen und Graniten westlich des Khun Klang-Tals und des Lao Kho-Beckens sowie rund um das Mae Aep-Tal und anderswo. Die Verbreitung der C-Bodengesellschaften mit lokalen Massenbewegungen (s. Beilage) spiegelt folglich das Muster der tektonisch-geologischen Schwächezonen wider, wie es auch für andere Gebiete festgestellt wurde (SUMMERFIELD 1987).

Die Vorkommen von überwiegend nur gering pedogenetisch überprägten sandigen Substraten, Arenosols und Regosols mit oft ausgesprochen hohen SiO_2/Al_2O_3-Werten, läßt vermuten, daß die entsprechenden Massenbewegungen häufig erst im Holozän stattfanden. Dies gilt insbesondere für die Verschüttung des Gebietes "Nördliche Forststation" und des Lao-Kho-Beckens. Die ^{14}C-Datierung von organischem Material in einer ehemaligen Tiefenlinie am Hang im Randbereich des 1600 m-Flächenniveaus auf etwa 6000 Jahre BP unterstützt diese These (s. 4.2.2 u. 4.4).

Das vorwiegende Vorkommen von relativ groben und frischen Regolith-Materialien kann auch als Folge mehrerer Massenbewegungen interpretiert werden. Die ehemals vorhandene Bodendecke im Bereich der Abrißnischen wurde schon bei den ersten Katastrophen abgetragen, und bei späteren Ereignissen wurden nur noch weniger verwitterte Materialien verlagert. Sind schließlich die anstehenden Gesteine an den Steilwänden freigelegt, ist zu vermuten, daß die Felsflächen relativ stabil bleiben und nur eine geringe Absandung stattfindet (BREMER 1989). Die unterhalb abgelagerten Sedimente können jedoch weiterhin sehr mobil sein, insbesondere, wenn es sich um sandige Substrate handelt, die eventuell eine ältere Rotlehmdecke überlagern, die als Gleitfläche fungiert. Dies ist z. B. im Bereich der "Pha Mon Mai"-Catena und auch in anderen Arealen zu vermuten (s. Abb. 25).

Vielfach wird die Entfernung der Waldvegetation durch den Menschen bzw. die anthropogenen Eingriffe in den Landschaftshaushalt generell als ein Faktor gesehen, der die Häufigkeit von Massenbewegungen verstärkt (KURUPPUARACHCHI et al. 1992; SEUFFERT 1989: 111; u. a.). Dies kann durchaus auch für das Untersuchungsgebiet gelten. Insofern ist zu vermuten, daß derartige Ereignisse in den jeweiligen Besiedelungsphasen zugenommen haben könnten, insbesondere bei großflächigen Rodungen, wie es bei den Hmong in den zwanziger bis fünfziger Jahren dieses Jahrhunderts üblich war. Es finden sich indessen keine eindeutigen Beweise. Möglicherweise kam es nur zu kleineren Erdschlipfen, deren Narben infolge der progressiven Pflanzensukzession schnell verheilten.

Offensichtlich ist hingegen der negative Einfluß des Straßen- und Wegebaus auf die Hangstabilität: Viele aktuelle kleinere und auch größere Rutschungen finden sich im Bereich der neuausgebauten Straßen und Wege, zumal diese oft im Bereich der instabilen Zonen und auf den komplexen Mittelhängen verlaufen (s. Foto 10 u. Beilage). Kleinere Rutschungen treten ferner auch in den Arealen der B-Bodengesellschaften an "Stufenhängen" und im Bereich von "Riedeln" entlang der Straße auf. Dabei wurde in der Regel jedoch die Boden- und Verwitterungsdecke insgesamt nur kleinräumig verlagert (translationale oder schiebende Rutschung). An der Oberfläche sind weiterhin überwiegend rote Böden verbreitet, nur an der Untergrenze der Abrißkante ist der Regolith freigelegt.

Zusammenfassend läßt sich sagen, daß im Untersuchungsgebiet die quartäre Überformung durch lokale Massenbewegungen eine entscheidende Rolle für die aktuellen Reliefformen und die Verbreitung der Böden spielt. Die geomorphologische Bedeutung quartärer Massenbewegungen wurde bisher in der Tropengeomorphologie vielfach vernachlässigt, gewinnt jedoch seit einigen Jahren zunehmend an Berücksichtigung (MODENESI 1988).

Die Minikatastrophen, ungewöhnlich starke Niederschläge und/oder Erdbeben bzw. tektonische Bewegungen, führen in geologisch-tektonischen Schwächezonen oder bei hoher Reliefenergie sowie Vorkommen mächtiger Verwitterungsmäntel zu den relief- und bodenverändernden Massenbewegungen. In den letzten Jahren wurde diese Anfälligkeit für Rutschungen und andere Massenbewegungen durch den massiven Straßenbau im Untersuchungsgebiet gefördert.

5.3.5 Die Stufen im Verlauf der Gewässer, die Substratwechsel der Talböden und die Neotektonik

Insgesamt weisen die Gefällestrecken der Bäche und Flüsse eine deutliche Stufung auf, eine Abfolge von schwach geneigten Strecken, in denen vielfach breitere Talböden ausgebildet sind, und steilen Engtalstrecken mit Stufen und Wasserfällen (s. Abb. 12 u. 34).

Die Steilstufen können strukturbedingte Härtlingsstufen (TRICART 1972; WILHELMY 1972) oder tektonische Bruchstufen sein (WILHELMY 1972). Die starke tektonische Überprägung des Untersuchungsgebietes läßt eher letzteres vermuten. Wahrscheinlich wurden einzelne Schollen des Berglandes unterschiedlich stark gehoben bzw. gesenkt oder stellenweise auch gekippt, so daß ein rumpftreppenartiger Verlauf entstand. Das widersinnige Gefälle bei Kippungen gegen die Gefällerichtung wurde durch anschließende starke Sedimentation in diesen Arealen ausgeglichen (s. Abb. 34).

Die Vorkommen von Steilstrecken, in denen das Anstehende bloßliegt sowie von "Spornen" mit roter Bodendecke, sprechen dafür, daß es sich bei diesen Talböden um Überschüttungsebenen i. S. von CREDNER (1935) handelt. Das heißt, die Talböden sind in der Regel nur geringmächtig mit Sedimenten überdeckt. Sie stellen nicht notwendigerweise tektonische Gräben dar. Viele Täler sind dennoch entlang von tektonischen Störungslinien entwickelt (z. B. das Khun Klang-Tal).

Die Talböden zeichnen sich in der Regel durch eine ausgeprägte räumliche und vertikale Heterogenität der Substrate und Böden aus. Es finden sich oft gelblichbraune Sande, jedoch auch Kiese oder grobe Schotter, manchmal in lehmiger Matrix, ferner lehmige und schluffig-tonige Substrate, die gelbe, braune sowie rote Farben aufweisen oder rote tonige Böden der B-Bodengesellschaften sowie anmoorige Böden (s. Abb. 14 - 16 u. 34). Die Substratwechsel kommen sowohl vertikal wie lateral vor (s. Abb. 20 u. 34). Die komplexe Zusammensetzung der Talböden deutet auf eine kleinräumig differenzierte Geomorphogenese hin. Die Abtragungs- und Sedimentations-

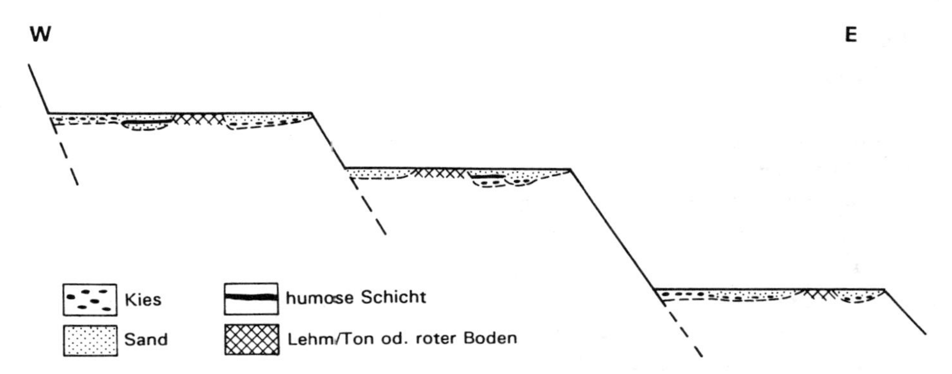

Abb. 34 Schematisches Flußlängsprofil des "Oberen Mae Klang"

bedingungen änderten sich mehrfach, so daß gröberes Gesteinszersatzmaterial bzw. Schotter oder feinere Materialien wie Bodensedimente abgelagert wurden. Vielfach sind die Sedimente auch wieder ausgeräumt worden. Oft haben zudem vermutlich Prozesse vom Hang (Rutschungen, kolluviale Bedeckung) bei der teilweisen Verschüttung bzw. Überdeckung von Talbodenbereichen eine Rolle gespielt, d. h., manche Areale stellen Schwemm- und Schuttfächer von Tiefenlinien am Hang dar. Gelegentlich sind die Areale in den Tälern aber auch relativ homogen (s. Abb. 23), wenn es sich um großflächige Verschüttungen handelt (s. 4.4 u. 5.3.6).

In der Regel sind die aktuellen Gewässer heute 1,5 bis etwa 6 m tief in die Sedimente und Böden eingeschnitten. Dies spricht für eine postsedimentäre Verstärkung des Erosionsimpulses, sei es durch Hebung der betreffenden Gebiete oder klimatisch induzierter Verstärkung der Tiefenerosion.

Oft weist das Verbreitungsmuster der Sedimente eine deutliche Asymmetrie auf, dieseits des Flusses finden sich z. B. helle Sande, jenseits Kiese und Schotter in rötlicher, lehmig-toniger Matrix oder hier homogene Sande und dort eine differenzierte Abfolge von Sanden, sandigen und schluffigen Lehmen bzw. kiesigen Sanden. Gelegentlich ist das eine Ufer auch deutlich höher als das andere (s. Abb. 14) oder es finden sich auf fast gleichem Niveau Sande und eindeutig rote lehmig-tonige Böden bzw. Bodensedimente (s. Abb. 16). Dieses Phänomen tritt oft in relativ kurzer Entfernung vor den Steilstrecken auf.

Es ist zu vermuten, daß neben der fluvialen Morphodynamik vor allem kleinräumige **neotektonische Verstellungen** für die komplexe Situation in den Talböden verantwortlich sind.

5.3.6 Die Schuttdecken und Runsen der jung gehobenen Gebiete in den unteren Lagen

Die untersuchten Bodenabfolgen in den unteren Lagen im Bereich der laubabwerfenden Trockenwälder an der Ostabdachung des Untersuchungsgebietes zum Becken von Chiangmai belegen, daß häufig geringmächtige und skeletthaltige Böden vorkommen, oft in kleinräumigem Wechsel mit roten acrisol- bzw. ferralsolähnlichen Böden, die ebenfalls eine Tendenz zu höheren Skelettgehalten aufweisen (s. Abb. 27 u. 30). Ferner zeigt sich, daß die als rudic bzw. lithic Regosols, Arenosols oder Cambisols angesprochenen Böden oft in einem Substrat entwickelt sind, das als Schuttdecke gelten kann (s. 4.5.2) und weitere skelettärmere oder skelettfreie Substrate, Bodensedimente bzw. Böden überlagert (s. Abb. 32). Häufig finden sich Bereiche bloßgelegten Festgesteins bzw. etwa 0,6 bis 1,2 m mächtige Böden über dem Anstehenden ohne Regolith.

Folgende Charakteristika kennzeichnen die Gebiete generell:

- die geologisch-tektonische Heterogenität, wobei feinkörnige, gebänderte und geschichtete bzw. geschieferte Gesteine überwiegen,

- die starke Zerrunsung (aktuelle und reliktische Rinnen und Runsen von 0,3 bis über 3 m Tiefe),

- das häufige Fehlen einer bodenschützenden Gras- und Krautschicht infolge der anthropogenen Feuer,

- das weitgehende Fehlen von Regolith und die Häufigkeit von Festgestein an bzw. nahe der Oberfläche,

- die häufigen Vorkommen von Schuttdecken sowie hohen Skelettgehalten an der Oberfläche bzw. in den oberflächennahen Sediment- und Bodenschichten,

- die häufigen kleinräumigen Boden- und Substratwechsel an den Hängen.

Aufgrund der Vergesellschaftung dieser Phänomene ist zu schließen, daß die Bereiche zumindest lokal sehr starken Erosionsimpulsen bzw. Massenbewegungen unterlagen. Nach der Bildung der Schuttdecken setzte vielfach starke lineare Erosion ein.

Beim Vergleich mit den Bereichen der C-Bodengesellschaften als Areale korrelater

Sedimente lokaler Massenbewegungen in den mittleren Höhenlagen fallen folgende Unterschiede auf:

- Fehlen von mächtigen Bergsturzmassen,

- weitgehendes Fehlen erkennbarer Abrißnischen am Oberhang, (Ausnahme: W-E verlaufende Stufe oberhalb des Mae Klang-Tales; s. auch Abb. 36),

- weitgehendes Fehlen großer gerundeter Blöcke bei Dominanz kantiger bis kantengerundeter länglicher bis plattiger Gesteinsbruchstücke,

- Dominanz von 0,5 bis ca. 1,5 m mächtigen, teilweise geschichteten Sedimenten (Schuttdecken).

Die überwiegend geringmächtigen Ablagerungen und das weitgehende Fehlen erkennbarer Abrißnischen deutet darauf hin, daß vermutlich ein Prärelief ohne Bruch- und sonstige Steilstufen vorlag und andere Formen von Massenbewegungen stattfanden. Bergstürze oder große rotationale Rutschungen kamen nicht oder nur sehr selten vor, so daß steile Felsflächen und mächtige Bergsturzmassen nicht zu finden sind. Vermutlich waren die Bewegungen oft langsamer und erfolgten in Form von Hang- und Bodenkriechen bzw. Erdfließen oder Schlamm- und Schuttströmen (GASSER et al. 1988: 35ff.; HANSEN 1984: 4). Große gerundete Blöcke im Sinne von bloßgelegten Wollsäcken fehlen, da im Untergund überwiegend feinkörnige, gebänderte bzw. geschichtete und geschieferte Gesteine dominieren, die eher kantigen und länglichen Schutt liefern. Auch eine vermutlich größere Verwitterungsresistenz dieser Gesteine trägt zum Fehlen eines mächtigen Regolithes bei, d. h., es wurde nie ein so mächtiger Verwitterungsmantel gebildet wie in den Arealen der Granite und Biotit-Gneise (s. 5.1).

Die entscheidende Rolle spielt allerdings, daß eine ehemals vorhandene mehr oder weniger mächtige Boden- und Zersatzdecke in einer Phase sehr starker Erosion und Denudation wahrscheinlich vollständig bzw. fast vollständig abgetragen wurde. Dies bedeutet, die Gebiete wurden im Vergleich zu den mittleren Höhenlagen in jüngster geologischer Zeit wesentlich stärker herausgehoben und unterlagen daher extrem starker Abtragung. Die Lage dieser Gebiete am Rand des Beckens von Chiangmai, einem tektonischen Graben, die zudem teilweise den Bereich einer Überschiebung darstellen, unterstützt diese Theorie. KUBINIOK (1992: 72) führt die Vorkommen von "shallow (max. 0,5 m deep) Lithosols and Cambisols" an der Ostabdachung zum Becken von Chiangmai südlich von Hot ebenfalls auf starke tektonische Bewegungen in diesem Bereich zurück. Er beschreibt jedoch keine Runsen oder Schuttdecken und hält Faktoren wie Gestein und Nutzung für unbedeutend (ders. 1992: 76f.). Für die sehr starke Hebung der Randbereiche des Berglands spricht zudem auch die klammartige Engtalstrecke des Flusses Mae Chaem durch den Gebirgrand in der Höhe von Hot, südlich des Nationalparks. Sie kann als antezedenter Taldurchbruch gedeutet werden, da sich der Gebirgsrand schneller gehoben hat als der zentrale Bereich (WILHELMY 1972).

Zur Erklärung der beschriebenen Phänomene in den Arealen des Untersuchungsgebietes müssen jedoch weitere Faktoren berücksichtigt werden. Eine wichtige Rolle spielt das im Vergleich zu den mittleren und höheren Lagen aridere Grundklima und die dementsprechend weniger dichte Vegetation. Vor allem in den ariden Phasen des Pleistozäns war daher die chemische Verwitterung, Boden- und Vegetationsentwicklung vermindert, während die physikalische Verwitterung sowie die geomorphologische Aktivität insbesondere beim Übergang von Trocken- zu Regenzeiten enorm begünstigt war. Im Verlauf der Regenzeit gerieten die gelockerten oberflächennahen Substrate bei Wasserübersättigung in Bewegung, wobei aus dem Gesteinsverband gelöste Bruchstücke hangabwärts transportiert, jedoch oft nach kürzerer Distanz erneut sedimentiert wurden. Das Feinmaterial dagegen wurde vermutlich weiter und oftmals ganz aus dem Gebiet heraus transportiert. Bei den häufigen Starkregen entwickelte sich vielerorts infolge der spärlichen oder fehlenden Vegetation zudem konzentrierter Oberflächenabfluß, der zur Eintiefung von Rinnen und Runsen, der Gullybildung, führte (s. 4.5).

Das Zusammenwirken der Faktoren lokal starker Hebungen und dementsprechenden Erosionsimpulsen, Fehlen mächtiger Verwitterungsmäntel und ariderem Grundklima, mit erhöhter geomorphologischer Aktivität insbesondere bei Klimawechseln im Pleistozän, führte zu den beschriebenen Phänomenen in den Gebieten und bedingt eine insgesamt höhere Anfälligkeit für Landschaftsschäden (s. Abb. 33, Phase 1).

Ferner ist zu berücksichtigen, daß die Areale im Holozän, als die geomorphologische Aktivität sich vermutlich zunächst aufgrund der zunehmenden Feuchtigkeit und Vegetationsbedeckung verminderte, sehr bald schon einer stärkeren anthropogenen Überformung unterlagen (s. 3.6). Die Eingriffe in die Vegetation waren beträchtlich, so daß es zur Auflichtung der Wälder und Veränderung der Artenzusammensetzung kam (BLOCH 1958). Die anthropogenen Störungen führten bzw. führen vielerorts zu regressiver Sukzession der Vegetation und einer Reaktivierung der linaren Erosion. Das komplexe Wirkungsgefüge der einsetzenden Prozesse, die sich gegenseitig verstärken, kann mit der völligen Degradierung der Standorte enden (s. Abb. 33, Phase 2).

Viele degradierte Areale in exponierten Gebieten am Gebirgsrand etwa unterhalb von 500 m ü. M. ähneln mittlerweile fast den "badlands", die ansonsten die Randbereiche der Beckenlandschaften (upper terrace, fan complexes) charakterisieren. Die letzteren Gebiete, die meist nur eine geringe Neigung aufweisen, sind völlig zerrunst und zerrachelt und oft fast vegetationsfrei (RYAN et al. 1987). Vermutlich trugen sie ursprünglich typischen laubabwerfenden Wald, der eventuell jedoch aufgrund der edaphisch trockenen Standorte lichter war und überdies sehr früh dem Holzeinschlag bzw. der Rodung für Siedlungen und Felder zum Opfer fiel (MARSHALL 1992).

Starke Gullybildung wird häufig in Gebieten konstatiert, die ausgeprägte Trockenzeiten bei ca. 4 - 5 humiden Monaten, jährliche Niederschläge zwischen etwa 500 und 1000 mm/a - örtlich auch bis zu etwa 1400 mm/a - relativ geringe Hangneigungen, Lage am Rand von Gebirgen, laubabwerfende Wälder oder Strauch- bzw. Grasvegetation sowie starke anthropogene Einflüsse bei Fehlen von Bodenschutzmaßnahmen aufweisen (GREINERT 1989 n Brasilien; NORDSTRÖM 1988 in Südafrika; SEUFFERT 1989 in Indien). Diese Faktorenkonstellation trifft in den stark zerrunsten Gebieten auf den "Hochterrassen" bzw. "Schwemmfächern" in den Becken von Nordthailand zu. Durch die erfolgten und rezent phasenweise noch wirkenden starken tektonischen Bewegungen und den Folgen, wie Schuttdecken und Runsen, sind jedoch auch in den angrenzenden unteren Lagen des Gebirges infolge der zunehmenden anthropogenen Einflüsse bei ähnlichen Klima- und Vegetationsverhältnissen die Bedingungen für starke rezente morphodynamische Aktivitäten und Landschaftsschäden gegeben bzw. gewachsen.

5.4 Rekonstruktion der Landschaftsgenese

Aufgrund der Verbreitungsmuster von Reliefeinheiten, Böden und Substraten im Inthanon-Bergland können hinsichtlich der Landschaftsgenese folgende Vermutungen aufgestellt werden: Es erfolgten seit dem Mesozoikum zahlreiche Wechsel von Phasen mit lokalen Hebungen und anschließender starker geomorphologischer Aktivität und dominierender Abtragung sowie Phasen der Tiefenverwitterung und Bodenbildung. Insgesamt dominierten dabei die Hebungen. Offensichtlich gab es auch Phasen sehr starker Hebungen, die erst nach der Freilegung und Verwitterung der anstehenden Gesteine und daraus erfolgter Bodenbildungen einsetzten. Das heißt, sie erfolgten vermutlich erst im späten Tertiär sowie im Quartär. Die Hebungen betrafen in den unterschiedlichen Phasen verschiedene Areale in unterschiedlicher Intensität.

Ein großer Teil der Gebiete, cie heute die mittleren und die höheren Höhenlagen repräsentieren, ist vermutlich sehr schnell nach der Intrusion der Granite im späten Mesozoikum gehoben worden, so daß die Granite durch die Abtragung vorhandener Decklagen überwiegend an die Oberfläche kamen. Dort setzte dann, vermutlich im Tertiär, eine sehr lange Phase ein, in der es zu Tiefenverwitterung, mächtigen Bodenbildungen und lokalen Flächenbildungen kam.

In einer späteren Phase kam es zu einer Hebung des Gesamtgebietes und zu weiteren lokalen Hebungen einzelner Schollen, so daß die Flächen und sonstigen Reliefeinheiten stark zerschnitten wurden. Dabei kam es zum kleinräumigen Abtrag der Bodendecke, wobei im flächenhaft erhalten gebliebenen Regolith bzw. in den verlagerten und stellenweise akkumulierten Bodensedimenten vielfach erneut eine relativ intensive Bodenentwicklung einsetzte. Auf den Flächenresten blieben die reliktischen Böden häufig erhalten (B-Bodengesellschaften). Aufgrund der lokalen Hebungen einzelner Schollen bildeten sich Bereiche sehr starker Reliefenergie und Bruchstufen mit stellenweise rumpftreppenähnlicher Topographie aus. Auch das Gebiet des 1600 m-Flächenniveaus mit dem Doi Hua Sua wurde gehoben und vermutlich nach Norden gekippt, so daß eine Zerschneidung dieser ausgedehnten Fläche einsetzte.

Der Gipfelbereich (heute oberhalb etwa 1800 oder 2000 m ü. M.) wurde sehr viel stärker herausgehoben, entweder im gleichen Zeitraum oder später. Dort kam es daher zu einem verstärkten Abtrag der zuvor gebildeten Böden und einer ausgeprägten Zerschneidung. Der Gesteinszersatz blieb jedoch weitgehend erhalten, da dann wieder eine längere Phase der geomorphologischen Ruhe eintrat (A1-Bodengesellschaft).

Im Pleistozän erfolgten weitere Hebungen, die nun jedoch nur einzelne kleinere Schollen des Berglandes sowie insbesondere die Gebiete an der heutigen Ostabdachung betrafen. Diese gehörten möglicherweise bis dahin noch randlich zum Synklinalbereich, waren jedoch stellenweise schon stark tektonisch überprägt worden (Mylonitisierung der Gneise, Überschiebung). Hier wurden die Boden- und Zersatzdecken vielfach abgetragen (D-Bodengesellschaften).

Gleichzeitig bzw. phasenweise kam es zu einer generellen Verstärkung der Taleintiefung durch die Klimawechsel im Pleistozän. Die mittleren und höheren Lagen, etwa oberhalb von 1000 m ü. M., waren jedoch infolge der höheren Niederschläge auch während der ariden Phasen vermutlich überwiegend mit Vegetation bedeckt, so daß die Böden und Sedimente nur kleinräumig verlagert und weitgehend erhalten blieben. In den feuchten Phasen konnte die Pedogenese weiter wirken, die etwas weniger intensiv war als im Tertiär (Erhaltung bzw. Weiterbildung und Überprägung der B-Bodengesellschaften). Die Talböden wurden jedoch in den geomorphologisch aktiveren Phasen mit Material von den Hängen bzw. aus dem Oberlauf teilweise bedeckt. In den Lagen oberhalb von 1600 m ü. M. kam es zur Ausbildung von mehr oder weniger tiefgründigen, relativ intensiv verwitterten Braunerden aufgrund der kühleren Temperaturen und dichten Vegetation bei relativ hohen Niederschlägen (A-Bodengesellschaften). Nur in den Bereichen sehr starker Reliefenergie wurden bei tektonischen oder seismischen Bewegungen bzw. bei ungewöhnlichen Witterungsbedingungen lokale Massenbewegungen ausgelöst (C-Gesellschaften).

Die tiefer liegenden Bereiche unterlagen jedoch durch das aridere Grundklima mit Phasen und Arealen der Vegetationslosigkeit insgesamt einer stärkeren geomorphologischen Aktivität und verminderter Bodenbildung, so daß die Wirkung der jungen Hebungen noch verstärkt wurde (D-Bodengesellschaften).

Im Holozän ist von einer Verminderung der geomorphologischen Aktivität in allen Höhenlagen auszugehen. In den instabilen Bereichen der C-Bodengesellschaften kam es jedoch in holozäner und vermutlich auch historischer Zeit beim Auftreten bestimmter Auslöserbedingungen zu Minikatastrophen und lokalen Massenbewegungen an den dafür disponierten Standorten (s. Abb. 35 u. Beilage). Auch die Anfälligkeit der unteren Höhenlagen wurde durch die sehr starken anthropogenen Eingriffe in die Vegetation erneut stellenweise erhöht.

5.5 Zur Übertragbarkeit von Ergebnissen auf andere Gebiete in Nordthailand

Einige der festgestellten Zusammenhänge zwischen Reliefform, Vegetation, Nutzung und den dominierenden Böden und Bodengesellschaften sowie morphodynamischen Prozessen haben einen für Nordthailand allgemeingültigen Charakter.

Die folgenden Aussagen beruhen dabei zum Teil auf eigenen Beobachtungen und Befunden, die auf Übersichtsbegehungen im Bereich südlich des Nationalparkes zwischen Chomtong und Hot, im Becken von Mae Chaem, am Doi Suthep im Westen von Chiangmai und im Tal von Mae Sai sowie auf Reiserouten von Mae Chaem über Mae Sariang, Khun Yuam, Mae Hongsorn nach Pai im Westen und Nordwesten des Berglandes und in den Norden nach Chiangrai und Mae Chan gewonnen wurden. Darüber hinaus wurden die Ergebnisse von HANDRICKS (1981), HANSEN (1991), KIERNAN (1990), KIRSCH (1991c) und KUBINIOK (1992) berücksichtigt.

Folgende Unterschiede zum Inthanon-Bergland fallen dabei besonders auf:

- Das nordthailändische Bergland generell übersteigt nur selten 1600 m ü. M. Daher sind die humosen Cambisols der Bodengesellschaften A1 und A2 außerhalb des Inthanon-Berglandes kaum oder gar nicht zu finden.

- Vorkommen der C-Bodengesellschaften und Reliefformen, wie "Komplexhänge unter Steilhängen" und andere Anzeichen von jungen Massenbewegungen, treten nur selten auf, da das Bergland im allgemeinen wohl weniger tektonisch gehoben und beansprucht wurde als das Gebiet des Doi Inthanon und daher seltener Bruchstufen an lokal gehobenen Schollen bzw. weniger tektonische Störungszonen entstanden.

In den Höhenlagen um 600 bis über 1200 m Höhe dominieren besonders langgestreckte Höhenzüge sowie Bereiche mit "Riedeln" bzw. ein Rücken-Kerbtalrelief. Dort sind überwiegend rote bis gelbrote lehmig-tonige Böden verbreitet, das Spektrum der Bodengesellschaften B1 und B2. Dies zeigen auch die Untersuchungen von KUBINIOK (1992), der ähnliche Bereiche den Acrisol-Ferralsol-Gesellschaften zuordnet, sowie die Ergebnisse von KIRSCH (1991c) oberhalb der Talbodenbereiche des Mae Chan.

An den Hängen wechseln die roten Böden manchmal kleinräumig mit brauneren oder gelberen, sandigen oder grauen hydromorphen Böden in Dellen, Kerbtälern oder auf flacheren Mittelhängen. Diese Böden sind auf kleinräumige kolluvial-fluviale und andere morphpodynamischen Prozesse sowie veränderte Vegetations- und hydrologische Standortbedingungen zurückzuführen. Damit werden die Ergebnisse von HANDRICKS (1981) und HANSEN (1991) bestätigt, die in ihren jeweiligen Untersuchungsgebieten eine recht hohe Variabilität und Komplexität der Böden festgestellt haben, in Abhängigkeit von Hangposition, Mikrorelief, Vegetation, Wasserhaushalt und Substrat. Flächenmäßig vorherrschend im Bergland sind jedoch die Bereiche der roten Bodengesellschaften auf den Riedeln, Rücken und Höhenzügen.

Oberhalb von 1100 m ü. M. zeigt sich z. B. am Doi Suthep und südlich des Nationalparks eine Tendenz zu stark humosen, lockereren, aber sehr roten Böden unter sekundären Wäldern mit Kiefern. HANSEN (1991) betont ebenfalls, daß die Böden mit zunehmender Höhe humoser werden.

In den unteren Höhenlagen, unter den laubabwerfenden Wäldern zeigt sich fast überall eine Tendenz zu Zerrunsung und Gully-Bildung, die jedoch unterschiedlich stark ausgeprägt ist und in unterschiedlicher Höhe einsetzen kann. Im Zentralbereich, im Westen und Nordwesten des Berglandes sind die Runsen m. E. relativ selten und meist in mächtige rote Bodenbildungen eingeschnitten. KIERNAN (1991: 187) weist jedoch auch in seinem Untersuchungsgebiet im Nordwesten auf Gullies hin, die er u. a. als Folge des zunehmenden Bevölkerungsdruckes seit dem Spätholozän interpretiert.

Im Osten, am Rand des Beckens von Chiangmai, im Bereich des Doi Suthep und südlich des Nationalparks kommen die Runsen sehr häufig unterhalb von etwa 700 m ü. M. vor, die oft in den Zersatz, das Anstehende oder auch Schuttdecken eingetieft sind. Hier sind die Verhältnisse denen im Nationalpark ähnlich. Auch HANDRICKS (1981) beschreibt am Doi Pui unterhalb von 800 m ü. M. skeletthaltige Ablagerungen, geringmächtige Böden und Anzeichen für starke morphodynamische Prozesse. Damit wird die Vermutung unterstützt, daß es insbesondere am Westrand des Bekkens von Chiangmai zu sehr starker geomorphologischer Aktivität infolge tektonischer Hebungen in jüngster geologischer Zeit (KUBINIOK 1992) gekommen ist, in Kombination mit weiteren Faktoren (s. 5.3.6).

Der Zusammenhang zwischen der mangelhaften Bodenvegetation im Bereich der laubabwerfenden Wälder infolge sehr starker anthropogener Einflüsse und der Runsen-Bildung an den mehr oder weniger geneigten Hängen ist offensichtlich. Die Wälder der unteren Lagen des Berglandes unterliegen nicht nur einer sehr langwährenden historischen Nutzung, sondern diese Areale erfahren zudem seit einigen Jahren bzw. Jahrzehnten einen besonders starken Bevölkerungs- und Nutzungsdruck (DONNER 1989; GRANDSTAFF 1980; RYAN et al. 1987; TAN-KIM-YONG et al. 1988). Viele arme Bauern werden durch die Expansion des sekundären und tertiären Wirtschaftsbereiches oder durch Überschuldung ihrer Kleinbetriebe aus der Ebene verdrängt. Gleichzeitig geht am Fuß der Gebirge und in den erschlossenen Tälern viel Land durch Freizeitanlagen (z. B. im Tal von Mae Sai), kommerzielle Waldnutzung (Kahlschlag und teilweise Aufforstung mit Monokulturen) sowie Staudammprojekte verloren (GRANDSTAFF 1980). Darüber hinaus gibt es vielerorts Pläne von der Regierung, die Bergbauern aus den oberen und mittleren Lagen in die unteren Gebiete umzusiedeln, um diese ethnischen Minderheiten stärker in die Gesellschaft und Ökonomie Thailands zu integrieren, zumal die Gebiete der immergrünen Wälder dem Naturschutz vorbehalten werden sollen (s. 5.2.2 u. 6.1.5). Teilweise haben solche Umsiedlungen schon stattgefunden, die sich meistens als Fehlschläge erwiesen, da die Umgesiedelten in den neuen, oft unfruchtbaren Gebieten trotz finanzieller und technischer Unterstützung keine ihnen gemäßen Strategien zum Überleben entwickeln konnten (RYAN et al. 1987; TAN-KIM-YONG 1988). Manchmal ziehen Familien auch freiwillig in die unteren Lagen, in der Hoffnung, in der Nähe der Märkte ein besseres Einkommen zu erzielen.

Die vielerorts festgestellte Tendenz zur Zerrunsung deutet darauf hin, daß es sich bei den Hängen dieser Höhenstufen mit den Trockenwäldern um ökologisch instabile Ökosysteme handelt. Um stärkere Landschaftsschäden und badland-Bildung, wie auf den "Hochterrassen", mit allen Folgen für Landwirtschaft und Wassergewinnung bzw. Speicherung zu vermeiden, muß daher m. E. auf eine Intensivierung der Nutzung in diesen Gebieten verzichtet werden, auch wenn die Böden teilweise besser nutzbar sind bzw. wären als im Untersuchungsgebiet. Die Planungen für Neuansiedlungen in tieferliegende Gebiete müßten deshalb gestoppt und jegliche kommerziellen Nutzungen, die nicht der lokalen Bevölkerung zugute kommen, verboten werden. Vielmehr sollten gerade hier in den schon genutzten Bereichen bevorzugt Bodenschutzmaßnahmen und Dauerkulturen eingeführt werden, da die Bauern aus dem Tiefland die Probleme der Bodenerosion nicht berücksichtigt haben (DONNER 1989; GRANDSTAFF 1980; RYAN et al. 1987).

Erosionsprozesse und Rinnen bzw. Runsenbildung kommen auch in den mittleren und höheren Lagen unter den immergrünen Wäldern vor, sind dort aber seltener und werden vor allem schneller kompensiert (HANSEN 1991; KUBINIOK 1991; SCHMIDT-VOGT 1991).

6 Anwendung der Ergebnisse: Bewertung der Landnutzungseignung und Vorschläge zur Landnutzungsplanung

6.1 Differenzierung der Landnutzungseignung

Die Expansion der modernen Landwirtschaft mit den Folgen verstärkter Bodenerosion, Wasserverschmutzung und Wasserverknappung, Flächenausdehnung auf Kosten von Wäldern bzw. Wiederaufforstungen und Artenschwund haben in den letzten Jahren zunehmend zu Konflikten zwischen den Bergbauern und der Nationalparkverwaltung geführt (s. 3.6). Daher entwickelten die Nationalparkverwaltung und andere Behörden der Regierung auf Grundlage der "watershed-classification" (s. 6.1.5) den Plan, einige Dörfer der Bergbauern umzusiedeln, vorzugsweise in jeweils tieferliegende Gebiete. Vor diesem Hintergrund gewinnt die Frage der räumlichen Differenzierung der Landnutzungseignung auf Basis physisch-geographischer Ergebnisse im Inthanon-Bergland eine besondere Bedeutung.

Aus den Befunden und Ergebnissen im Untersuchungsgebiet ergeben sich bezüglich der Landnutzungseignung folgende wesentliche Schlußfolgerungen:

- Die Böden oberhalb von etwa 700 m ü. M. (Bodengesellschaften A, B sowie Teile von C) sind im allgemeinen besser für die landwirtschaftliche Nutzung geeignet, weil sie tiefgründiger, humoser und steinfreier sind als die meisten Böden der Bodengesellschaften D1 und D2 in den unteren Lagen.

- Die mit der Meereshöhe zunehmende Feuchtigkeit wirkt sich positiv auf die Vegetationsdichte und die Regeneration von Vegetation und Ah-Horizonten aus, so daß Erosionsschäden unter der dichteren Vegetationsbedeckung oberhalb von etwa 1000 m ü. M. sehr selten werden und vor allem schneller kompensiert werden können.

- Unterhalb von 700 m ü. M. ist die Gefahr der regressiven Sukzession, der Bodendegradierung und der Landschaftsschäden durch Runsenbildung bei Eingriffen in die Vegetation sehr hoch (s. 4.5).

- Einige Areale der C- und D-Bodengesellschaften, deren Genese mit quartären Massenbewegungen verknüpft ist, müssen als instabile Gebiete bzw. Hänge angesehen werden, die bei starken anthropogenen Eingriffen (Straßenbau, intensive Landwirtschaft) durch erneute Rutschungen oder andere Massenbewegungen gefährdet sind (s. Abb. 35 u. 36).

Es lassen sich aufgrund der jeweils dominierenden Böden und Substrate, der jeweiligen Regenerationsfähigkeit der Vegetation und der Hangstabilität Bereiche unterschiedlicher Landnutzungseignung ausdifferenzieren (s. 6.1.1 - 6.1.4 sowie Abb. 35 u. 36).

Die bisher noch bewaldeten Gebiete oberhalb von 1600 m ü. M. und alle Bereiche oberhalb von etwa 1800 m ü. M. werden bei dieser Bewertung nicht berücksichtigt, da die Region dem Naturschutz vorbehalten bleiben soll (s. 6.2.1). Die Zone ist mit Ausnahme der Militärstation auf dem Gipfel nicht mehr besiedelt und nicht mehr akkerbaulich genutzt, so daß es realistisch und sozial vertretbar erscheint, sie nun als Naturschutzgebiet strengen Nutzungsbeschränkungen zu unterwerfen.

6.1.1 Die stabilen und geeigneten Areale oberhalb von 1000 m ü. M.

Das 1600 m-Flächenniveau und die Reliefeinheiten der Stufenhänge, Riedel, Talböden und sonstigen Areale innerhalb des Rücken-und-Kerbtalreliefs mit den Bodengesellschaften A2 sowie B1 bzw. die C1-Gesellschaft im Lao Kho-Becken und die Standorte in den anderen Tälern sind im allgemeinen als relativ gut für die landwirtschaftliche Nutzung anzusehen.

Die Kationenaustauschkapazität der Böden ist überwiegend als niedrig oder sehr niedrig einzustufen (s. Abb. 39). Die Basengehalte, die Basensättigung und die KAK-Werte können jedoch beträchtlich schwanken. Vor allem die Oberböden zeigen manchmal deutlich bessere Werte hinsichtlich des Nährstoffhaushaltes (s. Tab. 5, 7, 11 u. 13), die teilweise auf die hohen Humusgehalte und den atmosphärischen Eintrag zurückgeführt werden können. Weisen auch die Unterböden erhöhte T-, S- und V-Werte auf, ist mit basischerem Ausgangsmaterial zu rechnen (s. Tab. 7, 12, 14 u. 15). Auch die Werte des pflanzenverfügbaren Phosphors und Kaliums liegen überwiegend im niedrigen Bereich, in einigen Oberböden im mittleren Bereich (SCHRENK 1991: B6), wobei hier vermutlich Düngung durchgeführt wurde (s. Tab. 2-16). Dennoch sind die Böden relativ gut landwirtschaftlich geeignet, da sie in der Regel über einen Meter mächtig, tiefgründig und weitgehend steinfrei sind und häufig günstige Wasserhaushalte aufweisen. Aufgrund der hier klimatisch etwas kühleren Situation im Vergleich zum Tiefland sind die Höhenlagen auch für einige Anbaufrüchte wie Tee und Kaffee sowie Pflanzen der gemäßigten Breiten geeignet, z. B. Weißkohl, Kartoffeln und Erdbeeren sowie Obstbäume (GRANDSTAFF 1980; MATHUIS 1991).

Da die Variabilität der Böden (Bodenartenfolge, Nährstoff- und Wasserhaushalt) und der sonstigen Standortbedingungen (Hangneigung, Exposition, Mikrorelief, Hangposition) sehr groß ist, variiert dementsprechend auch die landwirtschaftliche Nutzungseignung bzw. die Eignung für jeweils bestimmte Anbausysteme und Anbaufrüchte.

Das traditionelle Mosaik der Landnutzungen spiegelte deutlich die standortabhängige Differenzierung der Eignung wider: Die braunen, humosen, sandig-lehmigen Böden bzw. Oberböden der A2- und mancher C-Bodengesellschaften wurden von den Hmong besonders geschätzt als gute Böden für den Mohnanbau, der sich daher im Bereich um 1500 - 1700 m ü. M. konzentrierte. Die stärker lehmig-tonigen Böden der B1- und B2-Bodengesellschaften galten dagegen als gute Böden für den Bergreisanbau (MISCHUNG 1991). Die relativ ebenen Talböden sowie die geringer geneigten Unterhänge wurden von den Karen für den Naßreisanbau terrassiert. Die Siedlungen wurden meist auf Riedeln oberhalb der Täler errichtet, wobei die angrenzenden Wälder weitgehend erhalten blieben oder neu gepflanzt wurden (Erhaltung eines günstigen Lokalklimas für die Siedlung). Viele gering geneigten Partien auf Stufenhängen oder Mittelhängen wurden bevorzugt als größere Anbauflächen innerhalb des Wanderfeldbaues oder auch zum Naßreisanbau, falls genügend Feuchtigkeit vorhanden war. An den steilen Hängen wurden jedoch meistens nur kleine Parzellen gerodet und ein bis zwei Jahre für die traditionelle Bergreismischkultur genutzt (MISCHUNG 1991).

Mittlerweile werden jedoch fast überall Kohl, verschiedene Blumen, Erdbeeren und andere Marktfrüchte angebaut, offensichtlich häufig ohne Rücksicht auf die Standortbedingungen. Aufgrund des Verbotes, das Rotationssystem weiter zu betreiben und die weit entfernt liegenden Felder zu nutzen, werden nun auch sehr steile Hangpartien genutzt. Dadurch verstärkt sich neuerdings auch bei den Karen die Bodenerosion enorm, die zuvor schon auf den permanent genutzten Feldern der Hmong sichtbar geworden war. Die Flächen- und Rillenerosion ist auf den seit einigen Jahren **permanent** genutzten Hängen sehr stark, auch schon bei Hangneigungen um 10 %. Das zentrale Problem in diesen Arealen ist der fehlende Bodenschutz bei der modernisierten Landwirtschaft. Die Vorschläge für die Landnutzungsplanung (s. 6.2) für diese Gebiete konzentrieren sich daher auf die Einführung einer bodenschützenden und nachhaltigen Landwirtschaft.

Noch einmal sei betont, daß bei den traditionellen Systemen in der Regel genügend Zeit für die Regeneration des Bodens blieb, so daß langfristig keine nennenswerten Bodenverluste entstanden. Die Regeneration des humosen Oberbodens erfolgte im geregelten Rotationssystem der Karen sehr schnell (innerhalb von 8 Jahren) und erlaubte eine artenreiche Wiederbewaldung nach 12 - 17 Jahren. Auch auf den aufgelassenen Feldern der Hmong kam es zur Regeneration der Böden. Die Wiederbewaldung wurde jedoch durch die Dominanz der Busch- und Grasvegetation infolge der häufigen Feuer behindert. Insgesamt zeigt sich überall oberhalb von 1000 m ü. M. nach kurzfristigen Störungen eine meist schnelle progressive Sukzession der Vegetation, wenn sie nicht durch erneute anthropogene Einflüsse verlangsamt oder unterbrochen wird.

Die meisten Hänge in diesen Reliefeinheiten sind weitgehend stabil. Es können zwar subcutanes Bodenfließen oder Bodenkriechen bzw. Erdschlipfe vorkommen, die Hänge sind jedoch nicht durch Massenbewegungen, wie rotationale Rutschungen und Bergstürze, gefährdet.

6.1.2 Lokale Vorkommen instabiler Standorte oberhalb von 1000 m ü. M.

Viele Bereiche der C-Bodengesellschaften, insbesondere C2-Bodengesellschaften in der Reliefeinheit "Komplexhang unter Steilhang", sowie weitere Areale mit hoher Reliefenergie bzw. komplexen Hangformen sind wenig oder gar nicht für die Landwirtschaft geeignet (s. Abb. 35). Derartige Areale weisen meistens einen kleinräumigen Boden- und Reliefwechsel und häufig Flächen mit skeletthaltigen Böden bzw. starker Block- und Steinbedeckung auf, die die ackerbauliche Nutzung einschränkt. Oft handelt es sich um edaphisch trockene Standorte.

Die grobtexturierten Böden der Regosols und Arenosols verfügen über weniger Wasserspeicherkapazität als die lehmig-tonigen Acrisols, Nitisols und Ferralsols. Gleichzeitig sind diese Standorte - da oft an steilen Hangpartien gelegen - besonders für die lineare Erosion anfällig (s. 4.4.2, 5.2.2 sowie Foto 7).

Zudem sind die Hänge instabil, d. h. in erhöhtem Maße anfällig für weitere größere Rutschungen. Dies gilt insbesondere für das Gebiet "Nördliche Forststation", in dem viele Anzeichen für piping gefunden wurden. Die subcutanen Abflußbahnen können Auslöser für größere Bewegungen sein. Die Bereiche am Doi Puai (s. Abb. 24 u. 25) sind gefährdet, weil eine tonige Gleitfläche unterhalb der sandigen Rutschmassen angenommen werden kann.

Zu den insgesamt landwirtschaftlich ungeeigneten Arealen gehören neben den in Abb. 35 dargestellten Arealen die sehr steilen bzw. komplexen Bereiche an der Westseite des Khun Klang-Tales und des Lao Kho-Beckens und an der Westabdachung des Mae Aep-Tales (s. Beilage) sowie weitere im Süden des Nationalparks.

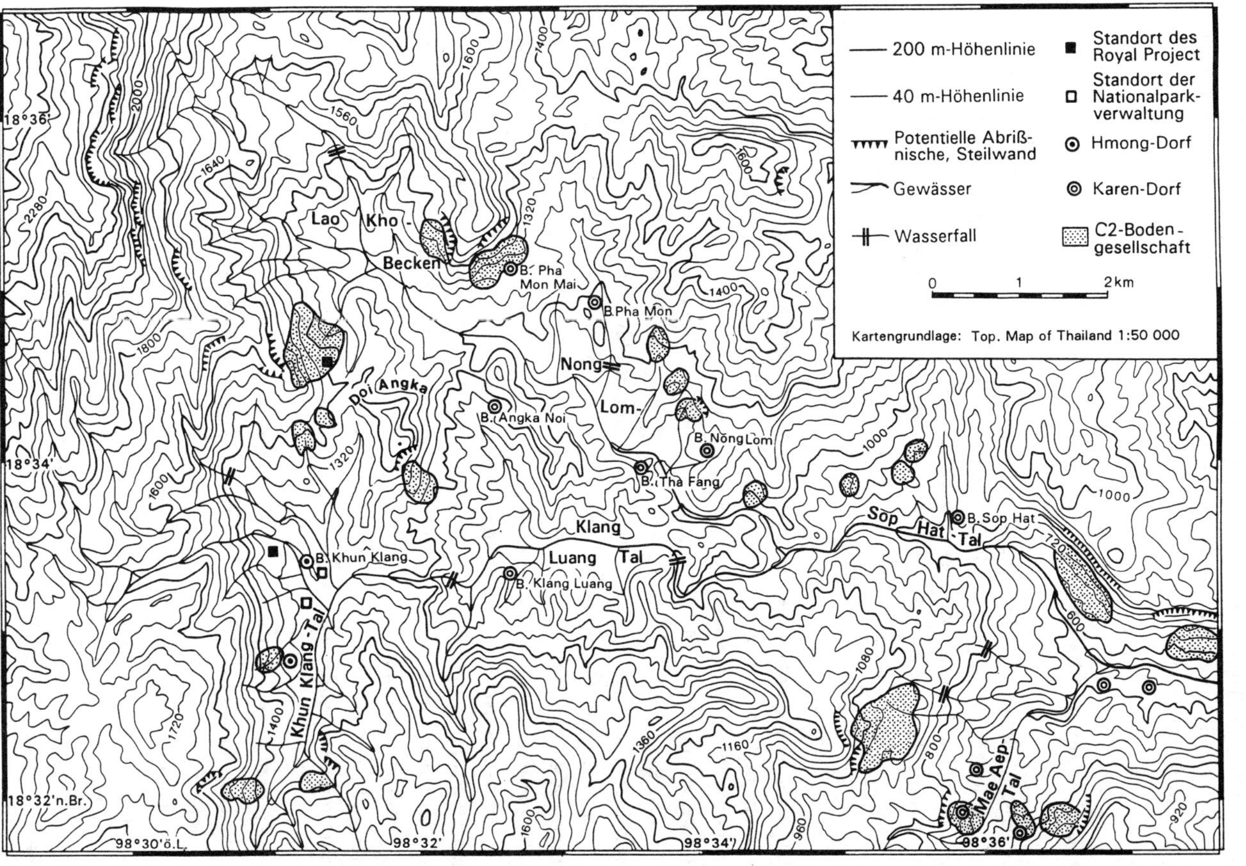

Abb. 35 Die Verbreitung der C2-Bodengesellschaft an Komplexhängen unter Steilhängen als lokal instabile und ungeeignete Areale im Schwerpunktgebiet "Oberer Mae Klang"

Hier sollte eine intensive ackerbauliche Nutzung und insbesondere der Wege- und Straßenbau vermieden werden, denn viele aktuellen kleinen oder größeren Rutschungen treten im Bereich der Straßen bzw. des Straßenbaus auf (s. Beilage).

6.1.3 Die gefährdete Übergangszone zwischen 700 und 1000 m ü. M.

Die Gebiete zwischen ca. 700 - 1000 m ü. M. sind in der Regel von den Böden und der Hangstabilität her auch für die landwirtschaftliche Nutzung geeignet, wobei die Eignung ebenfalls kleinräumig schwanken kann. Die Böden ähneln denen der bisher beschriebenen Areale, zum Teil können sie der Bodengesellschaft B1 zugeordnet werden, überwiegend jedoch der Bodengesellschaft B2. Die Vorkommen sind vergesellschaftet mit Reliefeinheiten (Riedel, Stufenhänge etc.), die als relativ stabil gelten.

Die Häufigkeit von degradierten Standorten sowie Erosionsschäden unter Wald nimmt hier jedoch im Vergleich zu den Gebieten oberhalb von 1000 m ü. M. deutlich zu. Insbesondere im Bereich der Rücken und steilen Oberhänge und anderen exponierten Standorten zeigen sich häufig degradierte, erodierte und vegetationsfreie Streifen oder Areale. Sie unterlagen oder unterliegen meist intensiven anthropogenen Einflüssen, wie Siedlungsbau, Wege, Holzeinschlag und Waldweide, sie wurden aber nicht ackerbaulich genutzt. Häufig setzte infolge der anthropogenen Vegetationsauflichtung eine regressive Sukzession sowie Bodendegradierung ein. Sie ist bedingt durch die hier schon stärkere klimatische Aridität mit allen negativen Folgen für Bodentemperatur und -wasserhaushalt im Zusammenwirken mit Prozessen, wie verstärktem Oberflächenabfluß und Bodenerosion in der Regenzeit. Die Regenerationsfähigkeit von Vegetation und humosem Oberboden ist vor allem dort stark vermindert, wo Faktoren, wie exponierter Standort, anthropogene Störung und edaphisch ungünstige Eigenschaften, wie Humusarmut im Oberboden, ausgeprägt hoher Tongehalt im Unterboden und wenig Wasserspeicherkapazität zusammenkommen.

Insgesamt muß berücksichtigt werden, daß es sich um den Übergangsbereich zwischen laubabwerfender und immergrüner Vegetation handelt. Das deutet auf eine starke Differenzierung der Standortgegebenheiten hin und auf die allgemein erhöhte Anfälligkeit derartiger "Grenz- und Übergangsräume" (SEUFFERT 1989). Die degradierten und für Degradierung anfälligen Areale sollten daher vor weiteren anthropogenen Eingriffen geschützt und wieder aufgeforstet werden (s. 6.2.1). Bei der Landnutzungsplanung in diesen Höhenlagen müssen generell die kleinräumig wechselnden Gegebenheiten von Relief, Exposition, Boden und Vegetation besonders stark beachtet werden.

6.1.4 Die sehr instabilen Areale unterhalb von 700 m ü. M.

Unterhalb von 700 m ü. M. deuten die sehr häufigen, degradierten Areale, die reliktischen und aktuellen Rinnen und Runsen sowie die Vorkommen von Schuttdecken und insbesondere die D2-Bodengesellschaften (s. Abb. 36) auf die besonders starke Anfälligkeit der Gebiete für Landschaftsschäden, d. h. auf deren ökologische Instabilität hin. Diese Phänomene sind in ihrer Koinzidenz zu erklären durch das Zusammenwirken verschiedenster Faktoren, wie heterogene Gesteine, eine Dominanz erosiver Hangprozesse, Abtragung und Massenverlagerung infolge sehr starker Hebungen von Teilbereichen gegenüber dem Becken von Chiangmai in jüngster geologischer Zeit, dem trockeneren rezenten Klima und den ausgeprägten ariden Phasen im Pleistozän mit Zeiten der Vegetationslosigkeit und starker physikalischer Verwitterung und der vermutlich besonders starken anthropogenen Eingriffe seit mehreren Jahrhunderten.

Diese Gebiete reagieren sehr empfindlich auf Eingriffe in die Vegetation und zeigen weit verbreitet degradierte Areale und starke Landschaftsschäden durch Gully-Bildung und Bodenerosion sowie regressiver Sukzession. Die Prozesse der Degradierung werden in der Regel durch das regelmässige Abbrennen der Gras- und Krautschicht ausgelöst bzw. enorm gefördert.

Zudem sind hier die Bodengesellschaften D1 und D2 mit häufigen Vorkommen von geringmächtigen und/oder skeletthaltigen Böden verbreitet, die für den Ackerbau ungeeignet sind (s. Abb. 36). Kleinere Areale innerhalb dieser Gebiete können jedoch durchaus nutzbare Böden aufweisen, zumal die teilweise basischeren Ausgangsgesteine nährstoffreichere Böden liefern.

Bei einer stärkeren Nutzung der instabilen Ökosysteme in den unteren Lagen muß generell mit enormer Intensivierung der linearen Erosion und schneller Boden- und Vegetationsdegradation gerechnet werden. Eine Ansiedlung von Bergvölkern in diese tieferliegenden Gebiete unterhalb von 700 m ü. M. ist daher aus physisch-geographischer und ökologischer Sicht abzulehnen.

Die angegebenen Höhengrenzen sind als Richtwerte zu verstehen. Im Mae Aep-Tal finden sich z. B. bis auf 600 m hinab Areale, die im traditionellen Rotationssystem der Karen sehr gut nutzbar sind und eine ähnlich schnelle Regeneration von Vegetation erlauben, wie Areale oberhalb von 1000 m ü. M. Der südexponierte Hang zum Mae Tae dagegen ist durchgängig von etwa 350 bis fast 900/1000 m ü. M. stark gefährdet und ungeeignet für jegliche landwirtschaftliche Nutzung, da hier die Bodengesellschaft D2 und die Instabilität ingesamt sehr stark ausgeprägt sind (s. Abb. 36.).

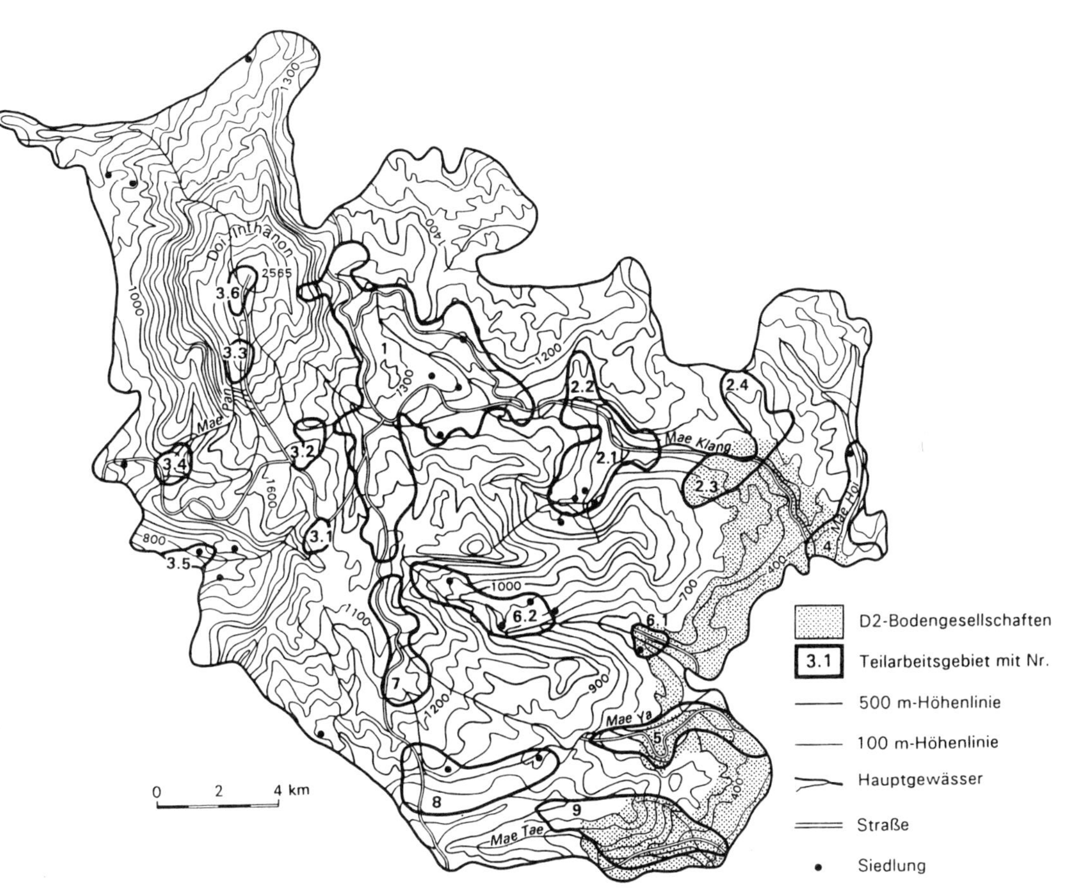

Abb. 36 Die Verbreitung der D2-Bodengesellschaft; sehr instabile und ungeeignete Areale in den unteren Höhenlagen

6.1.5 Vergleich mit den Ergebnissen der watershed-classification

Die Ergebnisse und Schlußfolgerungen lassen sich stark generalisiert folgendermaßen zusammenfassen: Im allgemeinen nimmt die Landnutzungseignung mit der Meereshöhe zu.

Dies widerspricht den Ergebnissen bzw. Voraussetzungen einer bisher in Thailand weit verbreiteten Landbewertungsmethode, der watershed-classification. Dieses Klassifikationssystem, entwickelt aus der Sicht der Forstwirtschaft, geht davon aus, daß die Gebiete in der Regel mit abnehmender Meereshöhe eine weniger hohe Reliefenergie, bessere und mächtigere Böden und weniger hohe Niederschläge aufweisen. Daher seien die tiefliegenden Gebiete weniger von der Erosionsgefährdung betroffen und besser für die landwirtschaftliche Nutzung geeignet. Die mittleren und höheren Lagen mit zunehmenden Niederschlägen sowie höherer Reliefenergie gelten als wesentlich gefährdeter bezüglich der Erosion. Diese Gebiete mit ihren z. T. noch vorhandenen immergrünen Wäldern und ihrer Funktion für den Wasserhaushalt sollen dem Naturschutz und der Forstwirtschaft vorbehalten werden (WOOLDRIDGE 1986).

Das Gebiet des Nationalparks wurde mittels dieser Methode bewertet, wobei gerade die Lagen unterhalb von etwa 700 m ü. M. als jene Areale bezeichnet wurden, in denen Landwirtschaft weitgehend ohne Einschränkungen betrieben werden könnte. Die von den Bergbauern seit Jahrzehnten oder Jahrhunderten genutzten Areale in den Höhenlagen darüber werden jedoch weitgehend als wenig für die Landwirtschaft geeignet angesehen. Viele von den Karen und den Hmong genutzte Areale, die in der Nähe der Siedlungen dichte immergrüne Wälder aufweisen, wurden in die watershed-class 1A eingestuft, in der keinerlei landwirtschaftliche Nutzung stattfinden soll. Diese Dörfer sollen umgesiedelt werden, denn es wird angenommen, die Wälder seien Primärwaldareale, deren Schutz die höchste Priorität genießt (WOOLDRIGE 1986; WOOLDRIDGE et al. 1986). Die angeblichen Primärwälder stellen jedoch oft Sekundärwälder dar (s. 3.5 u. 3.6), die von den Bewohnern der Dörfer bewußt geschützt werden.

Die Mißverhältnisse zwischen den Ergebnissen der watershed-classification und den Befunden der vorliegenden Untersuchungen beruhen m. E. vermutlich auf folgenden Faktoren:

- fehlende Grundlagendaten, z. B. über die Böden und die reale Topographie, so daß vermutlich unzutreffende Daten hinsichtlich dieser Faktoren in die Berechnungen der watershed-classification eingingen;

- Nichtberücksichtigung der meist sehr komplexen Beziehungen zwischen einzelnen Faktoren, z. B. zwischen Niederschlagsdaten und der Erosivität der Niederschläge, die ja nicht nur von der Niederschlagshöhe, sondern auch von der Intensität der einzelnen Niederschläge und deren Verteilung abhängen oder zwischen Relief, Böden und Vegetation;

- falsche Voraussetzungen hinsichtlich der traditionellen Nutzungsformen und der Ziele der Bergbauern, die oft selbst die Erhaltung der natürlichen Ressourcen anstreben;

- starker Einfluß der nicht offengelegten Grundvoraussetzungen und Intensionen auf die "Ergebnisse".

Offensichtlich steckt hinter dieser "Methode" das Ziel, den Wanderfeldbau abzuschaffen und zwecks besserer Kontrolle die Bergbauern in tieferliegende Gebiete umzusiedeln, wobei gleichzeitig die freiwerdenden Berggebiete für die kommerzielle Forstwirtschaft genutzt werden können.

Frühere Untersuchungen, die ebenfalls eine starke Gefährdung der unteren Bergregionen (GRANDSTAFF 1980: 2), eine mit der Meereshöhe ansteigende Regenerationsfähigkeit von Vegetation und Böden (GRANDSTAFF 1980: 2; HANDRICKS 1981) sowie die ökologische Nachhaltigkeit der Wanderfeldbauverfahren der Bergbauern aufzeigen (GRANDSTAFF 1980; HURNI 1983), wurden bei der Entwicklung der "watershed-classification" nicht berücksichtigt.

6.2 Vorschläge für die Landnutzungsplanung

"... development is virtually doomed to failure if it disregards the most important element in any resource system: the people themselves" (GRANDSTAFF 1980: 30/31).

"Encoded in indigenous languages, customs and practices may be as much understanding of nature as is stored in the libraries of modern science. It was little appreciated in past centuries of exploitation, but is undeniable now, that the world's dominant cultures cannot sustain the earth's ecological health without the world's endangered cultures (of indigenous people)" (DURNING 1992: 7; Zusatz in Klammern von der Verf.).

Entsprechend dem Motto dieser Zitate setzt eine erfolgreiche Planung und Realisation nachhaltiger Nutzungsformen folgendes voraus:

- eine wirkliche Partizipation der betroffenen Bevölkerung und aller ihrer Teilgruppen (APITCHATVULLOP 1990; GRANDSTAFF 1980; THAMPILLAI et al. 1991);

- legale und gesicherte Rechte zur Nutzung bzw. zum Besitz des Landes für die Betroffenen, um ihnen langfristige Planungen zu ermöglichen (APITCHATVULLOP 1990; GRANDSTAFF 1980; THAMPILLAI et al. 1991);

- Berücksichtigung des enormen Wissens der Lokalbevölkerung hinsichtlich der Nutzungsmöglichkeiten und -grenzen in ihrer Umgebung (APITCHATVULLOP 1990; DURNING 1992; GRANDSTAFF 1980; PRINZ 1986);

- Land- und Forstwirtschaft bzw. Wiederaufforstung schließen einander nicht immer aus, sondern können und sollen auch schon bei der Planung kombiniert werden (CRUZ et al. 1987; KIJKAR 1987; MAYDELL 1986).

6.2.1 Walderhaltung und Wiederaufforstung

Die verbliebenen Wälder oberhalb von 1600 m ü. M. sollen, wie schon erwähnt, auf jeden Fall als Wassereinzugsgebiet und Lebensraum für teilweise in Thailand sehr seltene Pflanzen und Tiere erhalten werden. Im gesamten Gipfelbereich oberhalb 2000 m ü. M. sollte jegliche landwirtschaftliche und bauliche Nutzung untersagt werden. Die Höhenlagen ab etwa 1600 bis 2000 m ü. M. können als Pufferzone gelten. Das bedeutet vor allem ein Verbot weiterer Eingriffe im Gipfelbereich, insbesondere durch die Militärstation oder Tourismuseinrichtungen. Leider sind schon erhebliche Schäden durch das Militär und weitere Bauten sowie durch den wachsenden Tourismus angerichtet worden.

Einige Bereiche in der Pufferzone, vor allem an den westexponierten Hängen unterhalb der Straße sollten möglichst mit verschiedenen nativen Laubbaumarten aufgeforstet werden. In der gesamten Pufferzone und im Gipfelbereich muß eine strenge Feuerkontrolle erfolgen. Ohne regelmäßige Feuerschäden ist auch in den mit *Imperata*-Gras bedeckten Gebieten allmählich eine natürliche Wiederbewaldung zu erwarten (GRANDSTAFF 1980).

In den Gebieten zwischen 1000 und 1600 m ü. M. sollten etliche Areale ständig oder zeitweise bewaldet sein, wobei die Landwirtschaft hier vermutlich größere Areale als derzeit in Anspruch nehmen wird. Entweder werden Rotationssysteme, d. h. eine Feld-Wald-Wechselwirtschaft oder Agrarforstsysteme entwickelt (s. 6.2.2). In den Wäldern sind kleinräumige Rodungen zur Anlage von kurzzeitig genutzten Feldern sowie Holzeinschlag, Ernte von Früchten und Pflanzen und sonstige Nutzungen durch die jeweils lokale Bevölkerung in der Regel erlaubt, wenn die Brachezeiten berücksichtigt und die Waldareale durch gezielte Pflanzung oder Förderung nutzbarer Pflanzen in die Ökonomie miteinbezogen werden (gelenkte Brache, Intensiv-Buschbrache, Anbau von Gründüngung, Baum- und Strauchkulturen). In Teilräumen muß aber die Regeneration reifer Sekundärwälder ermöglicht werden (möglichst 12 - 17 Jahre Brache). Die Wälder in den Tiefenlinienbereichen kleiner Täler und die noch vorhandene Vegetation an feuchten Stellen, wie Quellmoore (s. Abb. 23) in den größeren Tälern, sollten geschützt werden. Eine Wiederaufforstung der degradierten Flächen ist in diesen Höhenlagen nicht notwendig, da die natürliche progressive Sukzession in der Regel eine schnelle Wiederbewaldung erlaubt.

Die starke Erosions- und Rutschungsgefährdung der Steil- und Komplexhänge (s. 6.1.2) erfordert hingegen deren möglichst umgehende Bepflanzung mit einheimischen Laubbäumen, um sie zu stabilisieren. Rodungen und Feuer sollten hier auch in Zukunft vermieden werden. Landwirtschaftliche Nutzungen wie permanenter Ackerbau dürfen nicht erfolgen. Auch hier können allerdings Fruchtbäume bzw. sonstige nutzbare Bäume oder Sträucher gepflanzt werden, die dann jeweils einzeln abgeerntet bzw. gefällt und durch Jungpflanzen ersetzt werden.

Unterhalb von 1000 m ü. M. und vor allem unterhalb von 700 m ü. M. sollten alle geschädigten und vegetationsarmen Flächen mit standortgerechten Bäumen in Mischkultur aufgeforstet werden. Das Abbrennen der Wälder bzw. des Unterwuchses und die Überweidung bzw. Übernutzung müßten in den gefährdeten Arealen der Übergangzone vermieden werden (s. 6.1.3). Sie sind in der Regel auf den Luftbildern anhand der sehr lichten oder fehlenden Vegetation leicht zu erkennen.

In den Bereichen unterhalb von 700 m ü. M. (außerhalb des Mae Aep-Tales und weiterer kleiner stabiler Areale in den Tälern) sollten alle anthropogenen Eingriffe, insbesondere Feuer, zunächst streng verboten werden.

Um diese Ziele zu realisieren und die Akzeptanz der Lokalbevölkerung zu erreichen, wäre es sinnvoll, die Wälder im Umkreis einer Siedlung jeweils als Dorfeigentum oder Gemeindewald bzw. Besitz der beteiligten Haushalte auszuweisen, wie es in einigen Social-Forestry-Projekten in Nordost-Thailand geschehen ist (APITCHATVULLOP

1990). Im Falle der Karen bedeutet dies nichts anderes als die Legalisierung dessen, was sie traditionell vor dem Verbot des Wanderfeldbaus praktiziert hatten. Die Dorfgemeinschaft bzw. die Haushalte übernehmen somit (wieder) die Verantwortung für Pflege und Erhaltung der Wälder bzw. die Regeneration der jeweiligen Brachen und das gesamte Land. Das traditionell vorhandene bzw. das vorhanden gewesene Bewußtsein über die ökologische und ökonomische Bedeutung des Waldes als Ressource für Nahrung, Viehweide, Brennholz, Wasserspeicher etc. wird damit wieder gestärkt. Wenn cash-crop-Bäume (Früchte, Nüsse etc.) bei den jeweiligen Anpflanzungen berücksichtigt werden, so sollte deren Pflege und Erhaltung sowie der Gewinn einzelnen Haushalten überlassen bleiben. Deutlich werden muß für alle Beteiligten, daß nicht mehr neue Waldflächen erschließbar sind.

Gerade in den unteren Lagen wird es jedoch schwierig sein, das Verbot von Feuern umzusetzen bzw. zu kontrollieren, da die Feuer nicht nur von den Bergbauern des Nationalparks, sondern sehr viel häufiger von Leuten aus den Siedlungen des Tieflands verursacht werden. Daher muß hier ein besonderes Gewicht auf der Aufklärung der gesamten Bevölkerung sowie der Touristen liegen, und sie müssen zur Mitarbeit motiviert werden. Vielleicht ist es auch hier möglich, gewisse Areale bestimmten Siedlungen als Gemeindewald zuzuordnen, die dafür die Verantwortung übernehmen und später auch eingeschränkte Nutzungsrechte genießen, wenn die Wälder eine gewisse Stabilisierung erreicht haben. Zum Beispiel könnte die Jagd sowie das Sammeln von Früchten, Blättern, Heil- und Gewürzpflanzen bzw. das Fällen einzelner Bäume auch in diesen Wäldern nach einem oder zwei Jahrzehnten wieder möglich sein.

6.2.2 Bodenschutz und nachhaltige Landwirtschaft

Das zentrale Problem in den aktuell landwirtschaftlich genutzten Gebieten ist die verstärkte Bodenerosion mit all ihren negativen Folgen durch die rasche Umstellung von den Wanderfeldbausystemen zu permanenter Nutzung, bei der die kurzfristigen Gewinne im Vordergrund stehen. Um eine weitere Verschärfung der Konflikte zwischen Naturschutz, Forstwirtschaft und Landwirtschaft zu vermeiden und die entstandenen Probleme zu lösen sind m. E. kurzfristig Bodenschutzmaßnahmen dringend erforderlich. Mittel- bis langfristig sollten neue Anbausysteme unter Beteiligung der Betroffenen und Berücksichtigung traditioneller Elemente (wie Bergreismischkultur, Rotationssysteme etc.) und moderner Erkenntnisse entwickelt werden. Voraussetzung dafür ist die sofortige Legalisierung der landwirtschaftlichen Nutzflächen der Hmong und der Karen auch auf den Hängen.

Folgende **kurzfristige Maßnahmen** sind m. E. notwendig:

- die Aufklärung von Vertretern des "Königlichen Landwirtschaftprojektes" und der lokalen Bevölkerung über die Gefahren des Dünge- und Pestizideinsatzes sowie der Bodenerosion und über die bodenschützende Funktion von hanggliedernden Elementen, wie Hecken und Waldresten, um deren Erhaltung zu unterstützen;

- Wiedereinführung der Rotationssyteme des Wanderfeldbaus mit langen Brachezeiten, d. h., Erlaubnis für die Karen, ehemalige Brachen erneut als Bergreisfelder zu nutzen;

- eine großmaßstäbige Erfassung der wechselnden Hangneigungen, aktuellen Fruchtfolgen und etwaigen Schäden im Bereich der genutzten Flächen zur Festlegung von dringend erforderlichen Schutzmaßnahmen für die unterschiedlichen Hangpartien (s. Abb. 37 u. 38);

- Einführung von Mulchverfahren sowie Unter- und Zwischensaaten, insbesondere beim Mais und den weitständigen Blumensorten; Einführung dichterer Anbaufrüchte sowie minimaler Bodenbearbeitung, vor allem an den über 25 % geneigten Partien;

- die Anlage von Hecken mit Leguminosen und/oder Grasstreifen im Vertikalabstand von 3 bis 20 m entlang der Höhenlinien auf den sehr steilen, über 30 % geneigten Hangpartien (Streifenanbau) bzw. Gliederung sehr langer Hänge und Felder wenigstens durch gelegentliche dichte Hecken;

- die verstärkte Förderung von Obstbaum- und Strauchkulturen mit bodendeckenden Untersaaten bzw. Mulch;

- Vermeidung weiterer Eingriffe in den Landschaftshaushalt durch den Ausbau der Infrastruktur und die Wiederaufforstung der steilen Oberhänge bzw. steilen und komplexen Hangpartien in den Bereichen der Bodengesellschaften C und der geologischen Grenzen (s. Abb. 35 u. Beilage).

Der Erosionsschutz von Mulchverfahren, z. B. mittels hangparallelem Aufhäufeln von Unkraut oder flächendeckende Ausbreitung von Ernterückständen sowie durch die Reduzierung bzw. den Verzicht auf Bodenbearbeitungsmaßnahmen ("minimal tillage" oder "no tillage"), kann als gut beurteilt werden, zumal diese einfache und sofort durchzuführende Maßnahmen darstellen (MARSTON et al. 1984; RYAN & BOON-

CHEE 1987). Ferner wirkt sich das Mulchen in der Regel günstig auf das Infiltrationsvermögen, die Nährstoffspeicherung, das Bodenlebewesen, die Bodenstruktur, den Ausgleich der Temperaturen, die Verminderung der Verdunstung und auf die Unkrautkontrolle aus (MÜLLER-SÄMANN 1986; PRINZ 1986). Zwischen- und Untersaaten, Mischkulturen und Streifenanbau können die Bodenverluste oft noch stärker minimieren bzw. die Erträge deutlicher steigern (KIYJKAR 1987; MÜLLER-SÄMANN 1986; RYAN & BONCHEE 1987; PRINZ 1986). Die jeweils geeigneten Früchte für Zwischen- und Untersaaten, die richtigen Termine zur Einsaat, die geeigneten Pflanzen für die Streifen, geeignete Fruchtfolgen und Mulchmaterialien und -verfahren, die den lokalen Bedingungen angepaßt sind, müssen jedoch erst herausgefunden werden (MÜLLER-SÄMANN 1986). Daher sollten derartige Versuche auf Grundlage vorhandener lokaler und regionaler Erfahrungen umgehend gestartet werden. Der Erfolg des Streifenanbaus ist zudem auch abhängig davon, ob die Streifen ausreichend dicht und höhenlinienparallel angelegt sind. Entgegen der Meinung von SHENG (1979), der diese Methode auf steilen Hängen als nicht erfolgreich betrachtete, sind jedoch die Bodenverluste und die Ernterückgänge mit Streifenanbausystemen deutlich minimiert worden, sowohl auf Mindanao, Philippinen (WATSON & LAQUIHAN 1987) als auch auf steilen Hängen in Nordthailand (TECHNICAL SECTION 6 1989, 1992). Die in die Streifen integrierten Leguminosen dienen ferner als Bodenverbesserer und Stickstofflieferanten (KIJKAR 1987; MÜLLER-SÄMANN 1986; PRINZ 1986).

Mittel- bis langfristiges Ziel ist die Entwicklung und Verbreitung einer umwelt- und sozialverträglichen Landwirtschaft, die eine Steigerung der Produktion und Produktivität erlaubt, um dem Bevölkerungswachstum und der Verbesserung der Lebensbedingungen gerecht zu werden, und gleichzeitig die Bodendegradation, Umweltbelastung und Flächenausweitung minimiert. Produktivität ist dabei mehr als nur Ertrag pro Flächeneinheit: "productivity should be assessed in terms of output per unit of input and per unit of resource degraded, e. g. per unit of soil lost, per unit reduction in organic matter content or available waterholding capacity" (LAL 1987: 38).

Nochmals soll betont werden, daß die "neuen" Anbausysteme an die traditionellen konservierenden Praktiken, die Erfahrungen und Wünsche der lokalen Bevölkerung in ihrem jeweiligen kulturellen Kontext anknüpfen sollten. Das bedeutet, die Rotationsverfahren und der Wanderfeldbau müssen nicht abgeschafft und durch permanente Agrikulturverfahren ersetzt werden, wie die meisten annehmen (RYAN & BOONCHEE 1987; RYAN & TAEJAJAI 1987; SHENG 1979), sondern die Rotationsverfahren selbst könnten verbessert und weiterentwickelt werden, wie schon GRANDSTAFF (1980: 20f.) forderte.

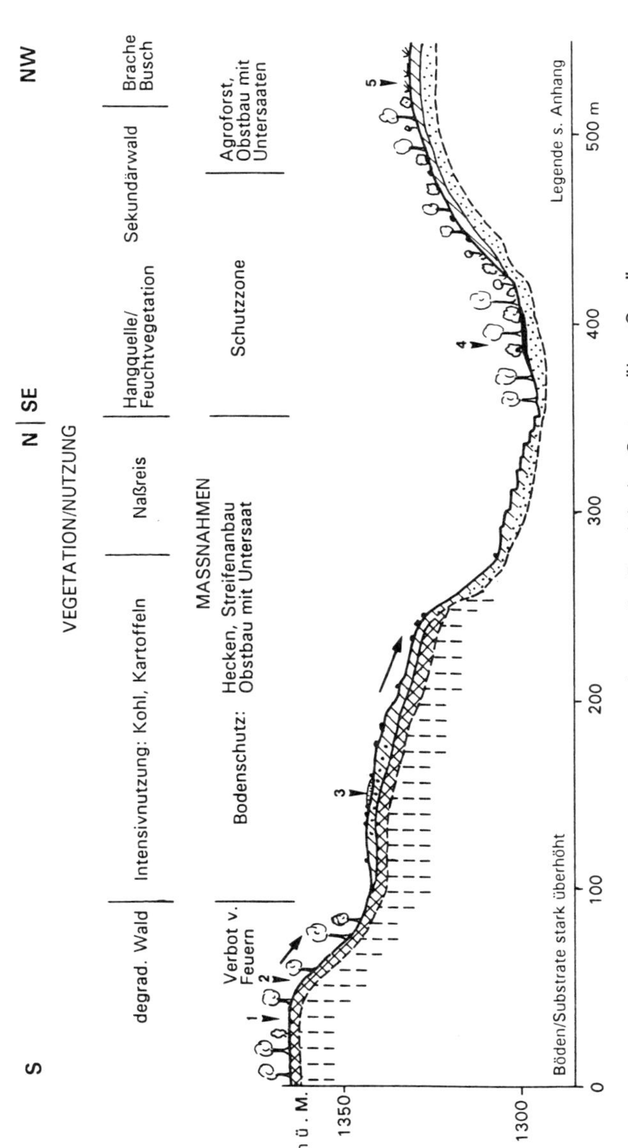

Abb. 37 Differenzierung der Landnutzungsplanung im Bereich der Catena "Lao Sam"

SW | NE

VEGETATION/NUTZUNG

Weg, Wald	Dorf und Felder	Naßreisfelder	Dorf und Felder	Sekundärwald	

MASSNAHMEN

Hecken, Untersaat bei Obst	Anpflanzung von Schattenbäumen	Untersaat bei Obst	Schutzwald	Agroforst, Obstbau mit Untersaaten

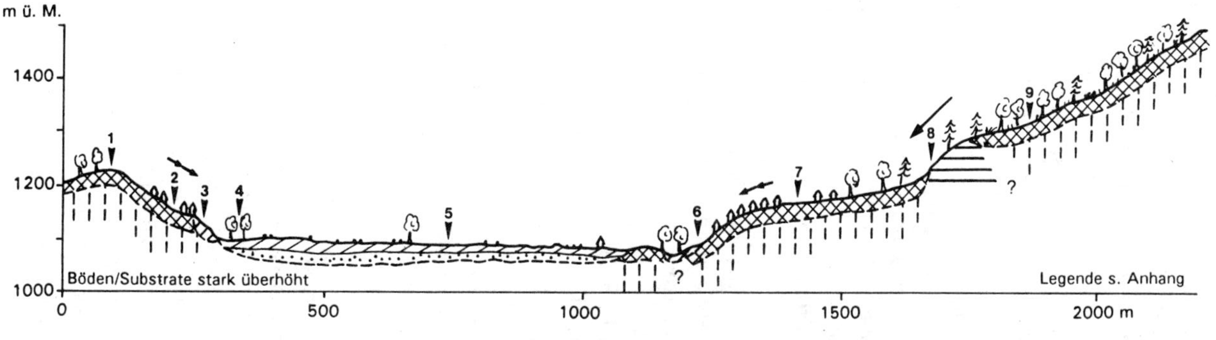

Abb. 38 Differenzierung der Landnutzungsplanung im Bereich der Catena "Nong Lom"

Auch die traditionelle Mischkultur kann weiterentwickelt werden (PRINZ 1986: 155f.; MÜLLER-SÄMANN 1986: 423ff.). MISCHUNG (1990) stellte im Untersuchungsgebiet fest, daß die traditionellen "Bergreisfelder" Mischkulturen mit bis zu 32 verschiedenen Pflanzen darstellten. Sie setzten sich zusammen aus verschiedenen Getreidesorten, Blatt- und Knollenfrüchten mit jeweils unterschiedlichen Vegetationsperioden und Erntezeiten, so daß die Felder über einen sehr langen Zeitraum ausreichend bedeckt waren. GRANDSTAFF (1980: 27) betont, "mixed cropping has been advocated as the best overall agricultural strategy for the tropics", da so möglichst viele ökologische Nischen und verschiedene Nährstoffreserven im Boden genutzt werden, ein guter Erosionsschutz besteht, Krankheiten, Schädlinge und auch das Unkraut minimiert werden sowie ein reichhaltiges Nahrungsangebot für die Subsistenzbauern und zudem für den Verkauf geliefert werden kann (PRINZ 1986). CAESAR (1991) betont ebenfalls, daß die jeweils lokalen Früchte auch in der Forschung stärker berücksichtigt werden sollten.

Die neu entwickelten Anbauformen sollten wenig oder gar keine von außen zugeführte Energie in Form von Düngung, Pestizid- und Insektizideinsatz bzw. Bewässerung sowie wenig Investitionskapital erfordern ("low-external-input"), um für alle erschwinglich zu sein, ohne Abhängigkeiten durch Verschuldung zu schaffen und die Umweltbelastung zu minimieren (GRANDSTAFF 1980; KOTSCH & ADELHEIM 1986; THAMPILLAI et al. 1991). Die Bewässerung der cash-crop-Monokulturen und deren Düngung und Schädlingsbehandlungen haben in Verbindung mit der verstärkten Bodenerosion in den letzten Jahren zu einer beträchtlichen Wasserverschmutzung und zur Wasserverknappung im Tiefland beigetragen, so daß sich erhebliche Konflikte zwischen den Tieflandbauern und den Bergbauern ergaben (s. 3.6). Solche Probleme lassen sich vermeiden, wenn energieextensive Verfahren und Diversifizierung wieder eingeführt werden.

Langfristig können z. B., wenn von der Bevölkerung akzeptiert, Anbausysteme der Agrarforstwirtschaft angestrebt werden, die ebenfalls als Formen ökologisch sinnvoller und nachhaltiger Landwirtschaft für tropische Gebiete gelten (CRUZ & VERGARA 1987; KIJKAR 1987; MAYDELL 1986; PRINZ 1986). Bei diesen Nutzungssystemen handelt es sich um Kombinationen von annuellen und mehrjährigen Feldfrüchten, Sträuchern und Bäumen, auch in Verbindung mit der Viehhaltung, um möglichst geschlossene Kreisläufe zu ermöglichen. Bäume, Sträucher und Gras in permanenten Streifen oder sonstigen kleinräumigen Vorkommen innerhalb von Feldern oder als zeitweisige Bepflanzung von Arealen dienen der Verbesserung des Kleinklimas, der Verringerung der Verdunstung, als Bodenverbesserer, Gründüngung, Erosions- und Windschutz sowie als Futter für das Vieh bzw. als Quelle für Brenn- und Baumaterialien (KIJKAR 1987; TECHNICAL SECTION 6 1989, 1992; WATSON & LAQUIHUN 1987).

Das Ziel einer sozial- und umweltverträglichen Landwirtschaft im Untersuchungsgebiet könnte meines Erachtens mit Hilfe eines kleinen Pilotprojektes erreicht werden, in dem ein interdisziplinäres Team von Agrar-, Forstwirtschaftlern, Geographen und anderen ökologisch orientierten Naturwissenschaftlern sowie Sozialwissenschaftler, die die lokalen Sprachen beherrschen, mit der Bevölkerung zusammenarbeitet. Auch das im Untersuchungsgebiet etablierte "Königliche Landwirtschaftsprojekt" könnte evtl. diese Ziele und Aufgaben übernehmen, unterstützt durch weitere Mitarbeiter und Schulung durch Experten. Die schrittweise Realisierung der Ziele ist auf folgendem Weg möglich:

- Befragungen und Diskussionen in den Dörfern zum Thema traditionelle Früchte, Mischkulturen, Fruchtfolgen und Anbauformen, Rotationszyklen, Bewußtsein über und Umgang mit auftretenden Problemen (Erosion, Schädlinge, Unkraut, ungeeignete Standorte/Anbaufrüchte) sowie Bedürfnisse und Gewohnheiten (Nahrung, Arbeitsweisen, Wertvorstellungen);

- Gewinnung von Personen bzw. Haushalten, die das Ziel unterstützen und zur aktiven Mitarbeit bei der gemeinsamen Entwicklung von Konzepten und zu deren Verbreitung in ihren jeweiligen Dörfern bereit sind;

- Auswertung aller vorhandenen Unterlagen zum Naturraumpotential sowie Erhebung noch erforderlicher Daten, z. B. zum Nährstoffhaushalt verschiedener Böden bzw. zum Inventar vorhandener Pflanzen und Tiere (unter Einbezug des Wissens der Lokalbevölkerung bzw. deren Vertreter);

- die Entwicklung und Erprobung von low-external-input Anbausystemen und Fruchtfolgen mit Brachezeiten bzw. einer möglichst ganzjährig dichten Vegetationsdecke auf Versuchsflächen des Projektes bzw. auf Flächen der mitarbeitenden Familien unter Berücksichtigung der bei den Befragungen und Diskussionen gewonnenen Kenntnisse sowie der jeweiligen Standortbedingungen (Boden, Relief, Wasserhaushalt);

- Verbreitung der gewonnenen Erfahrungen des Projektes in den Dörfern, wobei darauf zu achten ist, daß die neuen Anbauformen gegebenenfalls auch nur in Teilen von der Lokalbevölkerung übernommen werden können;

- ständiger Kontakt und Dialog zwischen den Vertretern des Projektes, den aktiven Mitarbeitern und der Bevölkerung, um Erfolge bzw. Mißerfolge der neuen Methoden zu erfassen und die Erfahrungen bei der Modifikation der Anbausysteme und Vorgehensweisen verwerten zu können;

- Hilfestellung bei der Vermarktung von Verkaufsfrüchten durch Vermittlung von Kontakten durch die Projektmitarbeiter;

- Überprüfung der Durchführbarkeit und der Akzeptanz bei den lokalen Ethnien vor der Verbreitung etwaiger Nutzungseinschränkungen in Teilräumen.

Vermutlich sind für die Hmong und die Karen sowie für die unterschiedlichen Relief- und Bodengesellschaften und Höhenzonen jeweils spezifische Anbauformen zu entwickeln.

Das Ziel einer ökologisch und ökonomisch nachhaltigen Nutzung im Nationalpark ist hoch gesteckt, die Realisierung wird daher nicht ganz einfach sein und wohl mehrere Jahrzehnte benötigen. Dennoch ist sicher, daß schon einige Schritte in diese Richtung die Probleme minimieren können. Die betroffenen Bergbauern sind selbst an der langfristigen Erhaltung ihrer Lebensgrundlagen interessiert und haben vermutlich auch schon Ideen und Erfahrungen, wie dies zu realisieren ist. So wird es sicher möglich, Naturschutz, Walderhaltung und Landwirtschaft im Untersuchungsgebiet zu vereinen und Umsiedlungen von Bergbauern überflüssig zu machen.

Im übrigen sei angemerkt, daß der Nationalpark Doi Inthanon durch die Existenz der Bergvölker und ihrer Kulturen, die landwirtschaftliche Nutzung, das Vorkommen anthropogen beeinflußter Vegetation und waldfreier Flächen, z. T. mit Aussichtsmöglichkeiten, nicht an "Wert" und Schutzwürdigkeit verliert, sondern gerade durch diese Diversivität und das Miteinander von Mensch und Natur gewinnt.

7 Zusammenfassung

Im Untersuchungsgebiet, Ausschnitt aus einem jungen und tektonisch stark überprägten Gneis- und Granitmassiv im nordwestthailändischen Bergland, ist die Variabilität der Böden sehr hoch. Rote, lehmig-tonige Böden, die den Acrisols, zum Teil den Nitisols, Ferralsols oder Zwischen- und Übergangsformen zugeordnet werden, dominieren. Ferner finden sich verschiedene Ausprägungen von Cambisols, Arenosols und Regosols, letztere oft mit hohen Skelettgehalten, sowie kleinräumig begrenzte Vorkommen von hydromorphen und anmoorigen Böden, Kolluvien und durch den Naßreisanbau veränderte Bodenprofile. Viele Bodenprofile stellen Bodenkomplexe dar, in denen verschiedene Prozesse gewirkt haben bzw. noch wirken.

Die Variabilität der Böden beruht überwiegend auf der Vielfalt der Reliefformen und deren unterschiedlicher Genese. Die Bodenverbreitung spiegelt somit die Relief- und Tektogenese der verschiedenen Areale wider. Ferner spielen auch die höhenzonale Gliederung von Klima und Vegetation sowie die anthropogenen Einflüsse eine entscheidende Rolle bei der Verbreitung der Böden.

Die Relief- und Tektogenese läßt sich charakterisieren durch die starke Hebung von Teilbereichen und deren anschließende lineare Zerschneidung, die im Mesozoikum begannen und stellenweise bis heute andauern. Die sehr jungen Hebungen in den östlichen Randbereichen des Gebirges sowie lokal begrenzte Massenbewegungen unterschiedlicher Formen fanden vermutlich im Pleistozän und Holozän statt.

Die Areale der Acri-, Niti- und Ferralsols (Bodengesellschaften B1 und B2) sind vergesellschaftet mit geomorphologisch relativ stabilen Reliefeinheiten. Die Rücken der Riedel und Sporne sowie die Verebnungen der Stufenhänge stellen Reste alter Flächen dar, auf denen sich die ferralsolähnlichen Böden erhalten haben. An den Hängen überwiegen die Acrisols, die infolge der Prozesse bei der Einschneidung stärker überprägt wurden.

Die Bereiche der quartären Massenbewegungen sind meistens verknüpft mit grob texturierten Substraten und Böden (lS bis sL) sowie kleinräumigen Substrat- und Bodenwechseln. Die korrelaten Sedimente von Massenbewegungen (Bergstürze, rotationale und translationale Rutschungen, Schlamm- und Schuttströme) finden sich meistens an den sog. Komplexhängen unter Steilhängen, an geologischen Grenzen, Bruchstufen und sonstigen tektonischen Schwächezonen sowie in Arealen sehr hoher Reliefenergie in den Höhenlagen zwischen etwa 700 und 1800 m ü. M. (die C1- und C2-Bodengesellschaften).

In den Lagen unterhalb von 700 m ü. M. sind am Ostrand des Gebirges häufig schuttdeckenähnliche Substrate verbreitet, gebunden an die vermutlich sehr jung gehobenen Areale. Diese unterlagen Phasen starker Erosionsimpulse sowie dominierender physikalischen Verwitterung und eher langsamen Massenbewegungen (D-Bodengesellschaften).

An Standorten mit korrelaten Sedimenten von Massenbewegungen (C- und D-Bodengesellschaften) sind die Bodenprofile häufig eindeutig mehrschichtig. Aufgrund der nur sehr schwachen Pedogenese in den jüngsten, oberen Horizonten und Substraten und aufgrund des etwa 6000 BP Jahre alten Lignitfundes wird geschlossen, daß viele Massenbewegungen erst im Holozän stattgefunden haben. Eine flächendeckende Schichtigkeit der Böden im Sinne eines quartären Decksedimentes über Reliktböden (BIBUS 1983; EMMERICH 1988; FRIED 1983; GREINERT 1992; SEMMEL et. al. 1979; u. a.) läßt sich nicht nachweisen. Die relative Tonarmut der Oberböden beruht in erster Linie vermutlich auf der vertikalen und lateralen Tonverlagerung.

Oberhalb von 1600 m ü. M. dominieren moderartige Humusauflagen, mächtige humose Oberböden und lockere, sandig-lehmige Braunerden (Cambisols) an der Oberfläche unter der dichten Vegetation. Unter den Cambisols finden sich oberhalb von 2000 m ü. M. vereinzelt rote, lehmig-tonige Horizonte, die im Bereich zwischen 1600 und 2000 m ü. M. fast flächendeckend vorhanden sind (A-Bodengesellschaften). Diese Profile stellen zweiphasige Böden, vermutlich mit nachträglicher Verbraunung dar, zum Teil jedoch auch zwei- oder mehrschichtige Bodenkomplexe.

Neben der Verbraunung spielt die Tonverlagerung in den Arealen mit relativ kühlem und feuchtem Klima eine entscheidende Rolle als rezenter Bodenbildungsprozeß. In den mittleren Höhenlagen dominiert ebenfalls die Tonverlagerung, wobei zum Teil auch Rubefizierung und eine Weiterbildung der ferralsolähnlichen Böden stattfindet.

Das Untersuchungsgebiet unterliegt schon lange anthropogenen Einflüssen. In vergangenen Jahrhunderten waren die Eingriffe am stärksten in den Wäldern der Randbereiche des Berglandes. In den letzten Jahren und Jahrzehnten sind jedoch in den mittleren Höhenlagen die Eingriffe sehr intensiv, wobei sich die rasche Modernisierung der Landwirtschaft negativ für die Umwelt ausgewirkt hat. Die Bodenerosion ist auf den permanent genutzten Feldern enorm gestiegen. Bei den vorher üblichen Wanderfeldbauverfahren der Bergbauern mit Brachezeiten dagegen wurden Bodenverluste schnell kompensiert.

Die Regenerationsfähigkeit der Vegetation und des humosen Oberbodens nimmt mit steigender Meereshöhe aufgrund der wachsenden Feuchtigkeit und Dichte der Vegetation zu. Die Gebiete oberhalb von etwa 1000 m ü. M. stellen daher ökologisch relativ stabile Bereiche dar. Sie sind aufgrund der dominierenden mächtigen und steinfreien Böden landwirtschaftlich gut nutzbar, wenn der Bodenschutz bzw. ausreichende Brachezeiten berücksichtigt werden. Ausnahmen stellen die instabilen, erosionsgefährdeten Bereiche der Massenbewegungen dar. Unterhalb von 1000 m ü. M. und vor allem unterhalb von 700 m ü. M. ist die Regenerationsfähigkeit der Vegetation und des humosen Oberbodens stark vermindert. Häufige Vorkommen von Schuttdekken, Rinnen und Runsen und überwiegend geringmächtigen, skeletthaltigen Böden, die ausgeprägte Aridität des Klimas und die offene Vegetation bedingen eine Anfälligkeit für regressive Sukzession und starke Landschaftsschäden. Diese Bereiche sollten vor anthropogenen Eingriffen geschützt werden.

Die wachsenden Konflikte zwischen Naturschutz und Landwirtschaft beruhen vor allem auf der aktuell enorm verstärkten Bodenerosion und deren negativen Folgen. Bodenschutzmaßnahmen und eine standortgerechte, nachhaltige Landwirtschaft, die zusammen mit den betroffenen Bergbauern entwickelt und verbreitet werden sollten, können diese Probleme lösen und die geplanten Umsiedlungen von Bergbauern überflüssig machen.

8 Literaturverzeichnis

AG BODENKUNDE (1982): Bodenkundliche Kartieranleitung. - 3. Aufl.: 331 S.; Hannover.

AHNERT, F. (1983): Einige Beobachtungen über Steinlagen (stone lines) im südlichen Hochland von Kenia. - Z. Geomorph., N. F., Suppl., **48**: 65-77; Berlin, Stuttgart.

ANONGRAK, N. (1989): The genesis of highland soils derived from granitic rocks in the upper North of Thailand. - 155 S., Chiangmai University; Chiangmai. - [Unveröff.].

ANDERSON, D. D. (1987): A late Pleistocene - Early Holocene Archaeological Site in Southwestern Thailand and their Implications for Climatic Change. - Proceedings of the Workshop on "Economic Geology, Tectonics, Sedimentary Processes and Environment of the Quaternary in Southeast Asia", Haad Yai, febr. **1986**: 213-232, Dep. of Geology, Chulalongkorn University; Bangkok.

ARDUINO, E. & BARBERIS, E. & BOERO, V. (1989): Iron Oxides and Particle Aggregation in B Horizons of some Italian Soils. - Geoderma, **45**: 319-329; Amsterdam.

APITCHATVULLOP, Y. (1990): Social Forestry in Northeast Thailand - Voices from the field: Third Annual Social Forestry Writing Workshop: 35-52; Honolulu, reprinted 1992. - In: The Social Forestry Research Project, **2**, Faculty of Humanities and Social Science, Khon Kaen University; Khon Kaen.

BANGKOK POST (1990): Why villagers say 'cabbage worse than poppy'. - Bangkok Post: 19. 2. 1990, "Outlook"; Bangkok.

BARR, S. & MACDONALD, A. (1991): Toward a Palaeozoic-early-Mesozoic tectonic model for Thailand. - Journal of Thai Geoscience, **1**: 11-22, Dep. of Geol. Science, Chiangmai University; Chiangmai.

BAUM, F. & BRAUN, E. VON & HAHN, L. & HESS, A. & KOCH, K. - E. & KRUSE, G. & QUARCH, H. & SIEBEBHÜNER, M. (1970): On the Geology of Northern Thailand. - Beih. geol. Jb., **102**: 3-24; Hannover.

BIBUS, E. (1983): Die klimamorphologische Bedeutung von stone-lines und Decksedimenten in mehrgliedrigen Bodenprofilen Brasiliens. - Z. Geomorph., N. F., Suppl., **48**: 79-98; Berlin, Stuttgart.

BISHOP, P. (1987): New Results from Studies of Late Quaternary of North Central Thailand and their Implications for Alluvial Stratigraphy. - In: Progress in Quaternary Geology of East and Southeast Asia. Proceedings of the CCOP Symposium on "Developments in Quaternary Geological research in East and Southeast Asia during the last decade", Bangkok, oct. 1986, Commitee for Co-

Ordination of joint prospecting for mineral resources in Asia Offshore Areas (CCOP), Techn. Pub., **18**: 207-218; Bangkok.

BISHOP, P. (1989): Late Holocene Alluvial Stratigraphy and History in the Satchanalai Area, North Central Thailand. - In: THIRAMONGKOL, N. [Hrsg.]: Proceedings of the workshop on "Correlation of Quaternary Sucessions in South-, East- and Southeast Asia", Bangkok, nov. **1988**: 117-134, Dep. of Geology, Chulalongkorn University; Bangkok.

BLANCKENBURG, P. & CREMER, H. - D. [Hrsg.] (1967): Handbuch der Landwirtschaft und Ernährung in den Entwicklungsländern. - 1. Aufl.: 606 S.; Stuttgart.

BLOCH, P. (1958): Forest Soils of Thailand. - Nat. Hist. Bull. Siam Soc., **19** (11): 45-55; Bangkok.

BÖTTCHER, H. (1979): Zwischen Naturbeschreibung und Ideologie. Versuch einer Rekonstruktion der Wisssenschaftsgeschichte der deutschen Geomorphologie. - Geogr. Hochschulmanuskripte (GHM), **8**: 151 S.; Oldenburg.

BOONSENER, M. (1987): Quaternary geology of Khon Kaen Province, Northeastern Thailand. - Proceedings of the Workshop on "Economic Geology, Tectonics, Sedimentary Processes and Environment of the Quaternary in Southeast Asia", Haad Yai, febr. **1986**: 75-86, Dep. of Geology, Chulalongkorn University; Bangkok.

BOYES, J. & PIRABAN, S. (1992): A life apart viewed from the hills. - 2. Aufl.: 242 S.; Bangkok.

BREMER, H. (1979): Relief und Böden in den Tropen. - Z. Geomorph., N. F., Suppl., **33**: 25-37; Berlin, Stuttgart.

BREMER, H. (1989): Allgemeine Geomorphologie. Methodik - Grundvorstellungen - Ausblick auf den Landschaftshaushalt. - 1. Aufl.: 450 S.; Berlin, Stuttgart.

BRONGER, A. (1985): Bodengeographische Überlegungen zum "Mechanismus der doppelten Einebnungsfläche" in Rumpfflächengebieten Südindiens. - Z. Geomorph., N. F., Suppl., **56**: 39-53; Berlin, Stuttgart.

BRONGER, A. & BRUHN, N. (1989): Relict and Recent Features in tropical Alfisols from South India. - Catena, Suppl., **16**: 107-128; Cremlingen.

BROWN, L. R. & WOLF, E. G. (1984): Soil erosion: Quiet crises in the world economy. - Worldwatch Paper **60**: 48 S., Worldwatch Institute; Washington D. C.

BRÜCKNER, H. & BRUHN, N. (1992): Aspects of weathering and peneplanation in southern India. - Z. Geomorph., N. F., Suppl., **91**: 43-66; Berlin, Stuttgart.

BRUHN, N. (1990): Substratgenese - Rumpfflächendynamik. - Kieler geogr. Schr., **74**: 179; Kiel.

BÜDEL, J. (1977): Klimageomorphologie. - 304 S.; Berlin, Stuttgart.

BUNOPAS, S. (1981): Palaeographic history of western Thailand and adjacent parts of South-East-Asia - a plate tectonics interpretation. - Geol. Survey paper **5**: 652 S., Dep. of Mineral Resources; Bangkok.

BUNYAVEJCHEWIN, S. (1983): Analysis of the Tropical Dry Decidous Forest of Thailand 1. Characteristics of the Dominance-Types. - Nat. Hist. Bull. Siam Soc., **31** (2): 109-123; Bangkok.

BUNYAVEJCHEWIN, S. (1985): Analysis of the Tropical Dry Dipterocarp Forest of Thailand 2. Vegetation in Relation to Topographic and Soil Gradients. - Nat. Hist. Bull. Siam Soc., **33** (1): 3-20; Bangkok.

CAESAR, K. (1991): Developments in Crop Research for the Third World. - Quaterly Journal of International Agriculture, **30**: 207-209; Frankfurt a. M.

CALAVAN, M. M. (1977): Decisions against Nature: An Anthropological Study of Agriculture in Northern Thailand. - Center for Southeast Asian Studies, spec. rep. **15**: 216 S., Northern Illinois University; DeKalb.

CHUCHIP, K. [Hrsg.] (1986): Doi Inthanon National Park. The roof of Thailand. - 14 S., Royal Forestry Dep. of Chiangmai; Chiangmai, Bangkok.

COLOMBO, C. & TORRENT, J. (1991): Relations between Aggregation and Iron Oxides in Terra Rossa Soils from Southern Italy. - Catena, **18**: 51-59; Cremlingen.

CONDOMINAS, G. (1974): Notes on Lawa History concerning a place named 'Lua' (Lawa) in Karen country (Amphur Chom Thong, Changwat Chiangmai). - Reprinted in: The Australian National University (1990): From Lawa to Mon, from Saa' to Thai. Historical and anthropological aspects of Southeast Asian social spaces. - An occasional Paper of the Departement of Anthropology (in association with the Thai-Yunnan-Project): 97 S., Research School of Pacific Studies; Canberra.

COOKE, R. U. & DOORNKAMP, J. C. (1974): Geomorphology in Environmental Management. - 415 S.; Oxford.

CRASWELL, E. T. (1986): Soil management in Asia: Research supported by the Australian Centre for International Agricultural Research. - In: International Board for Soil Research and Management Inc. (IBSRAM) [Hrsg.] (1987): Soil Management under Humid Conditions in Asia (ASIALAND). - Proceedings of the First Regional Seminar on Soil Management under Humid Conditions in Asia and the Pacific, oct. **1986**: 53-67; Khon Kaen, Phitsanulok (Thailand).

CREDNER, W. (1935): Siam. Das Land der Thai. - 442 S.; Stuttgart. [Nachdruck 1966 der Ausgabe von 1935].

CROZIER, M. J. (1973): Techniques for the morphometric analyis of landslips.- Z. Geomorph., N. F., **17** (1): 78-101; Berlin, Stuttgart.

CROZIER, M. J. (1984): Field assesment of slope instability. - In: BRUNSDEN, D. & PRIOR, D. B. [Hrsg.]: Slope instability: 103-142; Wellington, Norwich.

CRUZ, R. E. DE & VERGARA, N. T. (1987): Protective and Ameliorative Role of Agroforestry: An Overview. - In: VERGARA, N. T. & BRIONES, N. D.: Agroforestry in the Humid Tropics, its protective and ameliorative roles to enhance productivity and sustainability: 3-30; Environment and Policy Institute, East-West-Center, Hawaii and Southeast Asian Regional Center for Graduate Study and Research in Agriculture (SEARCA); Los Baños, Laguna, (Philippines).

DAPPER, M. DE & BIOT, Y. & BOUCKAERT, W. & DEBAVEYE, J. (1988): Geomorphology for soil survey: a case study from the humid tropics (Peninsular Malaysia). - Z. Geomorph., N. F., Suppl., **68**: 21-56; Berlin, Stuttgart.

DEPARTEMENT OF GEOLOGY [Hrsg.] (1986): "Exkursionsführer für die Exkursion vom 15. Mai 1986". - Dep. of Geology, Chiangmai University; Chiangmai. - [In Thai, mit Erl. in Engl.]. - [Unveröff.].

DIAZ, M. C. & TORRENT, J. (1989): Mineralogy of Iron Oxides in two Soil Chronosequences of Central Spain. - Catena, **16**: 291-299; Cremlingen.

DHEERADILOK, PH. (1987): Review of Quaternary Geological Mapping and Research in Thailand. - Progress in Quaternary Geology of East and Southeast Asia. Proceedings of the CCOP Symposium on "Developments in Quaternary Geological research in East and Southeast Asia during the last decade", oct. **1986**, Bangkok, CCOP-Techn. Pub., **18**: 141-168; Bangkok.

DOMRÖS, M. (1984): Studies on the Climatology and Geoecology of the Central Highlands in Sri Lanka. - In: LAUER, W. [Hrsg.]: Natural Environment and Man in Tropical Mountain Ecosystems. Natur und Mensch in Ökosystemen trop. Hochgebirge. - Verh. Symposium Akad. Wiss. u. Literatur, Mainz, **18**: 99-114; Stuttgart, Wiesbaden.

DONGUS, H. (1980): Die geomorphologischen Grundstrukturen der Erde. - 1. Aufl.: 200 S.; Stuttgart.

DONNER, W. (1989): Thailand. - Wissenschaftliche Länderkde., **31**: 339 S.; Darmstadt.

DREES, L. R. & WILDING, L. P. (1978): Spatial variability: A Pedologist's Viewpoint. - In: Diversity of Soils in the Tropics. Proceedings of a symposium in Los Angeles, nov. 1978. ASA Special Publication, **34**: 1-12; Madison (Amer. Soc. of Agronomy & Soil Science Soc. of America).

DROSDOFF, M. & DANIELS, R. B. & NICHOLAIDES, J. J. & SWINDALE, L. D. (1978): Preface. - In: Diversity of Soils in the Tropics. Proceedings of a symposium in Los Angeles, nov. 1978. ASA Special Publication, **34**: 0; Madison (Amer. Soc. of Agronomy & Soil Science Soc. of America).

DURNING, A. TH. (1992): Guardians of the Land: Indigenous People and the Health of the Earth. - Worldwatch Paper **112**: 62 S., Worldwatch Institute; Washington D. C.

EELAART, A. L. J. VAN (1974): Climate and Crops in Thailand. - Soil Survey Div. (DLD), Report SSR **96**: 41 S.; Bangkok.

EKACHAI, S. (1990): Behind the Smile Voices of Thailand. - Thai Development Support Commitee: 195 S.; Bangkok.

EMMERICH, K. - H. (1988): Relief, Böden und Vegetation in Zentral- und Nordwest-Brasilien unter besonderer Berücksichtigung der känozoischen Landschaftsentwicklung. - Frankfurter geowiss. Arb., Ser. D, **8**: 218 S.; Frankfurt a. M.

EMMERICH, K. - H. (1989): Diskordanz in Böden der tropischen Feuchtwälder Nordwest-Brasiliens und ihre klimageomorphologische Deutung. - In: BÄR, W. - F. & FUCHS, F. & NAGEL, G. [Hrsg.] (1989): Beiträge zum Thema Relief, Boden und Gestein. - Frankfurter geowiss. Arb., Ser. D, **10**: 167-178; Frankfurt a. M.

EMMERICH, K. - H. & SABEL, K. - J. (1990): Geoökologische Untersuchungen in der Savannenlandschaft Zentralbrasiliens. - Geoökodynamik, **11** (1): 1-15; Bensheim.

FAUST, D. (1991): Die Böden der Monts Kabyè (N-Togo) - Eigenschaften, Genese und Aspekte ihrer agrarischen Nutzung. - Frankfurter geowiss. Arb., Ser. D, **13**: 174 S.; Frankfurt a. M.

FELIX-HENNINGSEN, P. & ZAKOSEK, H. & LIANG-WU, L. (1989): Distribution and Genesis of Red and Yellow Soils in the Central Subtropics of Southeast China. - Catena, **16**: 73-89; Cremlingen.

FLOHN, H. (1985): Das Problem der Klimaänderungen in Vergangenheit und Zukunft. - Erträge Forsch., **220**: 228 S.; Darmstadt.

FÖLSTER, H. (1979): Holozäne Umlagerung pedogenen Materials und ihre Bedeutung für fersiallitische Bodendecken. - Z. Geomorph., N. F., Suppl., **33**: 38-45; Berlin, Stuttgart.

FOOD AND AGRICULTURE ORGANIZATION OF THE UNITED NATIONS (1968): Guidelines for Soil Profile Description. - Land and Water Development Div., Section II - Section V: 7-54; Rome.

FOOD AND AGRICULTURE ORGANIZATION OF THE UNITED NATIONS (1974): FAO-Unesco. Soil map of the world 1: 5 000 000, Legend. - **1**: 59 S.; Paris.

FOOD AND AGRICULTURE ORGANIZATION OF THE UNITED NATIONS (1988): FAO-Unesco Soil Map of the World. Revised Legend. - World Soil Resources Report, **60**: 79 S.; Rome.

FREEMANN, M. (1989): A golden souvenir of the Hilltribes of Thailand. - Asia Books: 82 S.; Bangkok.

FRIED, G. (1983): Äolische Komponenten in Rotlehmen des Adamaua-Hochlandes, Kamerun. - Catena, **10**: 87-97; Braunschweig.

FRISCH, W. & LOESCHKE, J. (1986): Plattentektonik. - Erträge Forsch., **236**: 189 S.; Darmstadt.

FORT, M. (1987): Sporadic morphogenesis in a continental subducting setting. An example from the Annapurna Range, Nepal Himalaya. - Z. Geomorph., N. F., Suppl., **65**: 9-36; Berlin, Stuttgart.

FUHS, F. (1985): Agrarverfassung und Agrarentwicklung in Thailand. - Beitr. Südasien-Forsch., **82**: 311 S.; Wiesbaden, Stuttgart.

FURUKAWA, H. (1979): Manual for field soil records. - 36 S., Kyoto University; Kyoto.

GASSER, W. & ZÖBISCH, M. A. (1988): Erdrutschungen und Maßnahmen der Hangsicherung - ein Überblick. - Der Tropenlandwirt, Z. f. Landwirtschaft in Tropen u. Subtropen; Beih. **37**: XII + 165 S. + Anh.; Witzenhausen.

GERRARD, A. J. (1981): Soils and Landforms. An Integration of Geomorphology and Pedology. - 218 S.; London, Boston, Sydney.

GOLDBERG, S. (1989): Interactions of Aluminium and Iron Oxides and Clay Minerals and their effect on soil physical properties. A review. - Commun. Soil Sci. Plant. Anal., **20** (11 u. 12): 1181-1207; New York.

GRANDSTAFF, T. B. (1980): Shifting Cultivation in Northern Thailand. Possibilities for Development. - Resource Systems Theory and Methodology, Ser. **3**: 44 S., U. N. Univ.; Tokyo.

GREINERT, U. (1989): Bodenerosion in den Tropen - Beispiele aus dem Distrito Federal Brasilia.- In: BÄR, W. - F. & FUCHS, F. & NAGEL, G. [Hrsg.] (1989): Beiträge zum Thema Relief, Boden und Gestein. - Frankfurter geowiss. Arb., Ser. D, **10**: 157-166; Frankfurt a. M.

GREINERT, U. (1992): Bodenerosion und ihre Abhängigkeit von Relief und Boden in den Campos Cerrados. Beispielsgebiet Bundesdistrikt Brasilia. - Frankfurter geowiss. Arb., Ser. D, **12**: 159 S.; Frankfurt a. M.

HAGEDORN, J. & POSER, H. (1974): Räumliche Ordnung und Prozeßkombinationen auf der Erde. - In: POSER, H. [Hrsg.]: Geomorphologische Prozesse und Prozeßkombinationen in der Gegenwart unter verschiedenen Klimabedingungen: 426 S.; Göttingen.

HAHN, L. & SIEBENHÜNER, M. (1982): Explanatory Notes (Paleontology) on the Geological Maps of Northern and Western Thailand 1:25 000. - Geol. Jb., **44**: 3-76; Hannover.

HAHN, L. & KOCH, K. E. & WITTEKINDT, H. - with contributions by ADELHARDT, W. & HESS, A. (1986): Outline of the Geology and the Mineral Potential of Thailand. - Geol. Jb., **59**: 3-49; Hannover.

HANDRICKS, L. (1981): Soil Vegetation Relations in the North Continental Highland Region of Thailand. - Soil Survey Div., Dep. of Land Development, Techn. Bull. **32**: 112 S.; Bangkok.

HANSEN , M. J. (1984): Strategies for Classification of Landslides. - In: BRUNSDEN, D. & PRIOR, D. B. [Hrsg.]: Slope instability. - 1-26; Wellington, Norwich.

HANSEN, P. K. (1991): Characteristics and Formation of Soils in a Mountainous Watershed Area in Northern Thailand. - 74 S., Chemistry Dep. Royal Veterinary and Agricultural University Copenhagen; Kopenhagen. - [Unveröff. Ber.].

HARLE, J. (1988): Geochemical characteristics of Rayong granitoids and associated igneous rocks. - In: SILAKUL, T. [Hrsg.]: Proceedings of the Annual Technical Meeting, 1987, jan. **1988**: 223-226, Dep. of Geol. Science, Chiangmai University; Chiangmai.

HASTINGS, P. & LIENGSAKUL, M. (1983): Chronology of the Late Quaternary Climatic Changes in Thailand. - In: Proceedings of the first Symposium on Geomorphology and Quaternary Geology of Thailand, Bangkok, oct. **1983**: 24-34; Bangkok.

HEINRICH, J. (1992): Naturraumpotential, Landnutzung und aktuelle Morphodynamik im südlichen Gongola-Becken, Nordost-Nigeria. - Geoökodynamik, **13** (1): 41-62; Bensheim.

HEINRICH, J. (1992): Pediments in the Gongola Basin, NE-Nigeria, development and recent morphodynamics. - Z. Geomorph., N. F., Suppl., **91**: 135-147; Berlin, Stuttgart.

HESEMANN, J. (1978): Geologie: eine Einführung in erdgeschichtliche Vorgänge und Erscheinungen. - Uni-Taschenb., **777**, 1. Aufl.: 374 S.; Paderborn, München, Wien, Zürich.

HIRSCH, PH. (1990): Development Dilemmas in Rural Thailand. - South-East-Asian Social Science Monographs, Oxford University Press: 216 S.; Singapore, Oxford, Toronto.

HURNI, H. (1982) Soil erosion in Huai Thung Choa, Northern Thailand. Concerns and constraints. - Mountain Research and Development, **2** (2): 141-156; Boulder (Colorado).

HUTCHINSON, CH. S. (1989): Geological Evolution of South-East-Asia. - Colorado Press; Oxford Monographs on Geology and Geophysics, **13**: 368 S.; Oxford.

HUTCHINSON, J. N. (1988): General report: Morphological and geotechnical parameters on landslides in relation to geology and hydrogeology. - Proceedings of the Intern. Symp. on Landslides: 3-35; Lausanne.

JAENSCH, S. & HAUFFE, H. - K. & STAHR, K. (1991): Entstehung und Standorteigenschaften von Böden aus Granit im Norden Ghanas (Westafrika). - Mitt. Dt. Bodenkdl. Gesell., **66** (II): 1145-1148; Oldenburg.

JANTAWAD, S. (1983): An overview of soil erosion and sedimentation in Thailand. - In: Soil Conservation Society of America [Hrsg.] (1985): Soil Erosion and Conservation: 10-14; Bangkok.

JUDD, L. C. (1964): Dry Rice Agriculture in Northern Thailand. - Cornell Thailand Project, Interim Reports Series 7; Southeast Asia Program Data Paper **52**: 87 S., Department of Asean Studies, Cornell University, Ithaka; Izhaka, New York.

KIERNAN, K. H. (1991): Tropical mountain geomorphology and landscape evolution in North-West-Thailand. - Z. Geomorph., N. F., **35** (2): 187-206; Berlin, Stuttgart.

KIJKAR, S. (1987): Effects of Higland Agroforestry on Soil Conservation and Productivity in Northern Thailand. - In: VERGARA, N. T. & BRIONES, N. D. [Hrsg.]: Agroforestry in the Humid Tropics, its protective and ameliorative roles to enhance productivity and sustainability: 75-84, Environment and Policy Institute, East-West-Center, Hawaii and Southeast Asian Regional Center for Graduate Study and Research in Agriculture (SEARCA); Los Baños, Laguna (Philippines).

KIRSCH, H. (1991a): Soil Survey Manual for field records. - Geo-ecological Mapping Project: 34 S., Dep. of Geography, Chiangmai University; Chiangmai. - [Unveröff. Ber.].

KIRSCH, H. (1991b): The meaning of fieldwork as a contribution to the database of a GIS - Beitrag zum EEC-Seminar, Bangkok, febr. **1991**; Chiangmai. - [Unveröff.].

KIRSCH, H. (1991c): Vorläufige Ergebnisse zum Thema "Quartäre Morphodynamik im Bergland Nordthailands am Beispiel des Einzugsgebietes des Mae Chan River. - Chiangmai, Frankfurt a. M. - [Unveröff. Ber.].

KLAER, W. & KRIETER, M. (1982): Über die Bedeutung des Humus für Bodenerosion und Hangstabilität in den feuchten und wechselfeuchten Tropen von Papua-Neuguinea. - Erdkunde, **36**: 153-160; Bonn.

KOTSCHI, J. & ADELHEIM, R. (1986): Zur Konzeption standortgerechter Landwirtschaft - Definition und Methode. - In: MÜLLER-SÄMANN, K. M. (1986): Bodenfruchtbarkeit und standortgerechte Methoden im tropischem Pflanzenbau. Schr. R. GTZ, **195**: 559 S.; Eschborn.

KÖPPEN, W. & GEIGER, R. (1928): Klimakarte der Erde. - In: HAACK, H. [Hrsg.]: Physikalischer Wandatlas. Erläuterungen. 1. Abt. Klima u. Wetter, 1. Aufl.: 19 S.; Gotha.

KURUPPUARACHCHI, T. & WYRWOLL, K. - H. (1992): The Role of Vegetation Clearing in the Mass Failure of Hillslopes: Moresby Ranges, Western Australia. - Catena, **19**: 193-208; Cremlingen.

KUBINIOK, J. (1990): Relief- und Bodengenerationen auf dem Khorat-Plateau. - Z. Geomorph., N. F., **34**: 149-164; Berlin, Stuttgart.

KUBINIOK, J. (1991): Soil Degradation in the Mountain Areas of Northern Thailand. - Bull. Geomorph., **19**: 73- 82; Ankara.

KUBINIOK, J. (1992): Soils and weathering as indicators of landform development in the mountains and basins of Northern Thailand. - Z. Geomorph., N. F., Suppl., **91**: 67-78; Berlin, Stuttgart.

KUNAPORN, S. & MANCHAROEN, L. (1984): A Study on Characteristics and Genesis of Soils in the Ecofloristic Zones on Doi Inthanon, Chiangmai Province. - Soil Survey Div., DLD-Bangkok, Paper 5th Asean Soil Conference Bangkok, jun. **1984**; 10 S.; Bangkok.

KY, H. N. (1989): The Quaternary Geology of the Mekong Lower Plain and Islands in Southern Vietnam. - In: THIRAMONGKOL, N. [Hrsg.]: Proceedings of the workshop on "Correlation of Quaternary Sucessions in South-, East- and Southeast Asia", Bangkok, nov. 1988: 215-242, Dep. of Geology, Chulalongkorn University; Bangkok.

LAL, R. (1986): Network on Land Clearing for Sustainable Agriculture in Tropical Asia. - In: International Board for Soil Research and Management Inc. (IBSRAM): [Hrsg.] (1987): Soil Management under Humid Conditions in Asia (ASIALAND), Proceedings on the First Regional Seminar on Soil Management under Humid Conditions in Asia and the Pacific, Khon Kaen, oct. **1986**: 35-44; Khon Kaen, Phitsanulok, Thailand.

LANDON, J. R. [Hrsg.] (1984): Booker Tropical Soil Manual. A handbook for soil survey and agricultural land evaluation in the tropics and subtropics. - 191 S.; New York.

LAUFENBERG, M. (1992): The different types of weathering of tropical soils in relation to source-rock material - examples from southern and western India. - Z. Geomorph., N. F., Suppl., **91**: 23-27; Berlin, Stuttgart.

LEE, K. E. & WOOD, T. G. (1971): Termites and Soils. - C.S.R.O. Division of Soils, South Australia; London, New York (Academic Press).

LESER, H. (1977): Feld und Labormethoden der Geomorphologie. - 1. Aufl.: 446 S.; Berlin, New York.

LIBBY, W. F. (1969): Altersbestimmung mit der C^{14}-Methode. - Chicago, Mannheim, Zürich. - [Dt. Übers. d. Orig.-Ausg. v. 1952 u. 1955].

LÖFFLER, E. (1974): Piping and Pseudokarst Features in the Tropical Lowlands of New Guinea. - Erdkunde, **28**: 13-18; Bonn.

LÖFFLER, E. (1977): Geomorphology of Papua New Guinea. - The Commonwealth Scientific and Industrial Research Organisation, Australia in association with the Australian National University press: 200 S.; Canberra.

LÖFFLER, E. & THOMPSON, W. P. & LIENGSAKUL, M. (1984): Quaternary geomorphological development of the lower Mun river basin, North East Thailand. - Catena, **11** (4): 321-330; Cremlingen.

LÖFFLER, E. & MAASS, I. (1992): Das Khorat-Plateau - Thailands Ungunstraum. - Geogr. Rsch., **44** (1): 57-64; Braunschweig.

LOUIS, H. (1968): Allgemeine Geomorphologie. - 3. Aufl.: 522 S.; Berlin.

LUMPAOPONG, B. & PINTHONG, J. & CHALOTHORN, CH. (1984): Chiangmai - Lamphun-valley. - Asian Rice-Land Inventory: A descriptive Atlas, **2**: 98 S.; Kyoto.

MACDONALD, A. S. (1981): Basement-cover relationships near Amphoe Mae Chaem, Chiangmai. - J. Geol. Soc. Thailand, **4** (1-2): 29-36; Bangkok.

MACDONALD, A. S. & BARR, S. M. & DUNNING, G. R. & YAOWANOIYOTHIN, W. (1992): The Doi Inthanon Metamorphic Core Complex in NW Thailand: Age and Tectonic Significance. - Proceedings of the 7th Regional Conference on Geology and Mineral Ressources of SE Asia, Bangkok, **1992**: 22 S.; Bangkok.

MACHATSCHEK, F. (1955): Das Relief der Erde - Hinterindien - Versuch einer regionalen Morphologie der Erdoberfläche. - Bd. **2**, 2., neu bearb. Aufl.: 45-56; Berlin.

MAHANEY, W. & SANMUGADAS, K. (1990): Extractable Al and Fe in early to middle Quaternary Paleosols. - Catena, **17**: 563-572; Cremlingen.

MARSCHALL, W. (1992): Das frühe Südostasien. - Geogr. Rdsch., **44** (1): 4-8; Braunschweig.

MARSTEN, D. (1984): Soil conservation for upland areas. - Chiangmai University; Chiangmai. - [Unveröff.].

MARSTEN, D. & ANECKSAMPHANT, C. & CHIRASATHAWORAN, R. (1983): Soil Conservation and Land Development in Northern Thailand. - In: Soil Conservation Society of America [Hrsg.]: Soil Erosion and Conservation: **634-643**, Proceedings of the 5th Asean Soil Conference, Bangkok, Dep. of Development; Bangkok.

MARTINI, H. J. (1957): Über das Alter von Hauptfaltung und Granit in Thailand. - Geol. Jb., **74**: 687-696; Hannover.

MATTHUIS, B. (1990): The Doi Inthanon National Park: Towards an integrated Development. - 6 S., Chiangmai University; Chiangmai. - [Unveröff.].

MATTHUIS, B. (1991): Watershed Classification versus GIS. - Geoecological Mapping Project: 31 S., Chiangmai University; Chiangmai. - [Unveröff. Ber.].

MAYDELL, H. - J. VON (1986): Agroforstwirtschaft in den Tropen und Subtropen. - In: REHM, S. [Hrsg.] (1986): Handbuch der Landwirtschaft und Ernährung in den Entwicklungsländern. - Grundlagen des Pflanzenbaus in den Tropen und Subtropen, **3**: 169-190; Stuttgart.

MCKEAGUE, J. A. & DAY, J. H. (1966): Dithionite- and Oxalate-extractable Fe and Al as Aids in Differentiating various classes of soils. - Can. J. Soil Sc., **46**: 13-22; Toronto.

MEHRA, D. P. & JACKSON, M. L. (1960): Iron oxide removal from soils and clays by a dithionite-citrate system buffered with sodium bocarbonate. - Monogr. 5, Earth Sc. Ser. Clays and Caly Min., Proc. 7, Nat. Conf. on Clays and Clay Miner., **7**: 317 -327; London.

MISCHUNG, R. (1990): Geschichte, Gesellschaft und Umwelt. Eine kulturökologische Fallstudie über zwei Bergvölker Südostasiens. - Habil. Schr. Universität Frankfurt: 404 S.; Frankfurt a. M. - [Unveröff.].

MITCHELL, A. H. G. & MCKERROW, W. S. (1975): Analogous Evolution of the Burma Orogen and the Scottish Caledonides. - Geol. Soc. America Bull. **86**: 305-315; Boulder (Colorado).

MODENESI, M. C. (1988): Quaternary mass movements in a tropical plateau (Campos do Jardão, São Paulo, Brazil). - Z. Geomorph., N. F., **32**: 425-440; Berlin, Stuttgart.

MÜLLER-HAUDE, P. (1991): Probleme der traditionellen Bodennutzung in der Sudanzone am Beispiel einiger Standorte im Südosten Burkina Fasos. - Mitt. Dt. Bodenkdl. Gesell., **66** (II): 1161-1164; Oldenburg.

MÜLLER-SÄMANN, K. M. (1986): Bodenfruchtbarkeit und standortgerechte Methoden im tropischem Pflanzenbau. - Schr. R. GTZ, **195**: 559 S.; Eschborn.

NILSSON, T. (1983): Pleistocene - Geology and Life in the Quaternary Ice Age - Asia. - 1. Aufl.: 311-336; Stuttgart.

NORDSTRÖM, K. (1988): Gully erosion in the Lesotho lowlands. A geomorphological study of the interactions between intrinsic and extrinsic variables. - UNGI Rapport **69**: 144 S., Uppsala University, Departement of Physical Geography; Uppsala.

NUTALAYA, P. & VELLA, P. & BUNOPAS, S. & KAEWYANA, W. (1987): Quaternary Processes in Thailand. - Proceedings of the Workshop on Economic Geology, Tectonics, Sedimentary Processes and Environment of the Quaternary in Southeast Asia, Haad Yai, febr. **1989**: 32-34, Dep. of Geology, Chulalongkorn University; Bangkok.

NUTALAYA, P. & SOPHONSAKULRAT, W. & SONSUK, M. & WATTANACHAI, N. (1988): Catastrophic Floodings. An agent for Landform Development of the Khorat Plateau: A working Hypothesis. - In: Progress in Quaternary Geology of East and Southeast Asia. Proceedings of the CCOP Symposium on Developments in Quaternary Geological research in East and Southeast Asia during the last decade, Bangkok, oct. **1986**, CCOP-Techn. Pub., **18**: 207-218; Bangkok.

OHMORI, H. (1992): Dynamics and erosion rate of the river running on a thick deposit supplied by a large landslide. - Z. Geomorph., N. F., **36**: 129-140; Berlin, Stuttgart.

OLLIER, C. D. & GALLOWAY, R. W. (1990): The laterite profile, ferricrete and unconformity. - Catena, **17**: 97-109; Cremlingen.

OLLIER, C. D. (1991): Laterite profiles, ferricrete and landscape evolution. - Z. Geomorph., N. F., **35**: 165-173; Berlin, Stuttgart.

ONDA, Y. (1992): Influence of water storage capacity in the Regolith zone on hydrological characteristics, slope processes, and slope form. - Z. Geomorph., N. F., **36**: 165-178; Berlin, Stuttgart.

OWEN, L. A. & WHITE, B. J. & RENDELL, H. & DERBYSHIRE, E. (1992): Loessic Silt Deposits in the Western Himalayas: Their Sedimentology, Genesis and Age. - Catena, **19**: 493-509; Cremlingen.

PAGEL, H. (1974): Bodenkunde 4. - Hochschulfernstudium, Tropische und Subtropische Landwirtschaft, 3. Aufl.: 214 S.; Leipzig, Jena.

PENDLETON, R. L. (1958): Generalized Key to the Soils of Siam. - Nat. Hist. Bull. Siam Soc., **17** (4): 1-8; Bangkok.

PENDLETON, R. L. & MONTRAKUN, S. (1957): The Soils of Thailand. - Proceedings of the Ninth Pacific Science Congress, **18**: 12-33; Bangkok. - [Reprinted **1960**].

PRESCOTT, J. A. & PENDLETON, R. L. (1966): Laterite and Lateritic Soils. - Techn. Commun. of the Commonwealth Bureau of Soil Science, **47**: 51 S.; Norwich.

PRINZ, D. (1986): Ökologisch angepaßte Produktionssysteme. Erhaltung und Verbesserung der landwirtschaftlichen Produktivität in den Tropen und Subtropen. - In: REHM, S. [Hrsg.] (1986): Handbuch der Landwirtschaft und Ernährung in den Entwicklungsländern. Grundlagen des Pflanzenbaus in den Tropen und Subtropen, **3**: 115-161; Stuttgart.

PYE, K. (1986): Mineralogical and textural controls on the weathering of granitoid rocks. - Catena, **13**: 47-57; Cremlingen.

RABINOWITZ, A. (1990): Fire, Dry Dipterocarp Forest and the Carnivore Community in Huai Kha Khaeng Wildlife Sanctuary. - Nat. Hist. Bull. Siam Soc., **38** (2): 99-117; Bangkok.

RASCHKE, N. (1987): Die Bodendifferenzierung im Bereich der nördlichen Lahnberge bei Marburg, unter besonderer Berücksichtigung der oxalat- und dithionitlöslichen Eisenfraktionen. - Geol. Jb. Hessen, **115**: 315-330; Wiesbaden.

RATANASTHIEN, B. (1987): The effect of Pleistocene Volcanic Activity to Mae Moh Coal-Bearing Formation. - Proceedings of the Workshop on Economic Geology, Tectonics, Sedimentary Processes and Environment of the Quaternary in Southeast Asia, Haad Yai, febr. **1989**: 45-52, Dep. of Geology, Chulalongkorn University; Bangkok.

RICHTHOFEN, F. Frhr. VON (1886): Führer für Forschungsreisende. Anleitung zu Beobachtungen über Gegenstände der physischen Geographie und Geologie. - STÄBLEIN, G. [Hrsg.] (1983): Neudruck der Aufl. v. 1886. - 724 S.; Berlin.

RIEHM, H. & ULRICH, B. (1974): Quantitative kolorimetrische Bestimmung der organischen Substanz im Boden. - Landwirtsch. Forsch., **6**: 173-176; Frankfurt a. M.

ROBBINS, R. G. & SMITINAND, T. (1966): A botanical ascent of Doi Inthanond. - Nat. Hist. Bull. Siam Soc., **21**: 205-227; Bangkok.

ROHDENBURG, H. (1971): Einführung in die klimagenetische Geomorphologie. Anhand eines Systems von Modellvorstellungen am Beispiel eines fluvialen Abtragungsreliefs. - 351 S.; Gießen.

ROHDENBURG, H. (1983): Beiträge zur Allgemeinen Geomorphologie der Tropen und Subtropen. Geomorphodynamik und Vegetation. Klimazyklische Sedimentation. Panplain/Pediplain-Pediment-Terassen-Treppen. - Catena, **10**: 393-438; Braunschweig.

ROUND, D. PH. (1984): The Status and the Conservation of the Bird Community in Doi-Suthep-Pui-National Park, North-West Thailand. - Nat. Hist. Bull. Siam Soc., **32** (1): 21-46; Bangkok.

RUELLAN, A. (1987): Soil Vertical and Lateral Differentiation. - In: International Board for Soil Research and Managemant Inc. (IBSRAM) [Hrsg.] (1987): Soil Management under Humid Conditions in Asia (ASIALAND). Proceedings of the First Regional Seminar on Soil Management under Humid Conditions in Asia and the Pacific, oct. **1986**: 155-168; Khon Kaen, Phitsanulok (Thailand).

RYAN, K. T. & BOONCHEE, S. (1987): Vegetative and Tillage Strategies for Erosion Control in Northern Thailand. - In: VERGARA, N. T. & BRIONES, N. D. (1987): Agroforestry in the Humid Tropics, its protective and ameliorative roles to enhance productivity and sustainability: 111-124, Environment and Policy Institute, East-West-Center, Hawaii and Southeast Asian Regional Center for Graduate Study and Research in Agriculture (SEARCA); Los Baños, Laguna (Philippines).

RYAN, K. T. & TAEJAJAI, U. (1987): Soil Erosion and Amelioration Rates in Swidden Cultivation, Permanent Agriculture, and Forestrty in Northern Thailand. - In: VERGARA, N. T. & BRIONES, N. D. (1987): Agroforestry in the Humid Tropics, its protective and ameliorative roles to enhance productivity and sustainability: 195-206, Environment and Policy Institute, East-West-Center, Hawaii and Southeast Asian Regional Center for Graduate Study and Research in Agriculture (SEARCA); Los Baños, Laguna (Philippines).

SANDER, H. (1992): Polygenetic soils of Australia and their typical pedofeatures. - Z. Geomorph., N. F., Suppl., **91**: 35-41; Berlin, Stuttgart.

SANTISUK, T. (1988): An Account of the Vegetation of Northern Thailand. - Geoecological research, **5**: 101 S.; Wiesbaden.

SCHEFFER, F. & SCHACHTSCHABEL, P. (1976): Lehrbuch der Bodenkunde. - BLUME, H. P. & HARTGE, K. H. & SCHERTMANN, U. & SCHACHTSCHABEL, P. [Hrsg.]: 9. neu bearb. Aufl.: 394 S.; Stuttgart.

SCHMIDT-LORENZ, R. (1986): Die Böden der Tropen und Subtropen. - In: REHM, S. [Hrsg.] (1986): Handbuch der Landwirtschaft und Ernährung in den Entwicklungsländern. Grundlagen des Pflanzenbaus in den Tropen und Subtropen, **3**: 47-92; Stuttgart.

SCHMIDT-VOGT, D. (1992): Schwendbau und Pflanzensukzession in Nord-Thailand. - Mitt. A. v. Humboldt Stiftung, **58**: 21-32; Bonn.

SCHOLTEN, J. J. & SIRIPHANT, CH. (1973): Soils and Landforms of Thailand. - Report SSR-**97**, Ministry of Agriculture and Cooperatives, Departement of Land Development and Food and Agriculture Organization of the United Nations: 32 S.; Bangkok.

SCHOLTEN, J. J. & BOONYAWAT, W. (1973): Detailed Reconaissance Soil Survey of Chiangrai Province. - Report SSR **93**: 165 S.; Bangkok.

SCHRENK, H. (1991): Naturraumpotential und agrare Nutzung in Darfur, Sudan. Vergleich der agraren Nutzungspotentiale und deren Inwertsetzung im westlichen und östlichen Jebel-Marra-Vorland. - Arb. Fachg. Geogr. Kath. Univ. Eichstätt, **5**: 199 S.; München.

SCHROEDER, D. (1992): Bodenkunde in Stichworten. - 5. rev. u. erw. Aufl.: 175 S.; Stuttgart.

SCHÜLLER, H. (1969): Die CAL-Methode, eine neue Methode zur Bestimmung des pflanzenverfügbaren Phosphates in Böden. - Z. Pflanzenernähr. u. Bodenkde., **123**: 48-63; Weinheim.

SCHWEINFURTH, U. (1984): Man and Environment in the Central Cordillera of Eastern New Guinea. - Pandanus, Casuarina, Ipomoea batatas. - In: LAUER, W. [Hrsg.]: Natural Environment and Man in Tropical Mountain Ecosystems. Natur und Mensch in Ökosystemen trop. Hochgebirge. Verh. Symposium Akad. Wiss. u. Literatur, Mainz, **18**: 79-98; Stuttgart, Wiesbaden.

SCHWERTMANN, U. (1971): Transformation of Hematite to Goethite in Soils. - Nature, **232**: 624-625; London.

SEMMEL, A. (1982): Catenen der feuchten Tropen und Fragen ihrer geomorphologischen Bedeutung. - Catena, Suppl., **2**: 123-140; Braunschweig.

SEMMEL, A. (1985): Böden des feuchttropischen Afrika und Fragen ihrer geomorphologischen Interpretation. - Geomethodica, **10**: 71-89; Basel.

SEMMEL, A. (1986): Angewandte konventionelle Geomorphologie - Beispiele aus Mitteleuropa und Afrika. - Frankfurter geowiss. Arb., Ser. D, **6**: 218 S.; Frankfurt a. M.

SEMMEL, A. (1988): Geomorphologische Bewertung verschiedenfarbiger Bodenbildungen in Mittel- und Südbrasilien. - In: Aktuelle Morphodynamik und Morphogenese in den semiariden Randtropen und Subtropen. Abh. Akademie Wiss., **41**: 11-21; Göttingen.

SEMMEL, A. (1989): Paleopedology and Geomorphology: Examples from the Western Part of Central Europe. - Catena, Suppl., **16**: 143-162; Cremlingen.

SEMMEL, A. & ROHDENBURG, H. (1979): Untersuchungen zur Boden- und Reliefentwicklung in Südbrasilien. - Catena, Suppl., **2**: 123-140; Braunschweig.

SEUFFERT, O. (1989): Ökomorphodynamik und Bodenerosion. - Geogr. Rdsch., **41** (2): 108-115; Braunschweig.

SHENG, T. C. (1979): Erosion Problems associated with cultivation in humid tropical hilly regions. - Proceedings of the "Symposium on Soil Erosion and Conservation in the Tropics", **1979**: 16 S., Amer. Soc. Agronom. Ann. Meet.; Fort Collins (Colorado).

SINGER, M. J. & BLACKARD, J. & JANITZKY, P. (1979): Dithionite Iron and Soil cation content as factors in soil erodibility. - In: BOODT, M. DE [Hrsg.] (1980): Assessment of Erosion: 259-267; Chichester, New York, Brisbane, Toronto.

SIRIBHAKDI, K. (1988): Origin of seismicity in Thailand. - In: SILAKUL, T. [Hrsg.]: Proceedings of the Annual Techn. Meeting, jan. **1988**: 287-298, Dep. of Geol. Sc., Chiangmai University; Chiangmai.

SMITH, J. M. B. (1979): An ecological comparison of two tropical high mountains. - J. Trop. Geogr., june 1979, **44**: 70-80, Dep. of Geography, University of Singapore and University of Malaysia; Kuala Lumpur, Singapore.

SMITINAND, T. (1969): The Distribution of the Dipterocarpacae in Thailand. - Nat. Hist. Bull. Siam Soc., **23**: 67-77; Bangkok.

STAHR, K. (1975): Qualitative und quantitative Erfassung von Schichtgrenzen. - Mitt. Dt. Bodenkdl. Gesell., **22**: 633-644; Braunschweig, Oldenburg.

STEIN, N. (1988): Podsole, Relief und Vegetation in Nordborneo. - Erdkunde, **42**: 294-310; Bonn.

STEIN, N. (1989): Die Bedeutung der floristischen und physiognomischen Struktur von Waldgesellschaften für die Ausgliederung von Geoökotopen innerhalb der humiden Tropen (am Beispiel Sarawak/Borneo). - Geomethodica, **14**: 111-140; Basel.

STEIN, N. (1992): Geoökologische Raumgliederung in Nordthailand - Methodische Ansätze und bisherige Ergebnisse. - Geogr. Rdsch., **44** (1): 48-56; Braunschweig.

SOIL SURVEY DIVISION [Hrsg.] (1976): Detailed Reconaissance Soil Map of Chiangmai Province. - Bangkok.

SUMMERFIELD, M. A. (1987): Neotectonics and landform genesis. - Progress in Physical Geography (1987): **11** (3): 385-397; London.

TAN, H. VAN (1985): The late Pleistocene Climate in Southeast Asia: New data from Vietnam. - Modern Quaternary research in Southeast Asia, **9**: 81-86; Rotterdam.

TAN-KIM-YONG, U. & GANJANAPAN, A. & RAMITANONDH, S. & YANASARN, S. (1988): Natural Resource Utilization and Management in Mae Khan Basin: Intermediate Zone Crisis. - Resource Management and Development Project: 202 S., Faculty of Social Science, Chiangmai University; Chiangmai.

TAPP, N. (1986): The Hmong of Thailand. Opium People of the Golden Triangle. - Indigeneous Peoples and Development Series, Rep. **4**, 1986: 70 S.; London.

TECHNICAL SECTION, OFFICE OF LAND DEVELOPMENT REGION 6 [Hrsg.] (1989): Integrated Farming System for Soil and Water Conservation Demonstration Project in Northern Thailand: 16 S.; Chiangmai. [In Connection with the Thai-Norway-Highland Development Project and Hilltribes Welfare Division, Dep. of Public Welfare].

TECHNICAL SECTION, OFFICE OF LAND DEVELOPMENT REGION 6 [Hrsg.] (1992): Intergrated Pocket Area Development Project: Soil and Water conservation programme. - 4 S.; Chiangmai.

THAMPILLAI, D. J. & ANDERSON, J. R. (1991): Soil Conservation in Developing Countries: A review of Causes and Remedies. - Quaterly Journal of Internat. Agriculture, **30**: 210-223; Frankfurt a. M.

THE MANAGER COMPANY SIAM STUDIES INSTITUTE & DEPARTEMENT OF ECONOMICS CHIANGMAI UNIVERSITY [Hrsg.] (1990): Profile of Northern Thailand. - 89 S.; Chiangmai.

THIELICKE, K. (1987): Zusammenstellung einiger wichtiger bodenchemischer und -mechanischer Laboratoriumsmethoden, ihre Anwendungen, Ergebnisdarstellungen und Fehlerquellen. - Geol. Jb. Hessen, **115**: 423-448; Wiesbaden.

THIRAMONGKOL, N. (1983): Reviews of Geomorphology of Thailand. - In: THIRAMONGKOL, N. & PISUTHAARNON, V. [Hrsg.]: Proceedings of the First Symposium on Geomorphology and Quaternary Geology in Thailand, Bangkok, oct. **1983**: 7-23; Bangkok. First symposium on Geomorphology of Thailand; Bangkok.

THIRAMONGKOL, N. (1987): Neotectonisms and Rate of Uplift in the Eastern Margin of the Lower central Plain of Thailand. - Proceedings of the Workshop on Economic Geology, Tectonics, Sedimentary Processes and Environment of the Quaternary in Southeast Asia, Haad Yai, febr. **1989**: 35-44, Dep. of Geology, Chulalongkorn University; Bangkok.

TJIA, H. D. (1987): Tectonics, Volcanism and Sea Level Changes during the Quaternary in Southeast Asia. - Proceedings of the Workshop on Economic Geology, Tectonics, Sedimentary Processes and Environment of the Quaternary in Southeast Asia, Haad Yai, febr. **1989**: 3-22, Dep. of Geology, Chulalongkorn University; Bangkok.

TRICART, J. (1972): The Landforms of the Humid Tropics, Forests and Savannas. - 289 S.; London. [Übersetzt von C. J. Kiewiet de Jonge].

TROLL, C. & PFAFFEN, K. (1964): Karte der Jahreszeiten-Klimate der Erde. - Erdkunde, **18** (1): 5-28, 1 Kt.; Bonn.

TWIDALE, C. R. (1991): A model of landscape evolution involving increased and increasing relief amplitude. - Z. Geomorph., N. F., **35**: 85-109; Berlin, Stuttgart.

UDOMCHOKE, V. (1989): Quaternary Stratigraphy of the Khorat Plateau Area, Northeastern Thailand. - Proceedings of the workshop on Correlation of Quaternary Sucessions in South-, East- and Southeast Asia, Bangkok, nov. **1988**: 69-94, Dep. of Geology, Chulalongkorn University; Bangkok.

VARNES, D. J.(1984): Landslide hazard zonation: a review of principles and practice. - Comission on Landslides of IAEG, UNESCO: Natural Hazards, **3**: 10-28; Paris.

VEIT, H. & FRIED, G. (1989): Untersuchungen zur Verbreitung und Genese verschiedenfarbiger Böden und Decklehme in Südost-Nigeria. - In: BÄR, W. - F. & FUCHS, F. & NAGEL, G. (1989): Beiträge zum Thema Relief, Boden und Gestein. - Frankfurter geowiss. Arb., Serie D, **10**: 141-156; Frankfurt a. M.

VERSTAPPEN, H. TH. (1975): On Palaeo Climates and Landform Development in Malesia. - Modern Quaternary Research in Southeast Asia, **1**: 3-35; Balkema, Rotterdam.

WAGNER, G. A. & ZÖLLER, L. (1989): Neuere Datierungsmethoden für geowissenschaftliche Forschungen. - Geogr. Rdsch., **9**: 517 S.; Braunschweig.

WALTER, H. & HARNICKEL, E. & MUELLER-DOMBOIS, D. (1975): Klimadiagramm-Karten der einzelnen Kontinente und die ökologische Klimagliederung der Erde. Eine Ergänzung zu den Vegetationsmonographien. - 28 S.; Stuttgart.

WASI, F. (1990): Preface. - In: EKACHAI, S. (1990): Behind the Smile Voices of Thailand. - Thai Development Support Comm., 195 S.; Bangkok.

WATSON, H. R. & LAQUIHON, W.. A. (1987): Sloping Agricultural Technology: An Agroforestry Model for Soil Conservation. - In: VERGARA, N. T. & BRIONES, N. D.: Agroforestry in the Humid Tropics, its protective and ameliorative roles to enhance productivity and sustainability: 209-226, Environment and Policy Institute, East-West-Center, Hawaii; USA and Southeast Asian Regional Center for Graduate Study and Research in Agriculture (SEARCA), Los Baños, Laguna (Philippines).

WELTNER, K. (1990): Distribution of Soils at Doi Inthanon, the respective decisive factors and the indicative value for land suitability and slope stability. - Report to the Foreign Researcher Section: 8 S., Research Promotion Division, NRCT; Chiangmai. - [Unveröff.].

WELTNER, K. (1991): Distribution of Soils, Soil Associations and Soil Erosion at the Nationalpark Doi Inthanon and Conclusions for Land Suitability and Management. - Geoecological Mapping Project: 23 S., Chiangmai University; Chiangmai. - [Unveröff.].

WELTNER, K. (1992): Die vertikale Differenzierung von Vegetation, Böden, Bodenerosion und Nutzungseignung im Nationalpark Doi Inthanon. - Geoökodynamik, **13** (1): 121-152; Bensheim.

WILHELMY, H. (1974): Klimageomorphologie in Stichworten. - Teil IV der Geomorphologie in Stichworten: 375 S.; Kiel.

WILHELMY, H. (1975): Geomorphologie in Stichworten - Teil II. Exogene Morphodynamik: Verwitterung - Abtragung - Tal- und Flächenbildung. - 2. Aufl.: 223 S.; Kiel.

WIRTHMANN, A. (1977): Erosive Hangentwicklung in verschiedenen Klimaten. - Z. Geomorph., N. F., Suppl. **28**: 42-61; Berlin, Stuttgart.

WIRTHMANN, A. (1987): Geomorphologie der Tropen. - Erträge Forschung, **248**: 222 S.; Darmstadt.

WIRTHMANN, A. & LANGE, U. (1989): Geomorphology and Geoecology in the Humid Tropics. - Geoökodynamik **10**: 177-200; Bensheim.

WOLF, M. (1988): Torf und Kohle. - In: FÜCHTBAUER, H. (1988): Sedimente und Sedimentgesteine: 683-730; Stuttgart.

WOOLDRIDGE, D. D. (1986): Watershed Classification Project Thailand. - International Union for Conservation of Nature and Natural Resources. - C. D. C.; Bangkok.

WOOLDRIDGE, D. D. & CHUNKAO, K. & TANGTHAM, N. (1986): A method for Watershed Classification in Thailand. - Proceedings of the ASEAN-US Watershed Project Roving Seminar on Watershed Management and Research, Khon Kaen, aug. **1986**: 39 S.; Khon Kaen.

YONGVANIT, S. (1990): Home Gardens in Dong Mun National Reserve Forest: A Case Study from Ban Kam Noi, Kalasin Province. - In: Voices from the field: Third Annual Social Forestry Writing Workshop; Honolulu, reprinted 1991 in: Social Forestry in North East Thailand. - The Social Forestry Research Project: 12-37, Faculty of Humanities and Social Science, Khon Kaen University; Khon Kaen.

YOUNG, A. (1972): Slopes. - Geomorphology Texts **3**: 288 S.; Edingburgh.

9 Karten- und Quellenverzeichnis

Karten

Topographical Map of Thailand 1: 50 000; edition 1- RTSD, serie L 7017:

sheet no.		
	4675 I	Amphoe Mae Chaem
	4745 IV	Amphoe Chom Thong
	4746 II	Ban Mae Na Chon
	4746 III	Ban Wang Pha Pun

Topographical Map of Thailand 1: 250 000; sheet Chiangmai

BAUM, F. & BRAUN, E. VON & HESS, A. & KOCH, K. E. (1982): Geological Map of Northern Thailand, 1:250 000, sheet 5; Chiangmai.

Luftbilder

National Research Council of Thailand: Areal photographs of Doi Inthanon National Park, 1 : 15 000, 1983/84, run 79 - 84:

Nr. 24952 - 24957, 24941 - 24949
10994 - 11009, 24933 - 24940
11052 - 11035, 10375 - 10365
10865 - 10870, 10899 - 10906
10470 - 10485, 10935 - 10945

Quellen

DIN 19683 (1973): Bestimmung der Kornverteilung durch Naß-Trockensiebung und Sedimentationanalyse nach KÖHN. - Berlin, Köln.

DIN 19684, Teil 1 (Februar 1977): PH-Bestimmung; Errechnung des Kalkbedarfs. - Berlin, Köln.

DIN 19684, Teil 2 (Februar 1977): Organische Kohlenstoffbestimmung nach dem Dichromat-Schwefelsäure-Verfahren. - Berlin, Köln.

DIN 19684, Teil 4 (Februar 1977): Stickstoffbestimmung und C/N-Verhältnis. - Berlin, Köln.

DIN 19684, Teil 6 (Februar 1977): Oxalatlösliches Eisen (Al, Mn, P). - Berlin, Köln.

DIN 19684, Teil 8 (Februar 1977): Bestimmung der Kationenaustauschkapazität. - Berlin, Köln.

GEYH, M. A.: Ergebnis u. Kommentar zur C^{14}-Datierung der Probe Labor-Hv 17831, Einsender 1.8.20-4; Hannover, 12.6.1992.

GEYH, M. A.: Persönl. Schreiben an Prof. Dr. N. Stein u. Dipl. Geogr. K. Weltner; Hannover, 13.4.1993.

MEKONG KOMITEE (1990): Metereological and hydrological data for some stations in Northern Thailand.

MUNSELL COLOR DIVISION (1971): Munsell Soil Color Charts. - Baltimore, Maryland.

THAI ROYAL AIR FORCE: Meterological data from the station at top of Doi Inthanon, period 1976 - 1989.

THE ROYAL THAI HIGHLAND DEVELOPMENT PROJECT: Metereological data from some Highland Development Project stations for the year 1989.

10 Verzeichnis der Abkürzungen und der thailändischen Begriffe

Abkürzungen der Vegetationstypen
(modifiziert nach SANTISUK 1988)

UMRF = Upper Montane Rain Forest (SANTISUK 1988); entspricht dem

UMF = Upper Montane Forest (feuchter tropischer Bergwald = "Nebelwald")

LMRF = Lower Montane Rain Forest (SANTISUK 1988) entspricht dem

LMF = Lower Montane Forest (Immergrüner Bergwald)

LMOF = Lower Montane Oak Forest (tropischer Eichenmischwald; immergrün)

POF = Pine Oak Forest (tropischer Eichen-Kiefern-Mischwald; immergrün)

PDF = Pine Dipterocarp Forest (Kiefern-Dipterocarpaceen-Mischwald; halb immergün)

MDF = Mixed Decidous Forest (tropischer laubabwerfender Mischwald)

DDF = Decidous Dipterocarp Forest (laubabwerfender Dipterocarpaceen-Wald; trockener und artenarmer Subtyp)

SRF = Seasonal Rain Forest (halbimmergrüner bis immergrüner Galeriewald oder Regenwald der feuchten Tieflagen Nordthailands)

Thailändische Begriffe

Doi = Berg
Mae = Teil der Flußnamen
Ban = Dorf, Haus (Teil des Dorfnamens)

Hinweis: Etliche Tal- und Landschaftsnamen stellen Fantasienamen der Autorin dar, die angelehnt sind an Namen in der Nähe gelegener Flüsse und Siedlungen (vgl. beispielsweise Abb. 12 Klang Luang-Tal).

11 Anhang

Tab. 13

Abb. 39

Abb. 40

Legende zu den Catenen

Fotos 1 - 10

Tab. 13 Bodenphysikalische und -chemische Analysenwerte des Profils "Sam Hok"

Proben-Nr. Horizont-Nr.	W 30/1 1	W 30/2 2	W 30/3 3	W 30/4 4	W 30/5 5
Horizontname	Ap	BvM	CvBv	SwlCv	II Btu
Munsell-Farbe	10 YR 3/2	10 YR 5/4	10 YR 6/4	10 YR 6/4	5 YR 6/6
Sand in % gesamt	60	65	76	76	28
Schluff	17	13	11	11	45
Ton	22	22	13	17	27
Bodenart	sL	l- tS	l'S	l'S	stL
C/N	13,25	n.b.	n.b.	n.b.	n.b.
Humus in %	10,72	n.b.	n.b.	n.b.	n.b.
pH (Kcl)	5,5	4,4	4,3	4,2	4,1
Fe_o in %	0,44	0,27	0,18	0,2	0,2
Fe_d in %	0,65	0,76	0,44	0,46	1,43
Fe_o/Fe_d	0,67	0,35	0,41	0,43	0,13
Fe_2O_3	n.b.	n.b.	n.b.	3,44	2,61
SiO_2	n.b.	n.b.	n.b.	59,8	43,9
Al_2O_3 in %	n.b.	n.b.	n.b.	10,0	22,9
SiO_2/Al_2O_3	n.b.	n.b.	n.b.	5,98	2,22
P_2O_5	11,8	n.b.	n.b.	n.b.	n.b.
K_2O_5	6,4	n.b.	n.b.	n.b.	n.b.
S-Wert	22,1	1,73	n.b.	0,37	0,68
KAK mmol/z/ 100 g	41,5	14,5	n.b.	6,01	5,1
KAK mmol/z/ 100 g Ton	87,2	62,9	n.b.	32,2	10,5
V-Wert	53,3	11,9	n.b.	6,2	13,3

n. b. = nicht bestimmt

Höhe: 1330 m ü. M.
Neigung: 25 %
Nutzung: intensiver Hackbau

Bodentyp: kolluvial beeinflußte Regosol-Braunerde über ?Rotlatosol bzw. Rotlehm
FAO: cambic Regosol-Arenosol über rhodic Ferralsol oder Acrisol

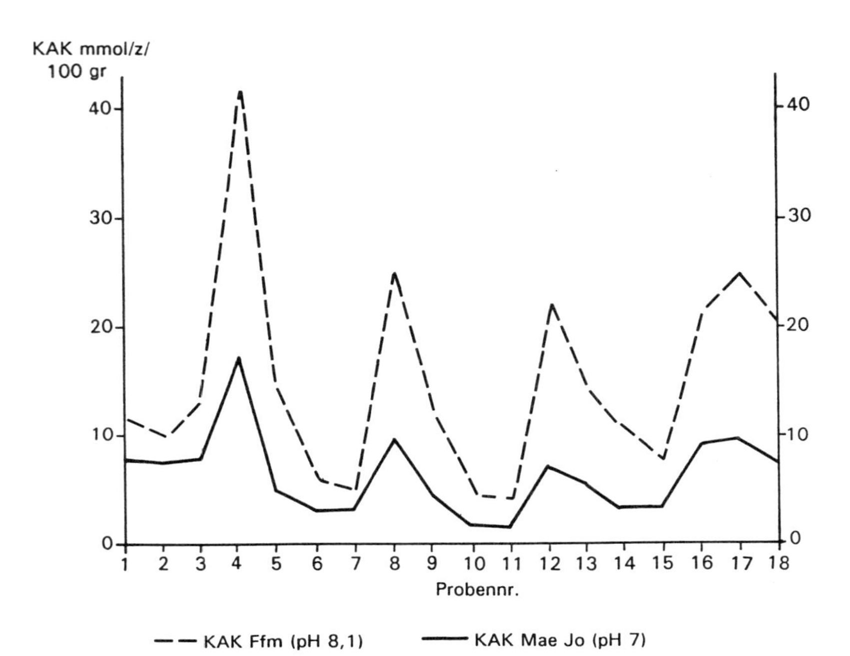

Abb. 39 Die KAK-Werte von 18 Proben bei verschiedenen Methoden (NH_4OAc-Methode bei pH 7 in Mae Jo und Ba_2Cl-Methode bei ph 8,1 in Frankfurt)

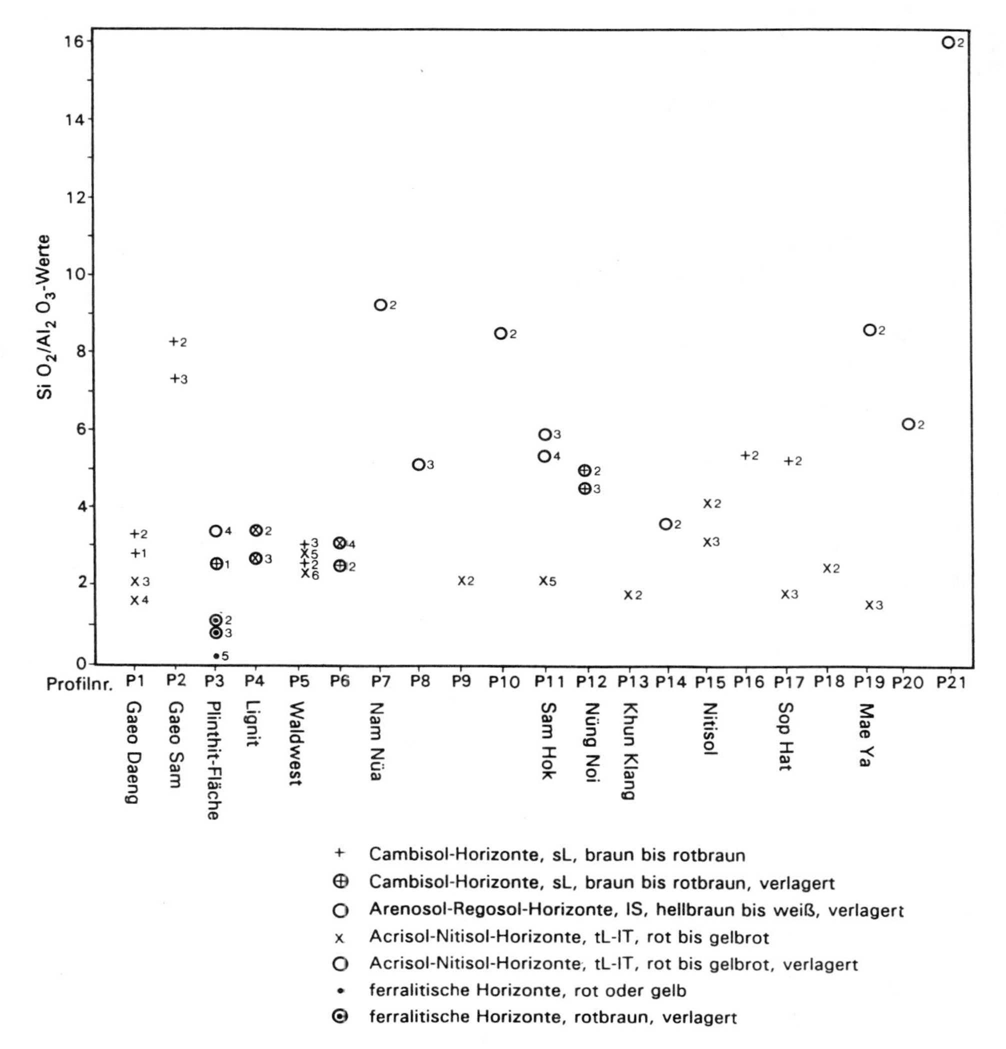

Abb. 40 Die SiO_2/Al_2O_3-Indexwerte als Maß für die Verwitterungsintensität in den einzelnen Horizonten verschiedener Profile

Foto 1 Der Tigerkopfberg (Doi Hua Sua), ca. 1880 m ü. M., dessen Profil dem Berg seinen Namen gab

Foto 2 Unterschiedliche Stadien der Nutzung und Brache im Rotationssystem der Karen

Reifer Sekundärwald nach mehr als 12 Jahren Brache, ca. fünfjährige Brachevegetation, Teeanbau und frische Brandrodung

Foto 3 Reisterrassen und Sekundärwälder an den Hängen im Bereich der Karen im Nong Lom-Tal

Foto 4 Die degradierte Fläche auf dem Rücken im Bereich des früheren "Ban Sop Hat" auf ca. 900 m ü. M.

Foto 5 Bodenerosion in den Dauerfeldkulturen

Abtrag des humosen Oberbodens eines Acrisols an einem 20 % geneigten Hang zu Beginn der Regenzeit

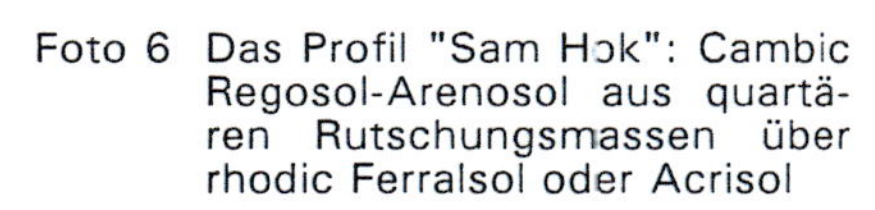

Foto 6 Das Profil "Sam Hɔk": Cambic Regosol-Arenosol aus quartären Rutschungsmassen über rhodic Ferralsol oder Acrisol

Foto 7 Rillenerosion im cambic Regosol-Arenosol an einem 40 % geneigten Hang nach einem einmaligen Niederschlag im April

Foto 8 Offener trockener Dipterocarpaceen-Wald mit mangelhafter bis fehlender Bodenbedeckung (Gebiet "Liu Sai", ca. 530 m ü. M.)

Foto 9 Rezente Rinnenbildung im Dry Diptocarp Forest (Oberhang "Huai Sip Sam")

Foto 10 Die Rutschung, bei der im Oktober 1988 ein Teil der Straße zerstört wurde (Aufnahme September 1989)

FRANKFURTER GEOWISSENSCHAFTLICHE ARBEITEN

Herausgegeben vom Fachbereich Geowissenschaften
Johann Wolfgang Goethe-Universität Frankfurt am Main

Serie A: Geologie - Paläontologie

Band 1 MERKEL, D. (1982): Untersuchungen zur Bildung planarer Gefüge im Kohlengebirge an ausgewählten Beispielen. - 144 S., 53 Abb.; Frankfurt a. M.
DM 10,--

Band 2 WILLEMS, H. (1982): Stratigraphie und Tektonik im Bereich der Antiklinale von Boixols-Coll de Nargó - ein Beitrag zur Geologie der Decke von Montsech (zentrale Südpyrenäen, Nordost-Spanien). - 336 S., 90 Abb., 8 Tab., 19 Taf., 2 Beil.; Frankfurt a. M.
DM 30,--

Band 3 BRAUER, R. (1983): Das Präneogen im Raum Molaoi-Talanta/SE-Lakonien (Peloponnes, Griechenland). - 284 S., 122 Abb.; Frankfurt a. M.
DM 16.--

Band 4 GUNDLACH, T. (1987): Bruchhafte Verformung von Sedimenten während der Taphrogenese - Maßstabsmodelle und rechnergestützte Simulation mit Hilfe der FEM (Finite Element Method). - 131 S., 70 Abb., 4 Tab.; Frankfurt a. M.
DM 10,--

Band 5 KUHL, H.-P. (1987): Experimente zur Grabentektonik und ihr Vergleich mit natürlichen Gräben (mit einem historischen Beitrag). - 208 S., 88 Abb., 2 Tab.; Frankfurt a. M.
DM 13,--

Band 6 FLÖTTMANN, T. (1988): Strukturentwicklung, P-T-Pfade und Deformationsprozesse im zentralschwarzwälder Gneiskomplex. - 206 S., 47 Abb., 4 Tab.; Frankfurt a. M.
DM 21,--

Band 7 STOCK, P. (1989): Zur antithetischen Rotation der Schieferung in Scherbandgefügen - ein kinematisches Deformationsmodell mit Beispielen aus der südlichen Gurktaler Decke (Ostalpen). - 155 S., 39 Abb., 3 Tab.; Frankfurt a. M.
DM 13,--

Band 8 ZULAUF, G. (1990): Spät- bis postvariszische Deformationen und Spannungsfelder in der nördlichen Oberpfalz (Bayern) unter besonderer Berücksichtigung der KTB-Vorbohrung. - 285 S., 56 Abb.; Frankfurt a. M.
DM 20,--

Band 9 BREYER, R. (1991): Das Coniac der nördlichen Provence ('Provence rhodanienne') - Stratigraphie, Rudistenfazies und geodynamische Entwicklung. - 337 S., 112 Abb., 7 Tab.; Frankfurt a. M.
DM 25,90

Band 10 ELSNER, R. (1991): Geologische Untersuchungen im Grenzbereich Ostalpin-Penninikum am Tauern-Südostrand zwischen Katschberg und Spittal a. d. Drau (Kärnten, Österreich). - 239 S., 61 Abb.; Frankfurt a. M.
DM 24,90

Band 11 TSK IV (1992): 4. Symposium Tektonik - Strukturgeologie - Kristallingeologie. - 319 S., 105 Abb., 5 Tab.; Frankfurt a. M.
DM 14,90

Band 12 SCHMIDT, H. (1992): Mikrobohrspuren ausgewählter Faziesbereiche der tethyalen und germanischen Trias (Beschreibung, Vergleich und bathymetrische Interpretation). - 228 S.,
DM 21,90

Band 13 ZINKE, J. (1996): Mikrorißuntersuchungen an KTB-Bohrkernen - Beziehungen zu den elastischen Gesteinsparametern. - 195 S., 88 Abb., 14 Taf.; Frankfurt a. M.
DM 23,--

Band 14 DREHER, S. (1996): Totalfeldmessungen des Erdmagnetfeldes im Vorderen Vogelsberg und ihre Interpretation im Hinblick auf Förderzonen der tertiären Vulkanite und den Schollenbau der Basaltbasis. - 194 S., 59 Abb.; Frankfurt a. M.
DM 19,--

Bestellungen zu richten an:

Geologisch-Paläontologisches Institut der Johann Wolfgang Goethe-Universität, Postfach 11 19 32, D-60054 Frankfurt am Main

FRANKFURTER GEOWISSENSCHAFTLICHE ARBEITEN

Herausgegeben vom Fachbereich Geowissenschaften
Johann Wolfgang Goethe-Universität Frankfurt am Main

Serie B: Meteorologie und Geophysik

Band 1 BIRRONG, W. & SCHÖNWIESE, C.-D. (1987): Statistisch-klimatologische Untersuchungen botanischer Zeitreihen Europas. - 80 S., 26 Abb., 5 Tab.; Frankfurt a. M.
DM 7,-- (vergriffen)

Band 2 SCHÖNWIESE, C.-D. (1990): Grundlagen und neue Aspekte der Klimatologie. - 2. Aufl., 130 S., 55 Abb., 11 Tab.; Frankfurt a. M.
DM 10,-- (vergriffen)

Band 3 SCHÖNWIESE, C.-D. (1992): Das Problem menschlicher Eingriffe in das Globalklima ("Treibhauseffekt") in aktueller Übersicht. - 2. Aufl., 142 S., 65 Abb., 13 Tab.; Frankfurt a. M.
DM 8,-- (vergriffen)

Band 4 ZANG, A. (1991): Theoretische Aspekte der Mikrorißbildung in Gesteinen. - 209 S., 82 Abb., 9 Tab.; Frankfurt a. M.
DM 19,--

Band 5 RAPP, J. & SCHÖNWIESE, C.-D. (1996): Atlas der Niederschlags- und Temperaturtrends in Deutschland 1891-1990. - 2., korr. Aufl., 255 S., 32 Abb., 12 Tab., 129 Ktn.; Frankfurt a. M.
DM 14,--

B e s t e l l u n g e n z u r i c h t e n a n :

Institut für Meteorologie und Geophysik der Johann Wolfgang Goethe-Universität, Postfach 11 19 32, D-60054 Frankfurt am Main

FRANKFURTER GEOWISSENSCHAFTLICHE ARBEITEN

Herausgegeben vom Fachbereich Geowissenschaften
Johann Wolfgang Goethe-Universität Frankfurt am Main

Serie C: Mineralogie

Band 1 SCHNEIDER, G. (1984): Zur Mineralogie und Lagerstättenbildung der Mangan- und Eisenerzvorkommen des Urucum-Distriktes (Mato Grosso do Sul, Brasilien). - 205 S., 99 Abb., 9 Tab.; Frankfurt a. M.
DM 12,--

Band 2 GESSLER, R. (1984): Schwefel-Isotopenfraktionierung in wäßrigen Systemen. - 141 S., 35 Abb.; Frankfurt a. M.
DM 9,50

Band 3 SCHRECK, P. C. (1984): Geochemische Klassifikation und Petrogenese der Manganerze des Urucum-Distriktes bei Corumbá (Mato Grosso do Sul, Brasilien). - 206 S., 29 Abb., 20 Tab.; Frankfurt a. M.
DM 13,50

Band 4 MARTENS, R. M. (1985): Kalorimetrische Untersuchung der kinetischen Parameter im Glastransformations-Bereich bei Gläsern im System Diopsid-Anorthit-Albit und bei einem NBS-710-Standardglas. - 177 S., 39 Abb.; Frankfurt a. M.
DM 15.--

Band 5 ZEREINI, F. (1985): Sedimentpetrographie und Chemismus der Gesteine in der Phosphoritstufe (Maastricht, Oberkreide) der Phosphat-Lagerstätte von Ruseifa/Jordanien mit besonderer Berücksichtigung ihrer Uranführung. - 116 S., 11 Abb., 5 Taf., 27 Tab., 36 Anl.; Frankfurt a. M.
DM 16,--

Band 6 ZEREINI, F. (1987): Geochemie und Petrographie der metamorphen Gesteine vom Vesleknatten (Tverrfjell/Mittelnorwegen) mit besonderer Berücksichtigung ihrer Erzminerale. - 197 S., 48 Abb., 9 Taf., 26 Tab., 27 Anl.; Frankfurt a. M.
DM 15,--

Band 7 TRILLER, E. (19879): Zur Geochemie und Spurenanalytik des Wolframs unter besonderer Berücksichtigung seines Verhaltens in einem südostnorwegischen Pegmatoid. - 173 S., 25 Abb., 2 Taf., 20 Tab.; Frankfurt a. M.
DM 12,--

Band 8 GÜNTER, C. (1988): Entwicklung und Vergleich zweier Multielementanalysenverfahren an Kohlenaschen- und Bodenproben mittels Röntgenfluoreszenzanalyse. - 124 S., 38 Abb., 37 Tab., 1 Anl.; Frankfurt a. M.
DM 13,--

Band 9 SCHMITT, G. E. (1989): Mikroskopische und chemische Untersuchungen an Primärmineralen in Serpentiniten NE-Bayerns. - 130 S., 39 Abb., 11 Tab.; Frankfurt a. M.
DM 14,--

Band 10 PETSCHICK, R. (1989): Zur Wärmegeschichte im Kalkalpin Bayerns und Nordtirols (Inkohlung und Illit-Kristallinität). - 259 S., 75 Abb., 12 Tab., 3 Taf.; Frankfurt a. M.
DM 16,--

Band 11 RÖHR, C. (1990): Die Genese der Leptinite und Paragneise zwischen Nordrach und Gengenbach im mittleren Schwarzwald. - 159 S., 54 Abb., 15 Tab.; Frankfurt a. M.
DM 15,--

Band 12 YE, Y. (1992): Zur Geochemie und Petrographie der unterkarbonischen Schwarzschieferserie in Odershausen, Kellerwald, Deutschland. - 206 S., 58 Abb., 15 Tab., 5 Taf.; Frankfurt a. M.
DM 19,--

Band 13 KLEIN, S. (1993): Archäometallurgische Untersuchungen an frühmittelalterlichen Buntmetallfunden aus dem Raum Höxter/Corvey. - 203 S., 28 Abb., 14 Tab., 12 Taf., 13 Anl.; Frankfurt a. M.
DM 33,--

Band 14 FERREIRO MÄHLMANN, R. (1994): Zur Bestimmung von Diagenesehöhe und beginnender Metamorphose - Temperaturgeschichte und Tektogenese des Austroalpins und Südpennikums in Voralberg und Mittelbünden. - 498 S., 118 Abb., 18 Tab., 2 Anl.; Frankfurt a. M.
DM 25,--

Band 15 WEGSTEIN, M. M. (1996): Vergleichende chemische und technische Untersuchungen an frühneuzeitlichen Glashüttenfunden Nordhessens und Südniedersachsens. - 236 S., 40 Abb., 18 Tab., 11 Anl.; Frankfurt a. M.
DM 22,--

Bestellungen zu richten an:

Institut für Geochemie, Petrologie u. Lagerstättenkunde der J. W. Goethe-Universität, Postfach 111932, D-60054 Frankfurt am Main

FRANKFURTER GEOWISSENSCHAFTLICHE ARBEITEN

Herausgegeben vom Fachbereich Geowissenschaften
Johann Wolfgang Goethe-Universität Frankfurt am Main

Serie D: Physische Geographie

Band 1 BIBUS, E. (1980): Zur Relief-, Boden- und Sedimententwicklung am unteren Mittelrhein. - 296 S., 50 Abb., 8 Tab.; Frankfurt a. M.
DM 25,--

Band 2 SEMMEL, A. (1991): Landschaftsnutzung unter geowissenschaftlichen Aspekten in Mitteleuropa. - 3.,verb. Aufl., 67 S., 11 Abb.; Frankfurt a. M.
DM 10,--

Band 3 SABEL, K. J. (1982): Ursachen und Auswirkungen bodengeographischer Grenzen in der Wetterau (Hessen). - 116 S., 19 Abb., 8 Tab., 6 Prof.; Frankfurt a. M.
DM 11,50 (vergriffen)

Band 4 FRIED, G. (1984): Gestein, Relief und Boden im Buntsandstein-Odenwald. - 201 S., 57 Abb., 11 Tab.; Frankfurt a. M.
DM 15,-- (vergriffen)

Band 5 VEIT, H. & VEIT, H. (1985): Relief, Gestein und Boden im Gebiet von "Conceiçao dos Correias" (S-Brasilien). - 98 S., 18 Abb., 10 Tab., 1 Karte; Frankfurt a. M.
DM 17,--

Band 6 SEMMEL, A. (1989): Angewandte konventionelle Geomorphologie. Beispiele aus Mitteleuropa und Afrika. - 2. Aufl., 116 S., 57 Abb.; Frankfurt a. M.
DM 13,--

Band 7 SABEL, K.-J. & FISCHER, E. (1992): Boden- und vegetationsgeographische Untersuchungen im Westerwald. - 2. Aufl., 268 S., 19 Abb., 50 Tab.; Frankfurt a. M.
DM 18,--

Band 8 EMMERICH, K.-H. (1988): Relief, Böden und Vegetation in Zentral- und Nordwest-Basilien unter besonderer Berücksichtigung der känozoischen Landschaftsentwicklung. - 218 S., 81 Abb., 9 Tab., 34 Bodenprofile; Frankfurt a. M.
DM 13,--

Band 9 HEINRICH, J. (1989): Geoökologische Ursachen luftbildtektonisch kartierter Gefügespuren (Photolineationen) im Festgestein. - 203 S., 51 Abb., 18 Tab.; Frankfurt a. M.
DM 13,--

Band 10 BÄR, W.-F. & FUCHS, F. & NAGEL, G. [Hrsg.] (1989): Beiträge zum Thema Relief, Boden und Gestein - Arno Semmel zum 60. Geburtstag gewidmet von seinen Schülern. - 256 S., 64 Abb., 7 Tab., 2 Phot.; Frankfurt a. M.
DM 16,-- (vergriffen)

Band 11 NIERSTE-KLAUSMANN, G. (1990): Gestein, Relief, Böden und Bodenerosion im Mittellauf des Oued Mina (Oran-Atlas, Algerien). - 163 S., 17 Abb., 13 Tab.; Frankfurt a. M.
DM 12,--

Band 12 GREINERT, U. (1992): Bodenerosion und ihre Abhängigkeit von Relief und Boden in den Campos Cerrados, Beispielsgebiet Bundesdistrikt Brasilia. - 259 S., 20 Abb., 15 Tab., 24 Fot., 1 Beil., Frankfurt a. M.
DM 18,--

Band 13 FAUST, D. (1991): Die Böden der Monts Kabyè (N-Togo) - Eigenschaften, Genese und Aspekte ihrer agrarischen Nutzung. - 174 S., 33 Abb., 25 Tab., 1 Beil.; Frankfurt a. M.
DM 14,--

Band 14 BAUER, A. W. (1993): Bodenerosion in den Waldgebieten des östlichen Taunus in historischer und heutiger Zeit - Ausmaß, Ursachen und geoökologische Auswirkungen. - 194 S., 45 Abb.; Frankfurt a. M.
DM 14,--

Band 15 MOLDENHAUER, K.-M. (1993): Quantitative Untersuchungen zu aktuellen fluvial-morphodynamischen Prozessen in bewaldeten Kleineinzugsgebieten von Odenwald und Taunus. - 307 S., 108 Abb., 66 Tab.; Frankfurt a. M.
DM 18,--

Band 16 SEMMEL, A. (1996): Karteninterpretation aus geoökologischer Sicht - erläutert an Beispielen der Topographischen Karte 1 : 25 000. - 2. Aufl., - 85 S.; Frankfurt a. M.
DM 13,--

Band 17 HEINRICH, J. & THIEMEYER, H. [Hrsg.] (1994): Geomorphologisch-bodengeographische Arbeiten in Nord- und Westafrika. - 97 S., 28 Abb., 12 Tab.; Frankfurt a. M.
DM 13,--

Band 18 SWOBODA, J. (1994): Geoökologische Grundlagen der Bodennutzung und deren Auswirkung auf die Bodenerosion im Grundgebirgsbereich Nord-Benins - ein Beitrag zur Landnutzungsplanung. - 119 S., 17 Abb., 26 Tab., 2 Kt.; Frankfurt a. M.
DM 18,--

Band 19 MÜLLER-HAUDE, P. (1995): Landschaftsökologische Grundlagen der Bodennutzung in Gobnangou (SE-Burkina Faso, Westafrika). - 170 S., 65 Abb., 2 Tab., 1 Beil.; Frankfurt a. M.
DM 14,--

Band 20 SEMMEL, A. [Hrsg.] (1996): Pleistozäne und holozäne Böden aus Lößsubstraten am Nordrand der Oberrheinischen Tiefebene - Exkursionsführer zur 15. Tagung des Arbeitskreises Paläopedologie der Deutschen Bodenkundlichen Gesellschaft vom 16. - 18. 5. 1996 in Hofheim am Taunus. - 144 S., 25 Abb., 20 Tab.; Frankfurt a. M.
DM 16,--

Band 21 FRIEDRICH, K. (1996): Digitale Reliefgliederungsverfahren zur Ableitung bodenkundlich relevanter Flächeneinheiten. - 258 S., 49 Abb., 13 Tab., 20 Kt.; Frankfurt a. M.
DM 22,--

Band 22 WELTNER, K. (1996): Die Böden im Nationalpark Doi Inthanon (Nordthailand) als Indikatoren der Landschaftsgenese und Landnutzungseignung. - 259 S., 40 Abb., 13 Tab., 10 Fot., 1 Beil.; Frankfurt a. M.
DM 18,--

Bestellungen zu richten an:

Institut für Physische Geographie der Johann Wolfgang Goethe-Universität, Postfach 11 19 32, D-60054 Frankfurt am Main